Felix Klein

Über lineare Differentialgleichungen der zweiten Ordnung

Vorlesung, gehalten im Sommersemester 1894

Felix Klein

Über lineare Differentialgleichungen der zweiten Ordnung

Vorlesung, gehalten im Sommersemester 1894

ISBN/EAN: 9783956104879

Auflage: 1

Erscheinungsjahr: 2013

Erscheinungsort: Norderstedt, Deutschland

© Vero Verlag GmbH & Co. KG. Alle Rechte beim Verlag und bei den jeweiligen Lizenzgebern.

Webseite: http://vero-verlag.de

ÜBER LINEARE DIFFERENTIALGLEICHUNGEN
DER ZWEITEN ORDNUNG.

VORLESUNG,
GEHALTEN IM SOMMERSEMESTER 1894

VON

F. KLEIN.

AUSGEARBEITET VON E. RITTER.

GÖTTINGEN 1894.

NEUER, UNVERÄNDERTER ABDRUCK.

LEIPZIG 1906.
IN KOMMISSION BEI B. G. TEUBNER.

Inhaltsverzeichnis zu den linearen Differentialgleichungen.

Seite

Vorbemerkung 1

Einleitung: Von der algebraischen Form der Differentialgleichungen.

A. Rationale Koeffizienten.

Konstantenzählungen, Normierungen 5
Homogene Variabelen; invariante Darstellungen 12
Einführung des Quotienten t 30
Von der allgemeinen Bedeutung der Lamé'schen Gleichung 35

B. Algebraische Koeffizienten.

Verschiedene Darstellungen der algebraischen Gebilde 42
Die Form der Differentialgleichungen bei $p = 1$ vom Integral u aus 57
Dasselbe bei direktem Ansatz 72
Übertragung auf hyperelliptische Gebilde 82
Die höheren algebraischen Gebilde in kanonischer Darstellung 90

Hauptgegenstand der Vorlesung: Von den transzendenten Eigenschaften der Differentialgleichungen.

I. Allgemeine Darlegung.

Die Wege auf der Riemann'schen Fläche und die Monodromiegruppe . . . 105
Unverzweigte Differentialgleichungen und ihre Beziehung zur Theorie der
  Abel'schen Integrale 115
Unsere generelle Fragestellung 126
Die konforme Abbildung in der t-Ebene. Sonderstellung der symmetrischen
  Fälle 129
Synthetische Mathematik und algorithmische Mathematik 139

II. Fragen betr. die Rationalitätsgruppe.

Definition und Bedeutung der Rationalitätsgruppe 147

Fälle algebraischer Integrierbarkeit.

Rationale Integrierbarkeit 159
Ikosaedrische Integrierbarkeit 169
Analoge Ansätze bei linearen Differentialgleichungen dritter Ordnung 187

Theorie der Laméschen Polynome.

Der allgemeine algebraische Ansatz 190
Die Realitätstheoreme und der Beweis von Stieltjes 198
Allgemeine Sätze für den hypergeometrischen Fall auf Grund der konformen
  Abbildung 210
Bestätigung dieser Resultate durch die Methode von Stieltjes 226
Ausdehnung der Sätze auf den Fall von 4 singulären Punkten 234
Die zugehörigen Polygone 245

III. Eigentliche transzendente Untersuchungen.

A. Das Oszillationstheorem.

Sein ursprüngliches Auftreten bei Sturm und die modernen Weiterbildungen . 256
Genaue Diskussion für den Fall der gewöhnlichen Lamé'schen Gleichung . 276
Beziehungen zur Theorie der Lamé'schen Polynome sowie der mit ihnen zu-
  sammenhängenden Polygone 297
Eingreifen der Theorie der elliptischen Funktionen 315

Die Hermite'sche Gleichung.

Allgemeine analytische Eigenschaften 323
Realitätsverhältnisse: Die Reihenfolge der singulären Fälle 338
Elliptisches und hyperbolisches Verhalten in den verschiedenen Intervallen der
  λ-Axe 359
Die Gestalt der Polygone in den niedersten Fällen 372
Das allgemeine Ergebnis 384
Beziehung zum Oszillationstheorem 393

Ausdehnung des Oszillationstheorems auf allgemeinere Differentialgleichungen.

n singuläre Punkte 401
Die „allgemeine" Lamé'sche Gleichung 412
Veränderliche Exponenten 422

B. **Von den automorphen Funktionen.**

Beispiele eindeutiger automorpher Funktionen.

	Seite
Dreiecksfunktionen	432
Die doppeltperiodischen Funktionen	444
Funktionen mit unendlich vielen zerstreuten Grenzpunkten	453
Funktionen mit Grenzkreis	465
Insbesondere für höheres Geschlecht	476
Allgemeiner Stand der Theorie	487

Von den Beweisen des Fundamentaltheorems.

Die Kontinuitätsmethode	499
Die Methode des Linienelementes und die der unendlichfach überdeckten Riemann'schen Fläche	15—524

Vorbemerkungen. Di. d. 24. Ap. 94.

Die gegenwärtige Vorlesung soll sich, wie ihrem Inhalte nach, so auch in ihrer ganzen Tendenz an die Vorlesung des letzten Semesters über die hypergeometrische Function anschließen. Es ist nämlich folgender wesentliche Unterschied der hierin vorgetragenen Betrachtungen gegenüber den gewöhnlichen Darstellungen der Theorie der linearen Differentialgleichungen zu betonen, wie man sie z. B. in dem kürzlich erschienenen Buch von Heffter findet:

Während man gewöhnlich nur das <u>Verhalten der Lösungen der Differentialgleichung in der Umgebung einzelner Stellen</u> unterrichtet und den Charakter der an einer bestimmten Stelle geltenden Reihenentwicklung diskutiert, trat in meiner Vorlesung, besonders nach Weihnachten, das Bestreben hervor, den <u>Gesamtverlauf der durch die Differentialgleichung definierten Functionen</u> zu erfassen, wobei die

Hülfsmittel der conformen Abbildung und sonstige geometrische Methoden ihre naturgemäße Verwendung fanden. Wenn wir aber auf diese Weise tiefer in die Sache eindrangen, als die übliche Theorie, so konnten wir leider ebendeswegen nicht so allgemeine Probleme behandeln wie jene Autoren. Das Buch von Heffter beschäftigt sich mit Differentialgleichungen von allgemeiner, n-ter Ordnung und mit einer beliebigen Zahl m von singulären Punkten; wir dagegen waren zufrieden, vorderst nur bei Differentialgleichungen zweiter Ordnung mit 3 singulären Punkten unsere Methoden zu erproben, und wir fanden schon da Gelegenheit zu so vielen interessanten Überlegungen, daß wir noch garnicht darüber hinaus gehen konnten. Und auch in der jetzigen Sommervorlesung werden wir uns auf Differentialgleichungen zweiter Ordnung beschränken und vorzüglich an solche speciellen Fälle anknüpfen, wo wir etwas besonderes machen können.

Wenn wir da auch manche Untersuchung

nicht bis zum vollen Abschluß durchgeführ,
ren werden, so hoffe ich doch anregend
auf solche Zuhörer zu wirken, welche An,
rätze zu neuen Gedankenentwicklungen
fertigen Schematen vorziehen; solche fer,
tigen Schemata sind wohl bequem, um nach
einer feststehenden Methode beliebig viele
analoge Untersuchungen durchzuführen,
sie lehren aber nicht selbständig denken,
sondern nur nach der Mode denken.

Ferner mögen noch wenige Worte
über das Verhältnis der jetzigen Vorle,
sung zu der Vorlesung von 1890-91
über denselben Gegenstand Platz fin,
den: Die Absicht derselben war von
der meiner jetzigen Vorlesung nicht
sehr verschieden. Aber damals ging
ich zum ersten Mal an den grossen
Stoff heran und habe dabei mehr mit
der Fantasie als mit der Kritik gear,
beitet, so daß verschiedenes, was ich
damals behauptete, bei schärferer Über,
legung sich nicht als stichhaltig erweist.

Manches werden wir daher jetzt fal,
len lassen müssen, dafür hoffe ich

aber, daß das, was ich in dieser Vorlesung ausspreche, wirklich richtig ist, so daß die Hefte der damaligen Vorlesung durch die neue Vorlesung überflüssig werden und zugleich die endgültige Formulierung gewonnen ist.

Die Zeit etwa bis Pfingsten werde ich zu einer Art Einleitung benutzen, worin ich Ihnen überhaupt die Probleme vorführen werde, die uns künftig beschäftigen sollen.

Einleitung.

I. Algebraische Form der linearen homogenen Differentialgleichung:
$$y'' + p y' + q y = 0$$

a. Rationale Coefficienten.

Für uns, die wir auf funktionentheoretische Behandlung Nachdruck legen, werden p und q algebraische Funktionen sein, zuerst sogar speziell rationale Funktionen, dann allgemein algebraische Funktionen auf einer Riemann'schen Fläche. Dabei werden wir an der Beschränkung festhalten, dass wir durchweg Differentialgleichungen mit nur regulären singulären Punkten betrachten, d. h. dass sich in der Umgebung jedes singulären Punktes a eine Lösung von der Gestalt

$$y = (x-a)^\alpha \, \wp(x-a)$$

finden lässt, wo $\wp(x-a)$ eine in der Umgebung der Stelle a auf der Riemann'schen

Fläche endliche, stetige und eindeutige Function, speciell, wenn a kein Verzweigungspunkt der Fläche ist, eine nach $(x-a)$ fortschreitende Potenzreihe ist. Sind in der Umgebung einer solchen regulären Punktes

$$y_1 = (x-a)^{\alpha'} \mathfrak{P}'(x-a); \quad y_2 = (x-a)^{\alpha''} \mathfrak{P}''(x-a)$$

zwei linear unabhängige Lösungen, so bezeichnet man α' und α'' als die „Exponenten" des Punktes a.

Wenn wir uns nun zuerst auf <u>Differentialgleichungen mit rationalen Coefficienten</u> p, q beschränken, so mögen $a, b, c, \ldots\ldots m, n$ die singulären Punkte sein, $\alpha', \alpha''; \beta', \beta''; \gamma', \gamma''; \ldots \mu', \mu''; \nu', \nu''$ die zugehörigen Exponentenpaare. Den unendlich fernen Punkt werden wir meistens als nichtsingulär voraussetzen; wenn es aber einmal bequem ist, einen singulären Punkt nach ∞ zu legen, so soll dies der Punkt n sein.

Wenn der unendlich ferne Punkt nicht singulär ist, so kann man die allgemeine Form der Differentialgleichung, wie ich schon im Winter ausführte, etwa

folgendermaßen hinschreiben:
$$y'' + y'\left\{\frac{1-\alpha'-\alpha''}{x-a} + \ldots + \frac{1-\nu'-\nu''}{x-n}\right\} + \frac{y}{(x-a)\ldots(x-n)}\cdot$$
$$\left\{\frac{\alpha'\alpha''(a-b)\ldots(a-n)}{x-a} + \ldots + \frac{\nu'\nu''(n-a)\ldots(n-m)}{x-n}\right\}$$
$$= 0, \qquad + g_{n-4}(x) \qquad + g_{n-4}(x)$$

wobei die Exponenten der Relation
$$\alpha' + \alpha'' + \ldots + \nu' + \nu'' = n - 2$$
genügen müssen.

Es ist dies diejenige Form der Differentialgleichung, welche ich gewöhnlich benutze; andere schreiben sie vielfach anders, indem sie den Coefficienten von y vollständig in Partialbrüche zerlegen:
$$y'' + y'\left\{\frac{1-\alpha'-\alpha''}{x-a} + \ldots \frac{1-\nu'-\nu''}{x-n}\right\} + y\left\{\frac{\alpha'\alpha''}{(x-a)^2} + \ldots + \frac{\nu'\nu''}{(x-n)^2} + \frac{A}{x-a} + \ldots + \frac{N}{x-n}\right\} = 0,$$

wobei aber die Größen $A, B, \ldots N$ noch 3 linearen Gleichungen genügen müssen.

Legt man den n-ten singulären Punkt nach ∞, so lautet die Differentialgleichung im übrigen gerade so, als wenn sie nur die singulären Punkte $a, b, \ldots m$ hätte, nur das Polynom $g_{n-4}(x)$ erhält noch ein Glied $(n-3)$ ten Grades, nämlich $\nu'\nu''\cdot x^{n-3}$, und in der zweiten angegebenen Gestalt brauchen die noch bleibenden $A, B, \ldots M$ nur noch

— 8. —

zwei linearen Gleichungen zu genügen.

Die allgemeine Differentialgleichung, in der kein singulärer Punkt nach ∞ gelegt ist, enthält insgesamt $4n-4$ Constanten, nämlich

1. Die n singulären Punkte: n Const.
2. die $2n$ Exponenten, welche aber einer Gleichung genügen: $2n-1$ „
3. die Coefficienten des Polynoms $g_{n-4}(x)$: $\underline{n-3}$ „
$ S^a\ 4n-4$ „

Dieselbe Constantenzahl ergibt sich bei Abzählung von der zweiten Schreibweise aus.

Wenn der $n$te singuläre Punkt im Unendlichen liegt, also über eine der singulären Stellen bereits verfügt ist, erniedrigt sich die Zahl der Constanten natürlich um 1, man hat also dann $4n-5$ willkürliche Parameter. Dasselbe ergibt sich durch Abzählung an der Differentialgleichung mit einem singulären Punkt im Unendlichen.

[Pö d. 26. April 1894.]

Heute richte ich Ihre Aufmerksamkeit

darauf, daß von den $4n-4$ Constanten der allgemeinen regulären Differentialgleichung mit n singulären Punkten nicht alle wesentlich sind. Wir ziehen nämlich zwei Transformationen der Variablen heran:

1.) eine lineare Transformation der unabhängigen Variablen:
$$x' = \frac{\alpha x + \beta}{\gamma x + \delta}.$$
Dadurch können wir 3 Parameter herausschaffen, z.B. können wir irgend 3 der singulären Punkte nach $0, \infty, 1$ legen, so daß aus
$$a, b, c, d, \ldots \ldots n$$
die Werte $0, \infty, 1, d', \ldots \ldots n'$ werden. Allgemeiner können wir die Sache so berechnen, daß wir sagen:

<u>Die n Punkte haben gegenüber den projectiven Transformationen der x: $n-3$ absolute Invarianten, als welche wir beispielsweise $n-3$ unabhängige Doppelverhältnisse ansehen dürfen, — nur diese Invarianten sind für die Differentialgleichung wesentlich.</u>

Dadurch sinkt die Zahl der Parameter

schon auf $4n-7$ herab.

Zweitens aber führen wir eine andere abhängige Variable Y durch die Substitution ein:
$$y = Y \cdot (x-a)^\rho (x-b)^\sigma \ldots (x-n)^\omega,$$
wobei $\rho, \sigma, \ldots \omega$ irgend welche Werte haben dürfen, die nur, damit kein singulärer Punkt bei $x = \infty$ entsteht, der Relation genügen:
$$\rho + \sigma + \ldots + \omega = 0.$$

In den Exponenten $\rho, \sigma, \ldots \omega$ dieser Substitution habe ich noch $n-1$ Constanten zur Verfügung und kann dadurch die Anzahl der Constanten in der linearen Differentialgleichung auf $3n-6$ herunterdrücken.

Man kann die letztgenannte Substitution dazu benutzen, um die Differentialgleichung auf irgend eine besonders-bequeme <u>Normalform</u> zu bringen. Natürlich kann man sich sehr viele verschiedenen Normalformen ausdenken, je nach dem Zwecke, den man damit verfolgt. Ich will vor allem folgende Normalform erwähnen:

Wenn y an der Stelle a die Exponenten α', α'' hat, so sind die Exponenten von y an derselben Stelle $\alpha' - \rho$, $\alpha'' - \rho$.

Beim Übergang von y zu $\bar{y}$ bleibt also die Differenz
$$\alpha' - \alpha'' = \alpha$$
der Exponenten ungeändert, während die Summe
$$\alpha' + \alpha'' \text{ in } \alpha' + \alpha'' - 2\rho$$
übergeht, also durch geeignete Wahl der Zahl ρ auf jeden beliebigen Wert gebracht werden kann.

Bei der Normalform nun, die ich im Sinne habe, wird diese Summe der beiden Exponenten $= 1$ gesetzt, also
$$(\alpha' - \rho) + (\alpha'' - \rho) = 1,$$
$$(\alpha' - \rho) - (\alpha'' - \rho) = \alpha,$$
$$\alpha' - \rho = \frac{1+\alpha}{2}, \qquad \alpha'' - \rho = \frac{1-\alpha}{2},$$
$$\rho = \frac{1 - \alpha' - \alpha''}{2}.$$

Da wir aber wegen der Bedingung $\rho + \sigma + \ldots + \omega = 0$ nur über $n-1$ der Zahlen $\rho, \sigma, \ldots \omega$ verfügen können, so wollen wir einen der singulären Punkte auszeichnen und nach ∞ verlegen, um dann nur für jeden der $n-1$ im Endlichen bleibenden Punkte $a, b, \ldots m$ die Exponentensumme $= 1$ zu setzen.

– 12 –

Dann haben wir in der gestern angegebenen Differentialgleichung den Punkt n wegzulassen, $g_{n-4}(x)$ durch $g_{n-3}(x)$ zu ersetzen und dann für α', α'' die neuen Exponenten $\alpha' - \rho = \frac{1+\alpha}{2}$ und $\alpha'' - \rho = \frac{1-\alpha}{2}$ einzusetzen, und entsprechend für die andern im Endlichen liegenden Punkte. Es fällt so der Coefficient der Glieder y' ganz weg, und die Differentialgleichung geht in folgende Normalform über:

$$0 = y'' + \frac{y}{(x-a)\cdots(x-m)} \cdot \left\{ \frac{\frac{1-\alpha^2}{4}(a-b)\cdots(a-m)}{x-a} \right.$$

$$\left. + \cdots + \frac{\frac{1-\mu^2}{4}(m-a)\cdots(m-\ell)}{x-m} + g_{n-3}(x) \right\}.$$

Bei dieser Form liegt die Bequemlichkeit darin, daß das Glied mit y' wegfällt, und daß nur die Exponentendifferenzen $\alpha, \beta, \ldots \mu$ auftreten; dafür aber hat man den unendlich fernen Punkt zu einem singulären Punkt machen müssen und dadurch die Symmetrie der Formel beeinträchtigt.

Dieser Umstand, daß man bei Normirung der Differentialgleichung irgend eine Unsymmetrie einführen muß, stellt sich ganz allgemein ein, wenn man sich nicht zu dem Schritt entschließt, homogene Variablen einzuführen.

Was den Gebrauch homogener Variablen betrifft, so herrschen darüber unter den Mathematikern zwei ganz entgegengesetzte Richtungen. Die einen, die algebraisch-geometrische Schule, welche an Cayley, Clebsch u. s. w. anknüpft, arbeiten nur mit homogenen Variablen und haben geradezu einen Widerwillen, man möchte sagen ästhetischer Art gegen nicht homogen geschriebene Formeln. Die andere Richtung umfasst die Mehrzahl der Funktionentheoretiker, welche die homogenen Formeln für etwas unbestimmtes zu halten scheinen, indem sie sich nicht gewöhnen können, einen homogenen Ausdruck wirklich als Funktion der _zwei_ Variablen x_1, x_2 anzusehen, sondern immer nur auf das Verhältnis $x_1 : x_2$ achten.

Wir hier werden einen Mittelweg zwischen diesen beiden extremen Richtungen einhalten, indem wir bald die homogene, bald die unhomogene Schreibweise bevorzugen, je nach dem Zwecke, den wir gerade verfolgen.

Wenn wir irgend eine Funktion y von x

haben:
$$y = \mathfrak{F}(x),$$
so spalten wir Argument und Funktion, indem wir setzen
$$x = \frac{x_1}{x_2},$$
$$\mathfrak{F}(x) = \mathfrak{F}\left(\frac{x_1}{x_2}\right) = \frac{\varphi(x_1, x_2)}{\psi(x_1, x_2)}.$$

Dabei kann diese Spaltung von $\mathfrak{F}$ in Zähler und Nenner nach verschiedenen Rücksichten geschehen. Wenn z. B. $\mathfrak{F}(x)$ eine rationale Funktion ist, wird man $\varphi(x_1, x_2)$ und $\psi(x_1, x_2)$ so einrichten, daß es ganze rationale Formen von x_1, x_2 sind. Solche ganzen Formen haben den Vorzug, für endliche Werte der Variablen x_1, x_2 immer endlich zu bleiben. Unendlich große Werte der homogenen Variablen dürfen wir aber von vornherein ausschließen, weil $x = \frac{x_1}{x_2}$ auch schon bei der Beschränkung auf endliche Werte von x_1, x_2 alle seine Werte annimmt. Im Zusammenhang damit sagen wir:

<u>Überhaupt ist es ein Hauptzweck bei der Einführung homogener Variablen, daß man das Unendlichwerden der in</u>

Betracht zu ziehenden Größen vermeidet.

Aber noch einen andern Vorzug bietet die Benutzung homogener Variablen:

Die Formeln, welche bei linearer Transformation herauskommen, werden symmetrischer.

Nämlich statt der gebrochenen Substitution

$$x' = \frac{\alpha x + \beta}{\gamma x + \delta}$$

erhalten wir eine ganze lineare binäre Substitution

$$x_1' = \alpha x_1 + \beta x_2,$$
$$x_2' = \gamma x_1 + \delta x_2.$$

Mit solchen Substitutionen hat es aber die gewöhnliche Invariantentheorie zu tun; wir sagen also:

Insbesondere erreichen wir durch Einführung der homogenen Variablen den Anschluß an den Algorithmus der Invariantentheorie.

Wir werden jetzt, um dies auf unsere Differentialgleichung anzuwenden, statt einer Funktion y vielmehr eine Form π einführen, indem wir setzen:

$$y = \Pi \cdot (x_1 - a x_2)^\varrho (x_1 - b x_2)^\sigma \ldots (x_1 - n x_2)^\omega$$

Da liegt nun gar kein Grund vor, die Zahlen $\varrho, \sigma, \ldots \omega$ irgend einer Beschränkung zu unterwerfen, da ja der unendlich ferne Punkt für die zugesetzten Factoren gar kein singulärer Punkt mehr ist. Nur wird dann, wenn wir $\varrho + \sigma + \ldots + \omega$ von 0 verschieden annehmen, auch der Grad des Π von 0 verschieden, nämlich

$$\kappa = -(\varrho + \sigma + \ldots + \omega).$$

<u>Die Exponenten $\varrho, \sigma, \ldots \omega$ können wir jetzt ganz beliebig annehmen, nur wird der Grad der Form Π, welche durch unsere Substitution eingeführt wird, durch die Zahlen $\varrho, \sigma, \ldots \omega$ bestimmt.</u>

Infolge dieser vollständigen Willkürlichkeit der $\varrho, \sigma \ldots$ ist jetzt auch eine symmetrische Normirung der Differentialgleichung möglich. Ein zweiter Fortschritt liegt aber noch in folgendem: Während wir die Function y einmal und zweimal nach x zu differenzieren hatten, haben wir von der Form Π zwei erste und drei zweite Differentialquotienten, die wir ∞ bezeichnen:

$$\overline{\Pi}_1 = \frac{\partial \overline{\Pi}}{\partial x_1}, \qquad \overline{\Pi}_2 = \frac{\partial \overline{\Pi}}{\partial x_2},$$

$$\overline{\Pi}_{11} = \frac{\partial^2 \overline{\Pi}}{\partial x_1^2}, \quad \overline{\Pi}_{12} = \frac{\partial^2 \overline{\Pi}}{\partial x_1 \partial x_2}, \quad \overline{\Pi}_{22} = \frac{\partial^2 \overline{\Pi}}{\partial x_2^2}.$$

Zwischen diesen bestehen natürlich die bekannten, für homogene Funktionen geltenden Euler'schen Relationen:

$$x_1 \overline{\Pi}_1 + x_2 \overline{\Pi}_2 = k \overline{\Pi},$$
$$x_1 \overline{\Pi}_{11} + x_2 \overline{\Pi}_{12} = (k-1) \overline{\Pi}_1,$$
$$x_1 \overline{\Pi}_{21} + x_2 \overline{\Pi}_{22} = (k-1) \overline{\Pi}_2.$$

Indem wir an Stelle von zwei Differentialquotienten jetzt deren 5 haben, sind wir in der Lage, unsere normierten Differentialgleichungen, von denen wir sprechen wollen, in der Art symmetrisch zu schreiben, daß die invariante Auffassung, die wir ohnehin immer zu Grunde legen, auch in der Formel hervortritt.

Wir erörtern zunächst die Frage, in welcher Weise wir unser $\overline{\Pi}$ normieren wollen. Die Exponenten sind bei irgend einer Wahl der $\rho, \sigma, \ldots$

$$\alpha' - \rho, \quad \beta' - \sigma, \ldots \gamma' - \omega;$$
$$\alpha'' - \rho, \quad \beta'' - \sigma, \ldots \gamma'' - \omega.$$

Wir setzen nun $\rho = \alpha''$, $\sigma = \beta''$, $\ldots \omega = \gamma''$, was ja jetzt möglich ist, da $\varrho, \sigma, \ldots \omega$ von einander völlig unabhängig sind. Dann wird an jeder Stelle der eine Exponent gleich 0, der andere gleich der Exponentendifferenz α. Die π-Form, welche wir so bekommen, habe ich früher als „Normal-π zweiter Art" benannt; wir werden dasselbe jetzt vorzugsweise zu Grunde legen und wollen es als „Normal-π" schlechtweg bezeichnen.

<u>Das Normal-π denken wir uns in der Weise gewählt, daß er an jeder einzelnen singulären Stelle einen Exponenten $=0$ hat, worauf der andere Exponent gleich der von vornherein vorgeschriebenen Exponentendifferenz sein wird.</u>

[Fr. d. 27. April 94.] Ein solches π bezeichnen wir im Anschluß an das Riemann'sche Schema mit

$$\pi \left| \begin{array}{cccc} a & b & \ldots & n \\ \alpha & \beta & \gamma & x_1, x_2 \\ 0 & 0 & 0 & \end{array} \right.$$

Der Grad desselben ist

$$K = \frac{\alpha + \beta + \ldots + \gamma + 2 - n}{2}.$$

Nun bedenken wir noch, daß das Vorzeichen jeder Exponentendifferenz $\alpha, \beta, \ldots$ noch willkürlich ist, da er ja freisteht, welchen der bei den Exponenten wir vom andern abziehen wollen. Wir wollen nun die Festsetzung, wenn eine solche nötig wird, so treffen, daß $\alpha, \beta, \ldots$ positiv sind, oder falls sie complex sind, daß die reellen Teile positiv sind, wobei wir also die Möglichkeit bei Seite lassen, daß eine der Größen rein imaginär sein möchte. Dann wird an einer singulären Stelle kein Zweig der π-Form unendlich, mit andern Worten, π ist eine ganze (transcendente) Form von x_1, x_2. Zugleich verschwinden an keiner Stelle alle Zweige gleichzeitig, so daß wir keinen weiteren Faktor mehr aus dem π herausheben können, ohne daß es aufhörte, eine ganze Form zu sein. Wir sagen also:

<u>Die homogenen Variablen können insbesondere dazu benutzt werden, der Form π eine solche Formirung zuzuteilen, daß sie eine ganze Form von x_1, x_2 ohne überflüssigen Teiler ist.</u>

Wir wollen nun auch die <u>Differentialgleichung für unser Normal-π</u> in homogener, invarianter Form aufstellen.

Ich schließe mich dabei an das von __Waelsch__ in den "Schriften der deutschen Prager mathematischen Gesellschaft 1892" veröffentlichte Resultat an. Waelsch hat allerdings nicht unsern allgemeinen Standpunkt, sondern er beschränkt sich auf Differentialgleichungen mit rationalen Lösungen. Er hängt das mit der gestern berührten Parteispaltung der Mathematiker zusammen, indem die Mathematiker, welchen die homogenen Variablen geläufig sind, wieder durchaus an den algebraischen Funktionen haften. Aber nichtsdestoweniger gilt die Waelsch'sche Formel allgemein, auch für die transcendenten π-Formen.

Wir werden zunächst einen gewissen invarianten Differentialproceß zu definiren haben, der zuerst von Cayley ersonnen worden ist, um aus zwei binären Formen eine Covariariante zu bilden, und der übrigens in der Invariantentheorie allgemein üblich ist.

Wir definiren als "r^{te} Überschiebung zweier binären Formen π und φ" diejenige Form, welche man erhält, wenn

– 21 –

man auf das Product $\Pi(x_1, x_2) \cdot \varphi(y_1, y_2)$ den durch das Symbol $\left(\frac{\partial}{\partial x_1} \frac{\partial}{\partial y_2} - \frac{\partial}{\partial x_2} \frac{\partial}{\partial y_1}\right)$ definierten Proceß ν mal anwendet und hinterher $y_1 = x_1, y_2 = x_2$ setzt, also

$$(\Pi, \varphi)_\nu = \left[\left(\frac{\partial}{\partial x_1}\frac{\partial}{\partial y_2} - \frac{\partial}{\partial x_2}\frac{\partial}{\partial y_1}\right)^\nu \Pi(x_1, x_2)\,\varphi(y_1, y_2)\right]_{y_1, y_2 = x_1, x_2}.$$

Da ergiebt speciell für $\nu = 0, 1, 2$:

$\nu = 0 \quad (\Pi, \varphi)_0 = \Pi \cdot \varphi,$ (also das Product),
$\nu = 1 \quad (\Pi, \varphi)_1 = \Pi_1 \varphi_2 - \Pi_2 \varphi_1,$ (die Functionaldeterm.)
$\nu = 2 \quad (\Pi, \varphi)_2 = \Pi_{11}\varphi_{22} - 2\Pi_{12}\varphi_{21} + \Pi_{22}\varphi_{11}$

Ich behaupte nun, daß unser Normal-Π folgender Differentialgleichung genügt:

$$(\Pi, \varphi)_2 + (\Pi, \psi)_1 + (\Pi, \chi)_0 = 0.$$

Hierin bedeutet φ die Form, welche an sämtlichen singulären Stellen verschwindet:

$$\varphi = (x_1 - a x_2)(x_1 - b x_2)\cdots(x_1 - n x_2),$$

während ψ und χ zwei ganz beliebige ganze Formen von den Graden $n-2$ und $n-4$ sind.

Umgekehrt, wenn Π einer Differentialgleichung von dieser Gestalt genügt, ist er ein Normal-Π. Wir können also geradezu sagen:

Unser normierter Π ist dadurch definiert, daß eine einfache Summe von Überschiebungen verschwindet.

– 22. –

Die Grade von ψ und χ müssen dabei $n-2$ und $n-4$ sein, damit die ganze Summe homogen ist. –

Zunächst können wir leicht die Übereinstimmung der Constantenzahl mit der Constantenzahl der Normal-π constatiren: π hat $3n-6$ wesentliche Constanten, oder wenn wir nicht nur auf die Doppelverhältnisse, sondern auf die Lage der singulären Punkte selbst achten, $3n-3$ Constanten. Die Differentialgleichung enthält in der Form φ, deren höchster Coefficient oben $= 1$ angenommen wurde, n Parameter, in ψ $n-1$ und in χ $n-3$ Coefficienten, also $3n-4$ Parameter; das alles aber unter der Voraussetzung, daß der Grad k von π als fest angesehen wird. Derselbe ist aber an sich eines jeden beliebigen Werthes fähig, da er durchaus keine ganze oder rationale oder auch nur reelle Zahl zu sein braucht, und er muß bei unserer Differentialgleichung noch ausdrücklich festgelegt werden, damit sie überhaupt ein bestimmtes Problem vorstellt. *)

---

*) Anders ausgedrückt: wir müssen neben unsere Differentialgleichung die andere stellen: $\pi_1 \cdot x_1 + \pi_2 \cdot x_2 = k \cdot \pi$.

Wir müssen also in der Differentialgleichung den vorzugebenden Grad k als einen weiteren Parameter ansehen und erhalten so im Ganzen $3n-3$ willkürliche Parameter, wie er sein soll.

Wir könnten von den $3n-3$ Constanten, welche in der Formel auftreten, gerne 3 durch lineare Transformation der x_1', x_2' zerstören. Es hätte dies aber gar keine tiefergehende Bedeutung, weil aus der Bauart unserer Gleichung ohne weiteres hervorgeht, daß das Π in covarianter Weise an die drei Formen φ, ψ, χ angeknüpft ist.

Um zu zeigen, daß die homogene Differentialgleichung wirklich ein Normal-Π definiert, werde ich – inconsequenter Weise, weil wir nicht geübt genug sind, mit homogenen Variablen zu operiren – das Verfahren einschlagen, daß ich sie geradezu in nichthomogene Gestalt umrechne. Zuerst drücke ich vermittelst der Euler'schen Relationen alle Differentialquotienten, in denen nach x_2' differenziert ist, durch die Differentialquotienten Π, Π_1, Π_{11} aus, in denen nur nach x_1' differenziert ist. Ich setze also
$$\Pi_2 = \frac{k\Pi - x_1 \Pi_1}{x_2},$$

$$\overline{\Pi_{12}} = \frac{(k-1)\overline{\Pi_1} - x_1 \overline{\Pi_{11}}}{x_2^2}$$

$$\overline{\Pi_{22}} = \frac{k(k-1)\overline{\Pi} - 2(k-1)x_1 \overline{\Pi_1} + x_1^2 \cdot \overline{\Pi_{11}}}{x_2^2},$$

und analog beim φ, etc.
Dies eingesetzt gibt:

$$\frac{n(n-1)\cdot\varphi}{x_2^2}\overline{\Pi_{11}} + \left(\frac{(n-2)\cdot\psi}{x_2} - \frac{2(k-1)(n-1)\varphi_1}{x_2^2}\right)\overline{\Pi_1} +$$

$$\left(\chi - \frac{k\psi_1}{x_2} + \frac{k(k-1)\varphi_{11}}{x_2^2}\right)\overline{\Pi} = 0.$$

Nun schreiben wir etwa:

$$\frac{\Pi(x_1,x_2)}{x_2^k} = \mathcal{P}(x), \quad \frac{\varphi(x_1,x_2)}{x_2^n} = f(x),$$

$$\frac{\psi(x_1,x_2)}{x_2^{n-2}} = g(x), \quad \frac{\chi(x_1,x_2)}{x_2^{n-4}} = h(x),$$

und erhalten
$$n(n-1)\cdot f\cdot\mathcal{P}'' + \bigl((n-2)g - 2(k-1)(n-1)f'\bigr)\mathcal{P}' +$$
$$(h - k\cdot g' + k(k-1)f'')\mathcal{P} = 0$$

oder

$$\mathcal{P}'' + \left(\frac{(n-2)g}{n(n-1)f} - \frac{2(k-1)f'}{n f}\right)\mathcal{P}' + \left(\frac{h - k g' + k(k-1)f''}{n(n-1)}\right)\cdot$$

$$\frac{\mathcal{P}}{f} = 0.$$

Man sieht aus dieser Form sogleich, daß singuläre Punkte nur an den Verschwindungsstellen von $f(x)$ auftreten, abgesehen vom Punkte

∞, der nur durch den Übergang zur nichthomogenen Schreibweise einen singulären Charakter erhalten hat. Ferner sehen wir, daß der Coefficient der letzten Glieder nach Heraussetzung des Nenners f eine ganze Function vom Grade $n-3$ ist. Es fehlen also vollständig die Glieder $\frac{\alpha'\alpha''}{x-a}(a-b)\ldots(a-n)$ u. s. w., welche den singulären Punkten $a, b, \ldots n$ entsprechen sollten. Das kann aber nicht anders geschehen, als indem

$$\alpha'\alpha'' = 0, \quad \beta'\beta'' = 0 \quad u. s. w.$$

ist, d. h. es muß an jedem singulären Punkte einer der beiden Exponenten verschwinden. Die sämtlichen singulären Punkte $a, b, \ldots n$ haben immer einen Exponenten 0, weil mit $\frac{1}{f}$ nur eine ganze Function multipliciert ist, weil also die in der allgemeinen Form an dieser Stelle vorkommenden Partialbrüche wegfallen.

Der andere Exponent, z. B. α der Punktes a, bestimmt sich leicht aus der Bemerkung, daß der Coefficient von P' an der Stelle $x = a$ wie $\frac{1-\alpha}{x-a}$ unendlich werden muß. Man findet aber, daß er in Wahrheit mit dem Coefficienten:

$$\frac{(n-2)g(a)}{n(n-1).f'(a)} - \frac{2(K-1)}{n}$$

unendlich wird, daß also

$$\alpha = 1 + \frac{2(K-1)}{n} - \frac{(n-2).g(a)}{n(n-1).f'(a)}$$

sein muß:

Die von Waelsch aufgestellte Differential-
gleichung definiert, wenn wir unter "eine Form
K ten Grades" verstehen, ein Normal-π, wel-
cher die Wurzeln von $g = 0$ zu singulären
Punkten hat und im einzelnen singulären
Punkt die Exponenten 0 und

$$\alpha = 1 + \frac{2(K-1)}{n} - \frac{(n-2).g(a)}{n(n-1).f'(a)}$$

besitzt.

[No. d. 30. April 94.] Im Anschluß hieran mache
ich auf folgende schöne Eigenschaft der
Waelsch'schen Differentialgleichung aufmerksam:

Man findet die singulären Stellen $a, b, \ldots n$
der Differentialgleichung durch 0-Setzen der
Funktion f, oder was dasselbe heißt, der
Form $g(x_1, x_2)$. Zur Berechnung der Exponenten $\alpha, \beta, \ldots \nu$ braucht man, nachdem man
die singulären Stellen selbst, also die

Function φ, als bekannt ansieht, nur noch die Function g, oder homogen gedacht, die Form ψ hinzuzunehmen, und endlich nach Festlegung der singulären Punkte und der Exponenten ergiebt die Form $\chi^{(x_1, x_2)}$ die $n-3$ accessorischen Parameter. So bestimmt also in der Waelsch'schen Differentialgleichung

$$\left(\overline{\Pi}_1^n \varphi''\right)_2 + \left(\overline{\Pi}_1^n \psi^{n-2}\right)_1 + \left(\overline{\Pi}_1^n \chi^{n-4}\right)_0 = 0$$

das erste Glied die singulären Punkte, das zweite Glied die Exponenten, das dritte die accessorischen Parameter.

Die elegante Form, in welcher bei unserer Normalgleichung die singulären Punkte, die Exponenten und die accessorischen Parameter durch die Coefficienten von φ, ψ, χ vertreten werden, läßt es als wahrscheinlich erscheinen, daß eine Benutzung der Normalform angezeigt ist, sobald man neben x die genannten drei Größen als veränderlich betrachten will.

Ich möchte ferner noch einige specielle Bemerkungen hinzufügen:

1.) Für $n=3$ sollte χ eine ganze rationa‐

le Form vom Grade -1 mit 0 Coefficienten
sein, d. h. sie muss identisch 0 sein.
Die Normalgleichung im hypergeometrischen Fall heisst also
$$(\bar{\pi}, \varphi)_2 + (\bar{\pi}, \psi')_1 = 0.$$

In dieser Gestalt hat <u>Hilbert</u> in Math.
Ann. 30. 1887 die Differentialgleichung angesetzt, nur dass bei Hilbert, wie auch bei
Wallisch das Interesse nur darauf gerich-
tet ist, ganze rationale Formen, Polynome,
zu finden, welche einer solchen Relation
genügen, so dass die Allgemeingültigkeit
des Ansatzes für die Theorie der linearen
Differentialgleichungen nicht in Augen-
schein tritt.

2.) Wir wollen zusehen, was für einen Spezialfall wir erhalten, wenn wir identisch
$$\psi \equiv 0$$
setzen, wenn wir also nur eine Differentialgleichung der Gestalt
$$(\bar{\pi}, \varphi)_2 + (\bar{\pi}, \chi'')_0 = 0$$

ins Auge fassen. Dann ergiebt unsere Formel
für die Exponenten, dass alle Exponenten

einander gleich, nämlich
$$\alpha = \beta = \ldots\ldots = \nu = \frac{n+2\kappa-2}{n}$$
werden. Hiervon ist es nun noch ein weiter specialisirter Fall, auf den man durch die mathematische Physik hingeführt wird, nämlich der Fall der allgemeinen Lamé'_schen Differentialgleichung_. Ich darf mich in betreff dieser Gegenstände auf meine Vorlesung vom W. 1889/90 beziehen, deren Inhalt zugleich die Grundlage für die Preisarbeit von Bôcher bildet: „Über die Reihenentwicklungen der Potentialtheorie". Dort wird gezeigt, wie die mathematische Physik dazu veranlasst, die Folge der allgemeinen Lamé'schen Gleichung zu bilden, aus der alle in der Potentialtheorie sonst gebräuchlichen linearen Differentialgleichungen 2. Ordnung durch Grenzübergang hervorgehen. Diese allgemeine Lamé'sche Gleichung erhält man, indem man alle Exponentendifferenzen $\alpha, \beta, \ldots\ldots \nu = \frac{1}{2}$ setzt, d. h. wenn die Anzahl n der singulären Punkte vorgegeben ist, indem man neben $\gamma = 0$:
$$\kappa = \frac{4-n}{4}$$
setzt. Also

Wir verstehen unter der allgemeinen Lamé'schen Gleichung in Normalform denjenigen Fall der allgemeinen Normalform, der entsteht, wenn γ identisch $= 0$ ist, und wenn $k = \frac{q-n}{q}$ gesetzt wird.

Man sieht, wie elegant sich bei Benutzung homogener Schreibweise die Formeln darstellen; wir werden daher stets dann die homogene Formulirung vorziehen, wenn es sich um explicite Rechnungen handelt. Aber, wie wir uns vorbehalten haben, je nach der besondern Brauchbarkeit, bald die eine, bald die andere Schreibweise zu verwenden, werden wir, wenn wir uns über den allgemeinen Verlauf der Funktionen unterrichten wollen, durchaus die unhomogenen Variablen benutzen, ja wir werden sogar da, wo sich das homogene von selbst stellt, unhomogen machen: Wir werden nicht nur $\frac{z_1}{z_2} = x$ setzen, sondern auch $\frac{z_1}{z_2} = y$ als unabhängige Variable einführen.

Wir werden das Homogene immer heranziehen, wenn es sich um definitive Formulirung der Rechnungen handelt, dagegen werden wir zur vorläufigen funktiv

— 31. —

nichttheoretischen Untersuchung durchaus
das Nichthomogene bevorzugen und statt
y_1, y_2 den Quotienten $\frac{y_1}{y_2} = \eta$ in die Betrachtung einführen.

Des Näheren vergleiche man wegen der
Einführung der η S. 260 der Wintervorlesung
über die hypergeometrische Function.

η genügt einer Differentialgleichung 3.
Ordnung, nämlich, wenn
$$y'' + p y' + q y = 0$$
die Differentialgleichung ist, der y_1 und y_2
genügen, der Gleichung
$$\frac{\eta'''}{\eta'} - \frac{3}{2} \left(\frac{\eta''}{\eta'}\right)^2 = [\eta]_x = 2q - \frac{1}{2} p^2 - \frac{dp}{dx}.$$

Haben wir diese Gleichung, die „Differentialresolvente 3. Ordnung", integriert so
können wir leicht zu den Lösungen y_1, y_2 der
linearen Differentialgleichung 2. Ordnung
zurückgelangen durch die Formeln:
$$y_1 = \frac{\eta}{\sqrt{\eta'}} \cdot e^{-\frac{1}{2}\int p\,dx}, \quad y_2 = \frac{1}{\sqrt{\eta'}} \cdot e^{-\frac{1}{2}\int p\,dx}$$

(Vergl. Wintervorlesung S. 268.)

Diese Formeln auf unsere explicit hingeschriebene Differentialgleichung S. 7 angewandt ergiebt für η die Gleichung:

– 32. –

$$[y]_x = \frac{1}{(x-a)\cdots(x-n)} \left\{ \frac{\frac{x}{2}(x-a^2)(a-b)\cdots(a-n)}{x-a} \right.$$
$$\left. + \cdots + \frac{\frac{x}{2}(1-r^2)(n-a)(\cdots)(n-m)}{x-n} + q_{n-4}(x) \right\},$$

wobei $g_{n-1}(x)$ ein Polynom $(n-1)$ ten Grades ist, wie $g_{n-1}(x)$ in der Differentialgleichung 2. Ordnung, allerdings nicht dasselbe Polynom. Natürlich kommen in dieser Differentialgleichung für den Quotienten der beiden Partikularlösungen nicht mehr die Exponenten α', α'' u. s. w. selbst vor, sondern nur noch die Exponentendifferenzen $\alpha = \alpha' - \alpha''$, u. s. w. Eben dies ist eine wesentliche Vereinfachung gegenüber der ursprünglichen Gleichung: Der Vorzug der Differentialresolvente 3. Grades gegenüber der Differentialgleichung 2. Grades ist der, daß bloß die Exponentendifferenzen, nicht die Exponenten selbst hier auftreten. Für den Übergang von y zu y_1 und y_2 haben wir hier

$$e^{-\frac{1}{2}\int p\, dx} = (x-a)^{\frac{\alpha'+\alpha''-1}{2}}(x-b)^{\frac{\beta'+\beta''-1}{2}}\cdots(x-n)^{\frac{\nu'+\nu''-1}{2}}$$

in die Formeln für y_1, y_2 einzusetzen.

Ich habe die Differentialresolvente 3. Ordnung auch für die Normalform von Waelsch berechnet; um Ihnen jedoch dieselbe mitzu-

— 33 —

len zu können, muß ich erst noch bei einer allgemeinen Eigenschaft der Differentialausdrücke $[\eta]_x$ verweilen.

Bekanntlich bleibt $[\eta]_x$ vollständig ungeändert, wenn ich für η eine beliebige lineare Funktion $\dfrac{\alpha\eta+\beta}{\gamma\eta+\delta}$ setze.

Denn wir haben ja $[\eta]_x$ seinerzeit gerade von dieser Forderung aus als einfachste Differentialinvariante gegenüber linearen Substitutionen construiert.

Wie aber verhält sich $[\eta]_x$, wenn man nicht auf η, sondern auf x eine lineare Transformation
$$x' = \frac{ax+b}{cx+d}$$
anwendet?

Man rechnet aus, daß
$$[\eta]_{x'} = [\eta]_x \cdot \frac{(ad-bc)^2}{(cx+d)^4}$$
wird.

Diese Formel kann wieder in eleganter Weise umgesetzt werden, wenn wir zu homogenen Variablen übergehen, indem wir
$$x' = \frac{x'_1}{x'_2} \quad , \quad x = \frac{x_1}{x_2}$$
und
$$x'_1 = ax_1 + bx_2$$
$$x'_2 = cx_1 + dx_2$$

setzen. Dann können wir schreiben:

$$\left(\frac{1}{x_2}\varphi\;[\gamma]_x\right) = \left(\frac{1}{X_2}\varphi\;[\gamma]_X\right)(ad-bc)^2$$

Der Ausdruck $\frac{1}{x_2}\varphi\;[\gamma]_x$ zeigt also gegenüber binären linearen homogenen Substitutionen von x_1, x_2 das einfache Verhalten, daß er sich nur mit dem Quadrate der Substitutionsdeterminante multipliciert. D. h.:

Der Ausdruck
$$\frac{1}{x_2}\varphi\;[\gamma]_x$$

ist nicht nur gegenüber linearen Substitutionen von y invariant, und zwar absolut invariant, sondern er ist auch invariant gegenüber linearen Substitutionen von x.

Setzen wir diesen Ausdruck auf die linke Seite der Differentialgleichung, so dürfen wir daher erwarten, daß auf der rechten Seite lauter Covarianten der Formen φ, χ, γ auftreten.

Die Rechnung habe ich ausgeführt, indem ich Alles in unhomogene Gestalt umschrieb, und indem ich nachträglich wieder homogen machte; das Resultat der Rechnung ist folgendes:

Es bedeute $H(\varphi)$ die Hesse'sche Determi-

nante
$$H(\varphi) = \varphi_{11}\varphi_{22} - \varphi_{12}^2),$$
welche mit der zweiten Überschiebung von φ über sich selbst $(\varphi,\varphi)_2$ bis auf einen Faktor $\frac{1}{2}$ überein stimmt.

Ferner sei die Funktionaldeterminante von φ und ψ mit
$$T(\varphi,\psi) = \varphi_1\psi_2 - \varphi_2\psi_1$$
bezeichnet.

Dann heißt die Differentialgleichung 3. Ordnung:
$$\frac{1}{\chi_2^4}\left[\frac{\eta}{\chi}\right]_\chi = \frac{1}{n(n-1)\varphi}\left\{\frac{2(\kappa-1)(\kappa+\omega-1)H + (n-1)(n+2\kappa-2)T - (n-2)\frac{\eta^2}{\varphi}}{n(n-1)\varphi} + 2\chi\right\}$$

In dem speziellen Fall, wo alle Exponentendifferenzen gleich sind, wo also ψ verschwindet, geht die Gleichung über in
$$\frac{1}{\chi_2^4}[\eta]_\chi = \frac{4(\alpha^2-1)H}{(n-1)^2\varphi^2} + \frac{2\chi}{n(n-1)\varphi}, \text{ wo } \alpha = \frac{n+2\kappa-2}{n} \text{ ist,}$$

und endlich im Lamé'schen Fall $\alpha = \frac{1}{2}$:
$$\frac{1}{\chi_2^4}[\eta]_\chi = -\frac{3}{8}\cdot\frac{H}{(n-1)^2\varphi^2} + \frac{2\chi}{n(n-1)\varphi}. -$$

Ich will jetzt dazu übergehen zu schildern, welche spezielle Bedeutung die allgemeinen Lamé'schen Gleichungen in der Theorie der übrigen linearen Differentialgleichungen zweiter Ordnung besitzt den Ideen zufolge, welche in meiner Vorlesung über Lamé'sche Funktionen und in Bôcher's Preisschrift entwickelt sind.

Die Lamé'sche Gleichung in Normalform lautet:
$$(\overline{\Pi}, \varphi)_2 + \overline{\Pi} \cdot \overset{x-r}{X} = 0,$$

wobei $K = \frac{4-x}{4}$ ist. Alle Exponentendifferenzen sind $= \frac{1}{2}$.

Dabei ist aber vorausgesetzt, daß die n Wurzeln von $\varphi = 0$ sämtlich verschieden sind.

Was geschieht nun aber, wenn mehrere Wurzeln zusammenfallen? Da werden wir sehen:

Läßt man in der allgemeinen Lamé'schen Differentialgleichung 2. Ordnung die singulären Punkte beliebig zusammenrücken, so erhält man die allgemeinste lineare Differentialgleichung zweiter Ordnung mit rationalen Coefficienten, und er ist die hier entstehende Auffassung, welche die Lamé'sche Differentialgleichung an die Spitze stellt und aus ihr die weiteren Differentialgleichungen denvirt, durch das Studium der mathematischen Physik, nämlich der Potentialtheorie, notwendig gegeben.

Es entsteht nämlich durch Zusammenrücken zweier Punkte mit den Exponentendifferenzen $\frac{1}{2}$ ein Punkt mit einer beliebigen Exponentendifferenz und durch Zusammenrücken dreier oder einer noch größeren Zahl im Allgemeinen ein irregulärer Punkt von um so höherem Charakter, je mehr Punkte zusammengerückt sind.

[Dic. d. 1. Mai 1891]

Wir wollen dies nur, was reguläre Punkte betrifft, näher prüfen. Wir wollen nämlich die Richtigkeit folgender Behauptung nachweisen:

<u>Wenn zwei singuläre Punkte der Lamé'schen Gleichung zusammenfallen, so entsteht ein regulärer Punkt von allgemeiner Exponentendifferenz, dessen beide Exponenten einander gleich sind.</u>

Eine Lamé'sche Normalgleichung in nicht homogener Gestalt geschrieben, hat nach pg. die Form

$$P'' + \frac{f'}{2f} \cdot P' + \frac{h + \frac{1}{4} n(n-1) f''}{n(n-1)} \cdot \frac{P}{f} = 0.$$

Ist nun $x - a$ ein einfacher Faktor von f,

und denkt man sich sowohl den Coefficienten $\frac{1}{2f}$ von P' wie den Coefficienten
$$\frac{h + \tfrac{n}{2} n(n-1) f''}{n(n-1) \cdot f}$$

nach Partialbrüchen zerlegt, so lautet der
Coefficient von $\frac{1}{x-a}$ im zweiten Glied $\frac{1}{2}$,
und im letzten Glied kommt $\frac{1}{(x-a)^2}$ gar
nicht vor, d. h. es hat den Coefficienten
0. Also ist
$$1 - \alpha' - \alpha'' = \tfrac{1}{2}, \quad \alpha' \alpha'' = 0,$$
folglich etwa $\alpha' = \tfrac{1}{2}$, $\alpha'' = 0$, wie es sein soll.

Anders, wenn $x-a$ ein Doppelfaktor von
f ist; dann ist der Coefficient von $\frac{1}{x-a}$ in
$\frac{f'}{2f}$ gleich 1, und der Coefficient von $\frac{1}{(x-a)^2}$
im letzten Glied gleich
$$\frac{h(a) + \tfrac{n(n-1)}{2} f''(a)}{n(n-1) \tfrac{1}{2} f''(a)}, \text{ so dass man die}$$
Gleichungen hat,
$$1 - \alpha' - \alpha'' = 1,$$
$$\alpha' \alpha'' = \frac{h(a) + n(n-1)(a-b)\ldots(a-n)}{n(n-1)\cdot(a-b)\ldots(a-n)} = C$$

Aus der ersten Gleichung folgt
$$\alpha' + \alpha'' = 0,$$
d. h. die beiden Exponenten sind entgegengesetzt gleich, in der zweiten Gleichung aber kann
die

rechte Seite einen ganz beliebigen Wert
haben, sodaß also auch α' und α'' ganz beliebiger, nur entgegengesetzt gleicher Werte
fähig sind.

Um z. B. von einer allgemeinen Lamé'-
schen Gleichung zu einer hypergeometrischen
Gleichung mit allgemeinen Exponentendifferenzen zu gelangen, nehmen wir $n=6$ und
lassen die 6 Wurzeln von $\varphi=0$ paarweise
zusammenfallen, nach dem Schema:

$$\overline{}\| \overline{}\| \overline{}\|\overline{}$$

Wir setzen also
$$\varphi(x_1, x_2) = (x_a)^2 (x_b)^2 (x_c)^2$$

Da $n=6$ ist, haben wir $k=-\tfrac{1}{2}$ zu setzen
und bekommen also die Differentialgleichung:

$$(\overline{\Pi, \varphi}^{-\tfrac{1}{2}})_2 + (\overline{\Pi, \chi}^{-\tfrac{1}{2}})_0 = 0$$

Die hierdurch definierte Π-Form hat das Schema

$$\Pi \left| \begin{array}{cccc} a & b & c & -\tfrac{1}{2} \\ +\tfrac{\alpha}{2} & +\tfrac{\beta}{2} & +\tfrac{\gamma}{2} & \\ -\tfrac{\alpha}{2} & -\tfrac{\beta}{2} & -\tfrac{\gamma}{2} & x_1, x_2 \end{array} \right|$$

Das ist aber gerade eine solche Π-Form, wie
ich sie im vorigen Semester als „Normal-Π
erster Art" bezeichnet habe. Also:

Beispielsweise erscheint die Normalform

1. Art der hypergeometrischen Funktion als Grenzfall einer allgemeinen Lamé'schen Gleichung mit n = 6.

Was aber die Funktionen der mathematischen Physik betrifft, so ist es der Fall von 5 Verzweigungspunkten, aus dem sie sich alle ableiten. Die nähere Ausführung dieser Idee möge man in meiner Vorlesung über Lamé'sche Funktionen oder in Böchers Arbeit nachsehen;*) hier will ich nur die allgemeine Tabelle mitteilen.

1.) 5 getrennte singuläre Punkte:

———+———+———+———+———

Allgemeine Lamé'sche Gleichung (übrigens Lamé selbst unbekannt).
Diese Funktionen stellen sich ein, wenn man zur Coordinatenbestimmung im Raum ein System von confocalen Cycliden zu Grunde legt.

2.) 3 getrennte, zwei zusammenfallende Punkte.

———+———+———#

Funktionen der 3-axigen Flächen 2. Grades. Lamé'sche Funktionen im engeren Sinne.

3.) 1 einfacher, zwei doppelte Punkte.

———+———#———#

Rotationsflächen 2. Grades. Diese Funktionen

---

*) Die bald noch weiter ausgeführt in Buchform erscheint.

sind bekannt als die "__Kugelfunctionen
einer Variablen__":

$P_n(\cos \vartheta)$ oder X_n (Legendre'sche Polynome).

Man sieht aus dem Schema, dass die Kugelfunctionen hypergeometrische Functionen sind, bei denen aber eine Exponentendifferenz $= \frac{1}{2}$ ist.
In der Tat haben wir auch im vorigen Semester die Kugelfunctionen in dieser Weise definiert.

__Kugelfunctionen eines Arguments sind diejenigen speciellen Fälle der hypergeometrischen Function, wo eine Exponentendifferenz $= \frac{1}{2}$ ist.__

4.) 2 einfache, ein 3facher Punkt

———|————|||———

__Functionen des zweiaxigen Cylinders.__

5.) 1 doppelter und ein dreifacher Punkt:

———||————|||———

__Functionen des Rotationscylinders__ = __Bessel'sche Functionen__.

6.) 1 einfacher und 1 vierfacher Punkt:

———|————||||———

__Functionen des parabolischen Cylinders__.

7.) 1 fünffacher Punkt:

————|||||————

Diese Art kommt nicht zur Verwendung und führt keinen besonderen Namen. —

Soviel für jetzt über die Idee, aus der allgemeinen Lamé'schen Gleichung andere durch Grenzübergang entstehen zu lassen. Jedenfalls sehen Sie aus der letzten Übersicht, in der die scheinbar so verschiedenartigen Funktionen der mathematischen Physik unter einem gemeinsamen höheren Gesichtspunkt erscheinen, daß die genannte Idee nicht nur eine mathematische Abstraktion ist, sondern in der Natur der Sache liegt.

B. Differentialgleichungen mit algebraischen Coefficienten.

Jetzt wollen wir uns, nach Betrachtung der Differentialgleichungen mit rationalen Coefficienten, dazu wenden, die Differentialgleichungen mit algebraischen Coefficienten ins Auge zu fassen. D. h. in der Gleichung
$$y'' + p y' + q y = 0$$
oder $[\eta]_x = r(x)$
sollen p, q bezw. r nicht mehr rationale, sondern algebraische Funktionen von x vorstellen. Es ist das genau die entsprechende Verallgemeinerung des Problems, als wenn man in der Integralrechnung nach Erle-

digung der Integrale von rationalen Funk‑
tionen zuerst Quadratwurzeln, dann die all‑
gemeinsten algebraischen Funktionen als In‑
tegranden herangezieht, und so zu den Abel'‑
schen Integralen gelangt.

Der charakteristische Gedanke für die Be‑
handlung der Differentialgleichungen mit
algebraischen Coefficienten ist derselbe, wel‑
cher in der Theorie der Abel'schen Integrale
seine Ausbildung gefunden hat.

Nämlich sei σ irgend eine algebraische
Funktion von x, definiert durch eine alge‑
braische Gleichung
$$f(\sigma, x) = 0.$$
Dann werden wir folgendermaßen verfahren:

<u>Wir wollen nicht eine einzelne isolierte Dif‑
ferentialgleichung für sich betrachten, sondern
alle Gleichungen zusammen, deren Coefficienten
sich aus der Irrationalität σ und x selbst
rational aufbauen.</u>

Jede Gleichung $f(\sigma, x) = 0$ definiert nämlich
ein „algebraisches Gebilde", welches alle diejenigen
Funktionen umfaßt, die sich rational aus
σ und x zusammensetzen lassen. Von einer
derartigen Funktion sagt man dann, sie ge‑

höre zu dem algebraischen Gebilde, oder sie sei auf dem algebraischen Gebilde eindeutig. Abel'sche Integrale, mit solchen Functionen von s und x gebildet, wird man ebenfalls als zu dem algebraischen Gebilde gehörig bezeichnen, und geradeso sagen wir von einer Differentialgleichung, deren Coefficienten p und q in x und s rational sind, dass sie zu dem durch die Gleichung $f(s,x)$ definierten algebraischen Gebilde „gehört."

<u>Wir verabreden also, immer diejenigen Differentialgleichungen gleichzeitig zu betrachten, welche zu demselben algebraischen Gebilde gehören.</u>

Wir werden dann den Stoff in ähnlicher Weise anordnen können wie in der Theorie der Abel'schen Integrale:

Sowie man die Abel'schen Integrale auf einem gegebenen algebraischen Gebilde einteilt in überall endliche Integrale, welche keine Unendlichkeitspunkte haben, und in solche Integrale, welche $1, 2, 3, \ldots$ vorgeschriebene Unendlichkeitspunkte haben, so werden wir die linearen Differentialgleichungen auf einem algebraischen Gebilde einteilen in solche, welche keine singulären Punkte auf dem algebraischen Gebilde haben, d. h. also unverzweigte Differentialgleichungen, und in solche, welche eine gegebene Anzahl von singulären Stellen von irgend welchem vorgeschriebenen Charakter haben.

Nun müssen wir uns natürlich zuerst eine Vorstellung davon machen, was ein eindimensionales algebraisches Gebilde ist, ein solcher mit einer unabhängigen Variablen. Hiermit muss ich weiter zurückgreifen als auf die Vorlesung des letzten Semesters, nämlich auf meine beiden Vorlesungen über Riemann'sche Flächen 1891-92.

Wenn wir eine algebraische Gleichung haben:
$$f.(\sigma, x) = 0,$$
und wir denken uns x als unabhängige Variable, so gibt es zur Veranschaulichung des Verlaufs von σ zwei verschiedene Arten der geometrischen Interpretation.

Einmal kann man sich die sämtlichen reellen und complexen Werte der Variablen x als die Punkte einer Ebene, der „complexen Zahlenebene" deuten. Indem wir nun darauf unser Augenmerk richten, daß jedem Werte von x immer eine bestimmte Zahl von Werten der Funktion v entspricht, denken wir uns die x-Ebene mit einer mehrblättrigen Riemann'schen Fläche überdeckt, in der wir die verschiedenen zu einem x gehörigen Werte v an den verschiedenen über der Stelle x der x-Ebene übereinander liegenden Stellen der Riemann'schen Fläche lokalisiert denken.

Die andere Art der Interpretation berücksichtigt nur die reellen Werte von x, indem man dieselben längs einer Geraden deutet. An Stelle der mehrfach überdeckten x-Ebene tritt dann eine mehrfach überdeckte x-Gerade; was aber die complexen Werte betrifft, so drückt man sich, obwohl sie der Anschauung bei dieser Deutung nicht zugänglich sind, doch ebenso aus, als ob sie reell wären.

Die erste ist die Methode der Functionentheoretiker in engerem Sinne, die zweite die Methode der Geometer, obwohl die erstere, welche wirklich jeden Wert geometrisch vorstellt und jede Beziehung

durch Figuren begleiten kann, gewiß viel
mehr den Namen Geometrie verdient, als die
zweite, welche von der Geometrie nur die Sprach-
weise, die Terminologie entlehnt, sobald
sie über das Reelle hinausgeht, was
doch unumgänglich ist. Wir aber werden
auch hierin uns vorbehalten, bald die eine,
bald die andere Methode zu verwenden,
da jede ihre eigentümlichen Vorzüge hat
und man darum beide kennen muß.
Weiter: Wenn wir auf einem algebraischen Gebilde zu operiren haben, so müssen
wir den Gesichtspunkt der <u>eindeutigen Trans-
formation</u> heranziehen: Es seien S und
X zwei verschiedene algebraische Functionen auf dem durch
$$f(s, x) = 0$$
gegebenen algebraischen Gebilde, also etwa
$$S = R_1(s, x) \qquad X = R_2(s, x).$$
Aus diesen beiden Gleichungen werden
wir mit Hülfe der Gleichung $f(s, x) = 0$
s und x eliminiren können und erhalten so eine neue algebraische Gleichung:
$$F(S, X) = 0,$$
von der wir sagen, sie entstehe aus der

Gleichung $f(s,x)=0$ durch eindeutige Transformation. Die Abhängigkeit zwischen S und X können wir nun wieder durch eine mehrblättrige Riemann'sche Fläche oder durch eine mehrfach überdeckte X-Axe deuten. So stellen sich neben die ursprüngliche Riemann'sche Fläche unendlich viele andere, die alle dasselbe algebraische Gebilde vorstellen, nur immer auf eine andere unabhängige Variable bezogen. Man muss sich nun durchaus daran gewöhnen, alle diese verschiedenen Riemann'schen Flächen, welche auseinander durch eindeutige Transformation hervorgehen, als durchaus gleichberechtigt anzusehen:

Alle die verschiedenen Riemann'schen Flächen, die sich ergeben, wenn man auf die ursprüngliche Gleichung $f(s,x)=0$ beliebige eindeutige Transformationen anwendet, sind Abbilder ein und desselben algebraischen Gebildes, sozusagen nur verschiedene Erscheinungsformen desselben algebraischen Zusammenhangs.

Neben die Interpretation der algebraischen

— 49 —

Gebildes durch eine mehrfach überdeckte x-Axe oder x-Ebene stellt sich eine freiere geometrische Deutung in einem Raume von 2, 3 und mehr Dimensionen [statt auf der eindimensionalen x-Axe].

Es seien $x_1, x_2, \ldots x_n$ die (nichthomogenen) Coordinaten eines Punktes in einem n-dimensionalen Raume. Setzen wir nun
$$x_1 = R_1(s, x), \; x_2 = R_2(s, x), \ldots x_n = R_n(s, x),$$
unter s und x die durch die algebraische Gleichung
$$f(s, x) = 0$$
verbundenen Größen verstanden, so stellen $x_1, x_2, \ldots x_n$, wenn man x und damit auch s als Variable denkt, die Coordinaten eines Punktes einer gewissen algebraischen Curve im n-dimensionalen Raume vor, z. B. für $n = 2$ eine ebene Curve, für $n = 3$ eine gewöhnliche Raumcurve.

<u>Als geometrische Erscheinungsform eines algebraischen Gebildes kann nicht nur ein mehrfach überdeckter R_1, sondern eine beliebige algebraische Curve in einem $R_1, R_2, R_3, \ldots$ einem R_n gelten.</u>

Von der Curve in einem höheren Raume

— 50. —

kann man zu einer entsprechenden Curve in einem Raume von geringerer Dimensionszahl durch das Verfahren der Projection gelangen. Hat man z. B. eine Curve im 3 dimensionalen Raum, so kann man sie von einem beliebigen Punkte aus auf eine beliebige Ebene projiciren und erhält so eine ebene Curve, welche auf die Raumcurve im Allgemeinen ein-eindeutig bezogen ist.

Oder denken wir uns beispielsweise eine allgemeine ebene Curve vierter Ordnung; wir können dieselbe von irgend einem Punkte O aus auf eine gerade Linie, die x-Axe, projiciren. Da jeder Projectionsstrahl die Curve vierter Ordnung in 4 Punkten trifft, also 4 Punkten der Curve ein und derselbe Punkt der x-Axe entspricht, so haben wir uns die x-Axe vierfach überdeckt zu denken, bezw. wenn wir behufs Deutung auch der complexen Werte von x die x-Axe durch eine x-Ebene ersetzen,

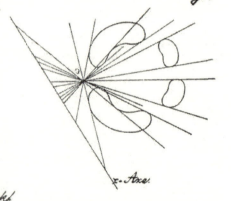

x-Axe.

haben wir uns die x-Ebene 4 fach überdeckt zu denken. Die vier Blätter der so resultirenden Riemann'schen Fläche hängen überall da durch einen Verzweigungspunkt zusammen, wo eine der von 0 an die Curve gelegten Tangenten die x-Axe trifft, und zwar entspricht jede einfache Tangente gerade einem einfachen Verzweigungspunkt der Fläche. Wir wissen nun, aus den Plücker'schen Formeln, dass man an eine allgemeine ebene Curve 4. Ordnung von einem beliebigen Punkte aus immer 12 Tangenten legen kann. Daraus schliessen wir sofort, dass die 4-blättrige Riemann'sche Fläche, welche der allgemeinen Curve 4. Ordnung entspricht, 12 Verzweigungspunkte besitzt.

Ein Beispiel für eindeutige Transformation, welche von der einen Erscheinungsform einer algebraischen Gebildes zu einer andern hinführt, ist die Projektion einer Curve aus einem höheren Raum in einen niedrigeren Raum, beispielsweise die Projektion einer ebenen Curve 4. Ordnung auf eine vierfach überdeckte Gerade, wobei

12 Verzweigungspunkte auftreten. Sie sehen, wie hier die projective Geometrie in höheren Räumen hereinspielt, und dass es sehr unzweckmäßig sein würde, durchaus an der gewöhnlichen Riemann'schen Fläche zu haften. Aber letztere hat wieder vor der Deutung durch eine Curve den Vorzug voraus, alles, auch die Verhältnisse im Complexen, wirklich geometrisch vor Augen zu führen. Wir müssen daher beide kennen, und sowohl die gewöhnliche functionentheoretische wie die projectiv-geometrische Betrachtungsweise vollständig beherrschen, um im gegebenen Falle uns der zweckmäßigsten Vorstellungsweise zu bedienen.

Nach diesen Bemerkungen über die verschiedenen Darstellungsweisen eines algebraischen Gebildes kehren wir wieder zu unserm engeren Thema zurück, zum Studium der <u>Differentialgleichungen auf einem gegebenen algebraischen Gebilde</u>.

Ein bestimmtes algebraisches Gebilde hat, wie wir sahen, unendlich viele verschiedene Erscheinungsformen, schon bei Deutung in einer Dimension, noch viel mehr, wenn man in höhere Räume geht. Da gibt es nun zwei – im Grunde allerdings nicht allzu verschiedene – Möglichkeiten, sich von der Zufälligkeit der Erscheinungsform frei zu machen:

Wir werden uns einmal das Princip bilden, die Differentialgleichungen auf den algebraischen Gebilden so zu behandeln, daß nur solche Elemente hervortreten, die bei eindeutiger Transformation invariant sind, also von der besonderen Erscheinungsform der algebraischen Gebilde unabhängig sind, oder aber das andere Prinzip, daß wir bei Behandlung der Differentialgleichungen jeweils diejenige Erscheinungsform des algebraischen Gebildes heraussuchen, welche für den besonderen Zweck die einfachste ist.

Ich habe bis jetzt nur von algebraischen Darstellungen einer algebraischen Gebilde gesprochen, oft aber ist es sehr viel einfacher, ein algebraisches Gebilde in transcendenter Form darzustellen. So kann man z. B. im Falle $p=1$ s und x und damit jede algebraische Function des Gebildes als eine eindeutige doppeltperiodische Function,

– 54. –

als elliptische Function einer Hülfsvari‑
abeln u darstellen. Wir haben uns die u‑
Ebene in lauter congruente Parallelogram‑
me geteilt zu denken,
von denen dann jedes
einzelne für sich ver‑
möge der linearen Zu‑
ordnung des gegenüber‑
liegenden Kanten,‑
sie gehen durch blosse

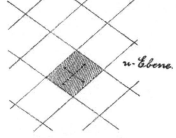

Parallelverschiebung aus einander hervor –
ein vollständiges Abbild der ganzen algebra‑
ischen Gebildes ist. Es entspricht nämlich
jedem durch die Gleichung $f(s,x)=0$ ver‑
bundenen Wertsystem s,x ein und nur
ein Punkt einer jeden Parallelogramms und
umgekehrt jedem Punkte einer Parallelo‑
gramms ein und nur ein Wertsystem s,x.
Wir werden es daher für zweckmässig er‑
kennen, auch bei Behandlung der Differen‑
tialgleichungen u als unabhängige Va‑
riable einzuführen; die Gleichung geht
dann in eine ebenfalls lineare homogene
Differentialgleichung 2. Ordnung, aber mit
eindeutigen doppelperiodischen Functionen

— 55. —

von u als Coefficienten über; unter dieser Überschrift findet man denn auch die Differentialgleichungen auf algebraischen Gebilden $p=1$ in den Lehrbüchern. Aber:

Unter Umständen sind auch transcendente Darstellungen der algebraischen Gebilde sehr nützlich. Wenn z. B. das Geschlecht einer algebraischen Gebildes $=1$ ist, so wird es vorteilhaft sein, s und x als doppeltperiodische Funktionen einer Hilfsgröße u darzustellen, worauf sich die Differentialgleichung, die wir untersuchen wollen, in eine Differentialgleichung mit doppeltperiodischen Coefficienten verwandelt.

Wir fragen uns, ob es ähnliche einfache transcendente Darstellungen einer algebraischen Gebildes auch im Falle einer höheren Geschlechtes gibt, ob sich etwa auch für $p>1$ s und x als eindeutige Funktionen einer Hilfsgröße darstellen lassen. Es zeigt sich, daß dies in der Tat möglich ist, und zwar mit Hilfe der „automorphen Funktionen"! Aber einerseits ist die Theorie der automorphen Funktionen noch lange nicht so ausgebildet, daß wir

tatsächlich durch das postulirte Verfahren eine Vereinfachung in den Rechnungen erzielen würden, andererseits wollen wir ja gerade erst von den Differentialgleichungen aus zur Theorie der automorphen Functionen vordringen; werden doch die automorphen Functionen gewöhnlich geradezu durch Differentialgleichungen auf einem algebraischen Gebilde erst definiert.
Wir sagen:
Etwas analoges wie die Darstellung der algebraischen Gebilde vom Geschlechte 1 durch doppeltperiodische Funktionen einer Hülfsgröße u ist bei höherem p die Darstellung von s und x durch automorphe Funktionen einer Hülfsgröße u. Doch werden wir von dieser Darstellung hier in dieser Vorlesung keinen Gebrauch machen, weil die Theorie der automorphen Funktionen noch nicht entwickelt genug ist, und weil wir andererseits die Theorie der automorphen Funktionen für ein späteres Semester gerade dadurch zugänglich machen wollen, daß wir hier die Differentialglei-

chungen mit algebraischen Coefficienten studieren.

Nach diesen allgemeinen Erörterungen wollen wir an concrete Aufgaben herangehen, indem wir nacheinander die Fälle $p=0$, $p=1$, $p>1$ behandeln.

Geschlecht $p=0$.

Wenn das Geschlecht $p=0$ ist, so läßt sich in der algebraischen Relation
$$f(s, x)=0$$
s und x beide rational durch eine gewisse dritte ebenfalls zum Gebilde gehörige Function ξ darstellen:
$$s = r_1(\xi), \quad x = r_2(\xi).$$

Die Hülfsgröße u ist also bei $p=0$ eine algebraische Function ξ des Gebildes selbst, wir nennen sie die „Hauptfunction" auf dem Gebilde. Wählen wir diese als unabhängige Variable, so werden die Coefficienten der Differentialgleichung rationale Functionen von ξ.

Ist bei der Gleichung $f(s,x)=0$ das Geschlecht $p=0$ so kann man statt s, x eine andere algebraische Function des Gebildes

die sogenannte "Hauptfunction", als unabhängige Variable einführen, in welcher
s und x beide rational sind, und wir haben
dann wieder Differentialgleichungen
mit rationalen Coefficienten zu studieren
und fallen dadurch auf den Gegenstand
der vorigen Stunden zurück.

Elliptische Gebilde

Es sei nun $p = 1$. Da pflegt man gewöhnlich eine bestimmte Normalform der algebraischen Gleichung zu Grunde zu legen,
nämlich die Gleichung
$$s^2 = f_4(x),$$
worin $f_4(x)$ ein Polynom vierten Grades
vorstellt. Wir haben so eine zweifach überdeckte x-Axe bezw. x-Ebene mit 4 Verzweigungspunkten. Neben diese Darstellung tritt die Darstellung durch elliptische
Functionen einer Hülfsgrösse u, welche
durch das "Integral 1. Gattung"
$$u = \int \frac{dx}{s}$$
definiert ist.

In s, x hat die Differentialgleichung
3. Ordnung – um von dieser zuerst zu

sprechen und erst nachher zur linearen Differentialgleichung aufzusteigen — die Gestalt:
$$[\eta]_x = R(\sigma, x),$$
worin R eine rationale Funktion bedeutet.

Um nun zu der andern Darstellung durch das Integral 1. Gattung überzugehen, benutzen wir folgende durch einfache Rechnung zu beweisende Formel für die Transformation unserer Differentialparameters bei Einführung einer neuen Variablen:
$$[\eta]_x = [u]_x + [\eta]_u \cdot \left(\frac{du}{dx}\right)^2.$$
Setzen wir in diese Formel, welche allgemein für ganz beliebige Funktionen u von x gilt, den Ausdruck
$$\frac{du}{dx} = \frac{1}{\sqrt{f(x)}}$$
ein, so bekommen wir
$$[\eta]_u = f \cdot [\eta]_x + \frac{4 f f'' - 3 f'^2}{8 f} = f \cdot R(\sigma, x) + \frac{4 f f'' - 3 f'^2}{8 f} = P(\sigma, x).$$
Hierin ist $P(\sigma, x)$ offenbar wieder eine rationale Funktion von σ und x. Nun wissen wir aber, daß jede rationale Funktion von σ, x eine eindeutige doppeltperiodische Funk-

tion $\tilde{s}(u)$ ist, wie auch umgekehrt jede eindeutige doppeltperiodische Funktion $\tilde{s}(u)$ ohne wesentlich singuläre Punkte eine rationale Funktion von σ, σ' ist. Wir haben also den Satz.

Bei Zugrundelegung der u als unabhängige Variable werden wir uns mit Differentialgleichungen
$$[\gamma]_u = \sigma^2(u)$$
zu beschäftigen haben, deren rechte Seite $\tilde{s}(u)$ eine eindeutige doppeltperiodische Funktion von u ist, welche nur ausser wesentlich singuläre Punkte besetzt.

[Ho.d. 7. Mai 1874] Ich will heute noch als Nachtrag zur letzten Stunde die algebraische Form der Differentialgleichung 3. Ordnung mit der Variablen x damit Sie das einfache Bildungsgesetz derselben erkennen, in homogener Gestalt hinschreiben. Statt der Funktion f, welche die Verzweigerungspunkte der algebraischen Funktion σ auf der zweiblättrigen Fläche x bestimmt, will ich die Form vierten Grades
$$x_2^4 \cdot f\left(\frac{x_1}{x_2}\right) = \varphi(x_1, x_2)$$

einführen. Bedeutet dann H die Hesse'sche Determinante:
$$H = \varphi_{11}\varphi_{22} - \varphi_{12}^2,$$
so schreibt man die Differentialgleichung folgendermassen:
$$\tfrac{1}{X}\cdot[\eta]_X = -\tfrac{1}{24}\cdot\tfrac{H}{\varphi_t} + [\eta]_u\cdot\tfrac{1}{\varphi} = -\tfrac{1}{24}\cdot\tfrac{H}{\varphi_t} + \tfrac{P(\tau,x)}{\varphi}.$$
Wir kehren nun wieder zur Differentialgleichung mit der transcendenten Variablen u zurück.

In
$$[\eta]_u = F(u)$$
ist die Gestalt der doppeltperiodischen Funktion $F(u)$ näher zu bestimmen.

Jeder Verzweigungsstelle der Differentialgleichung auf dem algebraischen Gebilde mit der Exponentendifferenz α entspricht in der u-Ebene in jedem Parallelogramm eine bestimmte Stelle a, an welcher $F(u)$ zweifach unendlich wird, und zwar wie
$$\frac{\frac{1-\alpha^2}{2}}{(u-a)^2} + \frac{\alpha}{u-a} + \ldots$$
entsprechend für alle n singulären Punkte der Differentialgleichung. Wie sieht eine doppeltperiodische Funktion aus, welche an n gegebenen Stellen jedes Periodenparallelo-

gramms in solcher Weise unendlich wird?

Zunächst will ich einen besonders einfachen Fall vorwegnehmen, der sich hier bei $p=1$ zum ersten Male einstellt und auch bei höherem p immer wiederkehren wird, während ihm ein Analogon für $p=0$ fehlt; es ist der Fall einer Differentialgleichung ohne singuläre Punkte auf dem algebraischen Gebilde, auf den ich schon in der vorigen Stunde aufmerksam gemacht habe.

<u>Hier bei $p=1$ zum ersten Male gibt es eine Differentialgleichung ohne singuläre Punkte.</u>

Dieselbe lautet einfach
$$[\eta]_u = C,$$
unter C eine Constante verstanden.

Hierzu könnte man sagen, dies sei ja überhaupt eine Differentialgleichung mit rationalem Coefficienten in u, und wir hätten somit eine unverzweigte Differentialgleichung mit rationalen Coefficienten. Aber in der u-Ebene betrachtet ist der Punkt $u=\infty$ ein singulärer Punkt, und zwar ein irregulärer Punkt.

In der u-Ebene betrachtet ist also die vorliegende Differentialgleichung durchaus nicht ohne singuläre Punkte. Zum Glücke kommt für das algebraische Gebilde, auf dem wir ja eigentlich die Differentialgleichung studieren, dieser Punkt $u = \infty$ gar nicht in Betracht, da schon jedes einzelne Parallelogramm für sich ein vollständiger Abbild des ganzen algebraischen Gebildes ist, und u dem Unendlich-fernen, der Häufungsstelle aller dieser Bilder, nur zustrebt, wenn man auf der Riemann'schen Fläche unendlich viele Umläufe macht, ohne dasselbe jemals erreichen zu können.

Die Differentialgleichung
$$[\eta]_u = C$$
hat in der u-Ebene allerdings den unendlich weiten Punkt zum singulären Punkt und sogar zum irregulären singulären Punkt, aber es überträgt sich das nicht auf das algebraische Gebilde $p=1$, weil der unendlich ferne Punkt hier nur als Häufungsstelle der Periodenparallelogramme gilt und überhaupt keinem bestimmten Punkt auf dem algebraischen Gebilde entspricht.

Im Übrigen ist die Gleichung $[\eta]_u = C$ leicht zu integrieren. Wir gehen zur Differentialgleichung 2. Ordnung zurück. Hat letztere die allgemeine Gestalt

$$y'' + py' + qy = 0,$$

so lautet die Differentialresolvente 3. Ordnung

$$[y] = 2q - \tfrac{1}{2}p^2 - \tfrac{dp}{dx};$$

setze ich speziell $p = 0$, so sieht man, daß die beiden Gleichungen:

$$y'' + qy = 0 \quad \text{und} \quad [y] = 2q$$

einander entsprechen.

Identifiziere ich $[y] = \mathfrak{C}$ mit $[y] = 2q$, so lautet also die zugehörige lineare Differentialgleichung

$$y'' + \tfrac{\mathfrak{C}}{2} y = 0.$$

Dies ist nun eine gewöhnliche lineare Differentialgleichung mit constanten Coefficienten, welche auf bekanntem Wege die beiden Particularlösungen ergiebt:

$$y_1 = e^{+\sqrt{-\tfrac{\mathfrak{C}}{2}} \cdot u}, \quad y_2 = e^{-\sqrt{-\tfrac{\mathfrak{C}}{2}} \cdot u}$$

Hieraus folgt

$$\eta = \tfrac{y_1}{y_2} = e^{\sqrt{-2\mathfrak{C}} \cdot u},$$

wofür ich schreibe

$$\eta = e^{\kappa \cdot u}.$$

Also haben wir das Resultat:

Diejenige Function, welche auf dem algebraischen Gebilde $p=1$ durch die unverzweigte Differentialgleichung definiert ist, ist die wohlbekannte Exponentialfunction e^{ku}.

Die unverzweigte Differentialgleichung enthält, wie man sieht, eine Constante, nämlich C.

Es seien nun n singuläre Stellen gegeben, welchen in einem bestimmten Periodenparallelogramm der u-Ebene die Stellen $a, b, \ldots n$ entsprechen mögen. Dann soll $F(u)$ an diesen Stellen je zweifach unendlich werden, und zwar so, dass die Coefficienten der unendlich werdenden Glieder 2. Ordnung $\frac{1-\alpha^2}{2}, \frac{1-\beta^2}{2}, \ldots \frac{1-\nu^2}{2}$, die Coefficienten der Glieder erster Ordnung $A, B, \ldots N$ sind. Nun wird die Weierstrass'sche doppeltperiodische Function $\wp(u)$ an der Stelle $u=0$ gerade zweifach unendlich und zwar mit dem Coefficienten 1 im Glied zweiter Ordnung, während das Glied er. 1ster Ordnung fehlt. Durch Subtraction einer geeigneten Summe solcher $\wp$-Functionen kann man also gerade die Glieder zweiter Ordnung neutralisieren. Um die Glieder erster Ordnung

— 66. —

aufzuheben, wendet man die Funktion
$$\frac{\sigma'}{\sigma}(u) = -\int \wp(u)\,du$$
an, welche an der Stelle $u=0$ nur einfach unendlich wird, aber nicht mehr doppeltperiodisch im gewöhnlichen Sinne ist, sondern bei Vermehrung des Arguments um die Perioden ω_1, ω_2 (in Weierstraß'Bezeichnung $2\omega, 2\omega'$) sich um η_1, η_2 ($2\eta, 2\eta'$) vermehrt.

Setzen wir daher
$$F(u) = \frac{1-\alpha^2}{2}\wp(u-a) + \frac{1-\beta^2}{2}\wp(u-b) + \dots + \frac{1-\nu^2}{2}\wp(u-n) + A\cdot\frac{\sigma'}{\sigma}(u-a) +$$
$$B\cdot\frac{\sigma'}{\sigma}(u-b) + \dots + N\cdot\frac{\sigma'}{\sigma}(u-n)$$
$$+ ku + k',$$

so müssen wir noch die $A, B, \dots N, k, k'$ solchen Bedingungen unterwerfen, daß $F(u)$ bei Vermehrung des Arguments um die Perioden ω_1, ω_2 ungeändert bleibt. Der allgemeine Ausdruck würde aber die Perioden haben:
$$(A+B+\dots+N)\eta_1 + k\omega_1,$$
$$(A+B+\dots+N)\eta_2 + k\omega_2.$$

Beide Ausdrücke sollen verschwinden, was zwei homogene lineare Gleichungen ergiebt. Da die Determinante

$$\eta_1 \omega_2 - \eta_2 \omega_1 = \pm 2\pi i,$$

($\pm$, je nachdem die Periode ω_2 links oder rechts von ω_1 liegt) also gewiß von 0 verschieden ist, so muß sowohl

$$A + B + \ldots + N = 0 \text{ wie } k = 0 \text{ seyn, und}$$

man erhält also für $F(u)$ als allgemeinsten Ausdruck den folgenden:

$$F(u) = \frac{1}{2}a^2 \wp(u-a) + \frac{1}{2}b^2 \wp(u-b) + \ldots + \frac{1}{2}\nu^2 \wp(u-n)$$
$$+ A\frac{\sigma'}{\sigma}(u-a) + B\frac{\sigma'}{\sigma}(u-b) + \ldots + N\frac{\sigma'}{\sigma}(u-n) + k'$$

mit der Bedingung
$$A + B + \ldots + N = 0.$$

Die Anzahl der willkürlichen Constanten hierin ist leicht abzuzählen:

1. n singuläre Punkte $a, b, \ldots n$ ...... n Parameter
2. n Exponentendifferenzen $\alpha, \beta, \ldots \nu$ $\quad n$ "
3. n Coefficienten $A, B, \ldots N$ mit einer
   Bedingungsgleichung $\quad n-1$ "
4. eine additive Constante k' $\quad\quad \underline{1}$ "
$\quad\quad\quad\quad\quad\quad\quad\quad\quad\quad S^a = 3n$ "

Diese Zahl gilt aber nur für $n > 0$, da für $n = 0$ keine Bedingungsgleichung auftreten kann; darum habe ich den Fall $n = 0$ vorweg genommen. Während wir bei $n = 0$ eine Constante in der Differentialgleichung hatten, gibt es für $n > 0$

$3n$ Constanten.

Fragen wir weiter, wie viele von diesen $3n$ Constanten wesentlich sind, so ist folgendes zu bedenken. Im Falle $p=0$ konnten wir das algebraische Gebilde, für welches ja die schlichte x-Ebene ein Abbild war, auf ∞^3 verschiedene Weisen linear, d. h. eindeutig in sich transformieren und also etwa 3 der singulären Punkte an vorgegebene Stellen, z. B. nach $0, \infty, 1$ legen.

Unsere in Parallelogramme eingeteilte u-Ebene aber können wir nur auf ∞^1 Weisen (mit einem complexen, also 2 reellen Parametern) so eindeutig transformieren, dass die Periodicität dieselbe bleibt, nämlich nur durch Parallelverschiebung um eine willkürliche Strecke mit willkürlicher Richtung. Wir können dadurch einen, aber nur einen Punkt der Ebene in einen beliebigen andern Punkt überführen, wir können z. B. einen der singulären Punkte nach $u=0$ legen. Dadurch können wir die Zahl der Constanten um 1 erniedrigen. Also:

<u>Sowie eine schlichte Ebene und also ein</u> <u>algebraisches Gebilde $p=0$ durch ∞^3 ein-</u>

deutige Transformationen in sich selbst übergeht, so geht ein algebraisches Gebilde vom Geschlechte $p=1$ durch ∞' eindeutige Transformationen in sich über, entsprechend der Formel
$$u' = u + const.$$
Hierdurch sind wir in der Lage, von den $3n$ Constanten unserer Differentialgleichung für $n>0$ eine zu zerstören, beispielsweise den singulären Punkt a in den 0-Punkt der u-Ebene zu legen, was wir dadurch ausdrücken, dass wir sagen, die Differentialgleichung enthalte $3n-1$ wesentliche Constanten.

Wir können die eindeutige Transformation der algebraischen Gebilde in sich, welche in transcendenter Form durch die Gleichung
$$u' = u + c$$
gegeben ist, übrigens auch in rein algebraischer Form ausdrücken, indem wir nach dem bekannten Additionstheorem
$$X = \wp(u+c), \quad Y = -\wp'(u+c)$$
rational durch
$$x = \wp u \qquad y = -\wp' u$$
ausdrücken. —

Als weitere Frage bietet sich uns nun die,

wie man y in Formen π_1 und π_2 zu spalten hat. Wie in allgemeinster, und wie in einfachster Weise?

Die Frage, wie man nun y in Zähler und Nenner π_1 und π_2 in zweckmäßiger Weise spalten kann, wollen wir hier nicht ausführen, weil es zu weit in die Theorie der elliptischen Funktionen hineinführen würde.

Nur eine spezielle Spaltung will ich hier angeben, dieselbe, die wir eben im Falle der unverzweigten Differentialgleichung betrachteten: Im Allgemeinen wird man, unter p irgend eine zu der Parallelogrammeinteilung gehörige elliptische Funktion verstanden, behufs Übergang zur linearen Differentialgleichung

$$y_1 = \frac{z}{\sqrt{\frac{dz}{du}}} \cdot e^{-\frac{1}{2}\int p\,du}$$

$$y_2 = \frac{1}{\sqrt{\frac{dz}{du}}} \cdot e^{-\frac{1}{2}\int p\,du}$$

setzen. Nehmen wir hier speziell $p = 0$, also

$$y_1 = \frac{z}{\sqrt{\frac{dz}{du}}}, \qquad y_2 = \frac{1}{\sqrt{\frac{dz}{du}}},$$

so lautet die zugehörige lineare Differential-

gleichung.
$$\frac{d^2y}{du^2} + \frac{F(u)}{2} \cdot y = 0.$$

Die singulären Punkte dieser Differentialgleichung auf dem algebraischen Gebilde sind diejenigen, welche den Unendlichkeitsstellen $u = a, b, \ldots n$ von $F(u)$ entsprechen. Da der Coefficient von y' fehlt, so muss (nach S. 12) die Summe der Exponenten an jeder solchen Stelle $= 1$, also die Exponenten selbst $= \frac{1 \pm \alpha}{2}, \frac{1 \pm \beta}{2}, \ldots \frac{1 \pm \gamma}{2}$ sein.
Wir haben also eine solche Differentialgleichung vor uns, wie ich sie auf S. 12 als normirte Differentialgleichung bezeichnete. Damals mussten wir aber als Mangel jener normirten Differentialgleichung bemerken, dass im Unendlichen durch die Normirung sich eine überflüssige singuläre Stelle einstellte. Das kommt aber hier, wie wir schon soeben beim Beispiel der unverzweigten Differentialgleichung hervorhoben, nicht in Betracht.
Wir haben also den Satz:
Die lineare Differentialgleichung $\frac{d^2y}{du^2} + \frac{F(u)}{2} y = 0$ hat auf dem algebraischen Gebilde n und nur n singuläre Punkte, welche regulär sind und die Exponenten $\frac{1 \pm \alpha}{2}, \frac{1 \pm \beta}{2}, \frac{1 \pm \gamma}{2}$

besitzen.

Wir kehren nun zu der Differentialgleichung 3. Ordnung zurück, und zwar mit x als unabhängiger Variablen.

Dieselbe lautete (vergl. S. 159)

$$[\eta]_x = \frac{3f'^2 - 4ff''}{8f^2} + \frac{F(u)}{f},$$

oder homogen geschrieben:

$$\frac{1}{x_2^4}[\eta]_x = -\frac{\mathcal{H}}{24\varphi^2} + \frac{F(u)}{\varphi},$$

wobei

$$f = (x-a')(x-b')(x-c')(x-d')$$

und

$$\varphi(x_1, x_2) = x_2^4 \cdot f(x)$$

ist und für $F(u)$ sein rationaler Ausdruck durch $\sigma = \sqrt{\varphi}$ und x eingesetzt zu denken ist.

Wir fragen nun nach dem Bildungsgesetze der rechten Seite der vorstehenden Gleichung, und wie man dieselbe als algebraische Funktion der zweiblättrigen Fläche charakterisieren kann, ohne durch u hindurchzugehen.

Zunächst wollen wir noch eine die Allgemeinheit nur unwesentlich beeinträchtigende, aber die Untersuchung sehr erleichternde Voraussetzung machen: Wir denken uns in dem

Periodenparallelogramm, dem Abbild des algebraischen Gebildes erstens diejenigen 4 Stellen markiert, welche den 4 Verzweigungspunkten der über der x-Ebene liegenden zweiblättrigen Riemann'schen Fläche entsprechen, dann die zwei Punkte, welche den beiden unendlich fernen Stellen der Riemann'schen Fläche entsprechen; endlich seien $a, b, \ldots n$ die singulären Stellen der Differentialgleichung. Dann setzen wir voraus — was durch eine passende eindeutige Transformation der Gebilde immer erreicht werden kann, — dass alle diese dreierlei Stellen voneinander verschieden seien, also:

Bei der Untersuchung der rechten Seite unserer Differentialgleichung wollen wir die vereinfachende Voraussetzung machen, dass keiner der Verzweigungspunkte der Fläche im Unendlichen liegt, und keiner der singulären Punkte von $\delta/\delta u$ in einen Verzweigungspunkt der zweiblättrigen Fläche oder in einen der beiden Punkte $x = \infty$ hineinfällt.

Wir haben nun das Verhalten von $[\eta]_x$ an diesen dreierlei Stellen der algebraischen

— 74. —

Gebildes zu charakterisieren.

1. An einer singulären Stelle $a, b, \ldots n$, wo sich ja die Fläche schlicht verhalten soll, ergiebt die analoge Überlegung wie bei der schlichten x-Ebene der Differentialgleichungen mit rationalen Coefficienten folgendes Verhalten:

In einem eigentlichen singulären Punkt der Differentialgleichung, der nicht in einen Verzweigungspunkt oder nach $x = \infty$ fällt, haben wir für $[\eta]_x$ eine Reihenentwicklung genau von der bekannten Art:

$$[\eta]_x = \frac{1-\alpha^2}{(x-a)^2} + \frac{A}{x-a} + \mathfrak{P}(x-a)$$

2. An den beiden Stellen $x = \infty$ zeigt sich wie, der wie bei $p = 0$:

Bei $x = \infty$ verschwindet $[\eta]_x$ je vierfach.

3. Als neues Element gegenüber dem rationalen Falle stellen sich jetzt die Verzweigungspunkte der Fläche ein. Wie verhält sich $[\eta]_x$ an einem solchen?

In der Nähe eines Verzweigungspunktes wird bekanntlich das Verhalten einer Funktion des algebraischen Gebildes statt durch eine nach Potenzen von $x-a'$ fortschreitende durch eine

nach Potenzen von $(x-a')^{\frac{1}{2}}$ fortschreitende Entwicklung gegeben. $\mathfrak{F}(u)$, welches in a' nicht singulär ist, ist daher einfach durch eine $\mathfrak{P}((x-a')^{\frac{1}{2}})$ gegeben. Ebenso soll y eine Entwicklung haben:
$$y = A_0 + A_1(x-a')^{\frac{1}{2}} + A_2(x-a')^{\frac{2}{2}} + A_3(x-a')^{\frac{3}{2}} + \ldots$$
Hieraus leitet man für $[\eta]_x$ folgendes Verhalten ab:
$$[\eta]_x = \frac{A}{(x-a')^{\frac{3}{2}}} + * + \frac{A'}{x-a'} + \frac{B}{(x-a')^{\frac{1}{2}}} + \mathfrak{P}((x-a')^{\frac{1}{2}}).$$
Also:

Die Reihenentwicklung von $[\eta]_x$ im Verzweigungspunkte $x = a'$ beginnt mit dem Gliede $\frac{A}{(x-a')^{\frac{3}{2}}}$, und es folgt dann gleich ein Glied $\frac{A'}{(x-a')}$, als wenn man nicht einen Verzweigungspunkt der Riemann'schen Fläche, sondern einen singulären Punkt der schlichten Ebene mit der Exponentendifferenz $\frac{1}{2}$ vor sich hätte.

Daß wir es aber wirklich mit einem Verzweigungspunkte der Fläche zu tun haben, zeigen die folgenden Glieder, welche gebrochene Exponenten haben. Da an einem Verzweigungspunkt überhaupt $(x-a')^{\frac{1}{2}}$ an die Stelle von $x-a'$ tritt, indem es sich gerade reproduziert, wenn man die volle (zweiblättrige) Umgebung der Verzweigungspunkter umkreist, so hat man seit Riemann folgende Verabredung getroffen:

Man misst das Unendlichwerden einer Function in einem Verzweigungspunkte a', wo 2 Blätter zusammenhängen, in der Weise, dass man sagt, $\frac{1}{(x-a')^{\frac{1}{2}}}$ werde einfach unendlich. $[y]_x$ wird also in a' 4fach unendlich, doch so, dass das dreifach unendlich werdende Glied der Entwicklung verschwindet.

Wir fassen jetzt das Verhalten in den dreierlei Punkten in folgenden Satz zusammen:

In jedem eigentlichen singulären Punkt der Differentialgleichung wird $[y]_x$ auf der Riemann'schen Fläche doppelt unendlich, bei $x = \infty$ verschwindet es vierfach, und in den Verzweigungspunkten der Fläche wird $[y]_x$ vierfach unendlich, doch so, dass nur die Glieder zweiter und erster Ordnung ($\frac{1}{x-a'}$ und $\frac{1}{(x-a')^{\frac{1}{2}}}$) willkürliche Coefficienten behalten.

Ich behaupte nun:

Durch diese Angaben ist $[y]_x$ vollkommen definiert.

Um dies zu zeigen, muss ich eine Constantenabzählung auf dem algebraischen Gebilde anstellen und zeigen, dass vermöge der charakterisierten Verhaltens an den einzelnen Punkten $[\eta]_x$ genau ebensoviele Constanten enthält, als die gestrige Abzählung in der u-Ebene ergeben hat.

Eine solche Constantenabzählung einer algebraischen Function würde uns, wenn ich sie ausführlich ableiten wollte, in eine umständliche Theorie, die sich um den Riemann-Roch'schen Satz gruppiert, hineinführen, wozu ich hier keine Zeit habe; ich will nur das Resultat dieser Theorie angeben, ohne Rücksicht auf etwaige Ausnahmefälle — die übrigens bei $p=1$ von selbst ausbleiben —:
Ich sage zunächst: <u>Eine algebraische Function einer gegebenen Gebildes vom Geschlechte p, welche an N vorgegebenen Stellen je einfach unendlich werden darf, enthält noch $N-p+1$ willkürliche Constanten.</u>

In unserm Falle liegen n zweifache ∞-Stellen bei $a, b, \ldots n$ und 4 vierfache ∞-Stellen bei a', b', c', d'. Die ersteren zählen jede als zwei einfache, zusammen also als $2n$ einfache Unendlichkeitsstellen. An den Stellen a', b', c', d' sind nur die Coefficienten der Glieder erster und zweiter Ordnung

willkürlich. Für die Constantenabzählung zählen sie also nur als zweifache ∞-Stellen, so daß wir schließlich
$$N = 2n + 8$$
haben. p ist $= 1$, also $N - p + 1 = 2n + 8$. Aber jetzt haben wir noch zu berücksichtigen, daß an jeder der beiden Stellen $x^2 = \infty$ vierfaches Verschwinden eintreten soll, was 8 Bedingungsgleichungen für die $2n + 8$ Constanten ergiebt, so daß noch $2n$ Constanten willkürlich bleiben. Dabei haben wir aber die singulären Punkte $a, b, \ldots n$ als vorgegeben betrachtet, betrachten wir auch diese als willkürlich, so kommen n weitere Constanten hinzu, so daß wir also tatsächlich $3n$ willkürliche Constanten finden, genau wie mit Hülfe von u.

<u>Aus dieser Abzählung der Constanten geht hervor, daß der Ausdruck $[y]_c$ durch die drei angegebenen Eigenschaften vollkommen definiert ist.</u>

Nun werden wir fragen, wie heißt die Differentialgleichung zweiter Ordnung
$$\frac{d^2y}{du^2} + \frac{J(u)}{2} \cdot y = 0,$$

— 79 —

in x ausgedrückt, oder homogen in x_1, x_2 ?
Wir setzen

$$\frac{du}{dx} = \frac{1}{\sqrt{f}}, \text{ also } y_1 = \eta \sqrt{\frac{dx}{dy\sqrt{f}}}, \quad y_2 = \sqrt{\frac{dx}{dy\sqrt{f}}}$$

und erhalten durch direkte Umrechnung:

$$f \cdot \frac{d^2 y}{dx^2} + \frac{1}{2} f' \cdot \frac{dy}{dx} + \frac{J(u)}{2} \cdot y = 0.$$

Betrachten wir die Punkte a', b', c', d', so wird daselbst in der x-Ebene betrachtet der Coefficient von y' (nach Division durch den Coefficienten der ersten Glieder) einfach unendlich mit dem Coefficienten $\frac{1}{2}$, und im Coefficienten von y kommt kein zweifach unendlich werdendes Glied vor, sodaß sich in der x-Ebene betrachtet die Coefficienten 0 und $\frac{1}{2}$ ergeben würden. Aber die Entwicklung von $J(u)$ an der Stelle $x = a'$ enthält im allgemeinen auch Glieder mit Exponenten $\frac{1}{2}, \frac{3}{2}$ u.s.w., sodaß derartige Glieder auch in die Entwicklung von y_1, y_2 hineinkommen. Wir müssen daher das Verhalten von y_1, y_2 an der Stelle a' im Riemann'schen Sinne auf der Riemann'schen Fläche messen und haben dann die Exponenten 0 und 1, wie in jedem sonstigen nicht-singulären Punkte der Differentialgleichung.

In den Punkten $a, b, \ldots n$ ergeben sich

– 80. –

die Exponenten $\frac{1\pm\alpha}{2}$, $\frac{1\pm\beta}{2}$, ... $\frac{1\pm\nu}{2}$, da im
Coefficienten von y' kein bei $x = a, b, \ldots n$
unendlich werdendes Glied vorkommt. $x = \infty$
ist kein singulärer Punkt, da $\frac{F(x)}{2}$ daselbst
nicht unendlich ist, also der Coefficient $\frac{F(x)}{2f}$
von y vierfach verschwindet. Durch diese
Bestimmungen ist das Verhalten der Differentialgleichung vollständig angegeben:
Wir können obige Differentialgleichung
durch ihr Verhalten in den Verzweigungspunkten der Fläche und in den eigentlichen
singulären Punkten des Gebildes charakterisieren, wobei wir ausdrücklich bemerken, daß
$x = \infty$ kein singulärer Punkt ist.
Wir wollen nun die betrachtete lineare
Differentialgleichung noch homogen machen,
indem wir

$$x = \frac{x_1}{x_2}, \quad f(x) = \frac{\varphi(x_1, x_2)}{x_2^\nu}$$

setzen. Die Function y will ich rein formell
als eine Form 0 ten Grades von x_1, x_2 auffassen, schreibe also

$$y(x) = \pi_0(x_1, x_2).$$

Berechne ich nun die zweite Überschiebung von
π über φ, so ergiebt sich

$$(\overline{\Pi,\varphi})_2 = 12\left(\varphi\eta'' + \tfrac{1}{2}\varphi'\cdot\eta'\right),$$
wodurch sich unsere Differentialgleichung in der Gestalt schreibt:
$$(\overline{\Pi,\varphi})_2 + 6\mathfrak{F}(u)\cdot\Pi = 0.$$

Unsere Differentialgleichung zweiter Ordnung läßt sich in vorstehende elegante Form setzen, und es ist an dieser Form bemerkenswert, daß die wirklichen singulären Punkte, welche die Differentialgleichung auf dem algebraischen Gebilde hat, alle in das zweite Glied als Unendlichkeitsstellen von $\mathfrak{F}(u)$ hineingeschoben sind, während die Verzweigungspunkte der Riemann'schen Fläche, die nur uneigentliche singuläre Punkte sind, ausschließlich in dem ersten Gliede $(\overline{\Pi,\varphi})_2$ enthalten sind.

Gleichzeitig haben wir
$$\Pi_1 = \eta\sqrt{\tfrac{d\omega}{d\eta}}, \qquad \Pi_2 = \sqrt{\tfrac{d\omega}{d\eta}},$$
wo
$$d\omega = \tfrac{(xdx)}{\sqrt{\varphi}}$$
das zur Fläche gehörige überall endliche Differential ist.

Die hiermit für $p=1$ gegebenen Entwicklungen werden sich nun bei geeignetem Ansatze

ohne wesentliche Änderung auf die höheren
algebraischen Gebilde übertragen lassen.

Hyperelliptische Gebilde.

[Do. d. 10. Mai 1894] Heute wollen wir die
analogen Betrachtungen für den Fall eines
hyperelliptischen Gebildes durchführen. Man
pflegt ein solches in seiner Normalform
durch eine Gleichung
$$\sigma = \sqrt{f_{2p+2}(x)}$$
zu definieren, worin $f_{2p+2}(x)$ ein Polynom $(2p+2)$-ten Grades ohne Doppelwurzeln bedeutet, d.
h. man legt eine zweiblättrige Riemann'sche
Fläche mit $2p+2$ Verzweigungspunkten zu
Grunde. Das Geschlecht ist dann p. Wir führen gleich homogene Variable ein und
setzen
$$\sigma = \sqrt{\varphi_{2p+2}(x_1, x_2)},$$
so dass σ eine ganze algebraische Form auf
der zweiblättrigen Fläche ist, und zwar
vom Grade $p+1$ in x_1, x_2. Die Hesse'sche
Determinante der rationalen ganzen
Form $\varphi_{2p+2}(x_1, x_2)$ lautet, wenn man sie
durch die unhomogene Funktion $f(x)$ ausdrückt:

$$\mathcal{H}(\varphi) = \varphi_{11}\varphi_{22} - \varphi_{12}^2 = x_2^{4p} \cdot ((2p+1)(2p+2)ff'' - (2p+1)^2 f'^2).$$

Wir wollen nun eine Differentialgleichung dritter Ordnung hinschreiben, welche der Differentialgleichung des elliptischen Falls auf S. 72 analog gebildet ist. Dabei müssen wir das Glied $\frac{\mathcal{H}}{\varphi}$ mit einem solchen Coefficienten behaften, daß es sich an einer Verzweigungsstelle der Riemann'schen Fläche, d. h. an einer 0-Stelle a der Polynoms $\ell(x)$ gerade verhält wie $\frac{3}{8} \cdot \frac{1}{(x-a)^2} \cdot \frac{1}{x_2^2}$, oder was dasselbe ist, daß er ein Glied $\frac{3}{8}(\frac{f'}{f})^2$ enthält. Man findet so, daß das Glied $\frac{\mathcal{H}}{\varphi^2}$ den Coefficienten $-\frac{3}{8(2p+1)^2}$ bekommen muß. Ferner muß man statt der Funktion $T(u)$ eine algebraische Form vom Grade $2p-2$ einsetzen, damit auch das zweite Glied der rechten Seite die Dimension -4 in x_1, x_2 hat. Die Differentialgleichung lautet also

$$\frac{\varphi}{x_2^4}[\eta]_x + \frac{3}{8(2p+1)^2} \cdot \frac{\mathcal{H}}{\varphi} = T_{2p-2}^{(x_1, x_2)}.$$

Nun muß man natürlich die Form T so einrichten, daß an den singulären Stellen $a, b, \ldots n$ der Differentialgleichung auf dem

— 84. —

algebraischen Gebilde die rechte Seite zweifach unendlich wird, z. B. bei $x = a$ wie

$$\frac{1}{x_2^{\ell}} \cdot \left(\frac{1-\alpha^2}{(x-a)^2} + \frac{A}{x-a} + \ldots \right).$$

Die Frage ist, wie viele Constanten in der
Form Γ_{2p-2} enthalten sind, welche n doppelte
Unendlichkeitsstellen $a, b, \ldots n$ besitzt.
Wir haben schon gestern den Riemann-Roch'-
schen Satz benutzt, daß eine algebraische Function, welche an N vorgegebenen Stellen unendlich werden darf, im Allgemeinen
$N - p + 1$ Constanten enthält. Um den Satz
hier anwenden zu können, müssen wir die
Form Γ_{2p-2} durch Division mit einer andern
Form $(2p-2)$ ten Grades, etwa mit x_2^{2p-2}
in eine Function verwandeln. Dadurch
kommt aber zu den schon vorhandenen
n doppelten ∞-Stellen noch in jeder
der beiden Stellen $x_2 = 0$, d. h. $x = \infty$ je
eine $2p-2$ fache ∞-Stelle hinzu, so daß
für die Function $\frac{1}{x_2^{2p-2}} \cdot \Gamma_{2p-2}(x_1, x_2)$
$N = 2n + 4p - 4$ ist. Diese Form, also auch
die Form $\Gamma_{2p-2}(x_1, x_2)$ enthält folglich
$2n + 3p - 3$ Parameter*) Dabei sind aber

---
*) und zwar gilt diese Abzählung nicht nur im allgemeinen,
sondern immer, weil die sog. Ausnahmefälle des Riemann-
Roch'schen Satzes hier nicht eintreten.

— 85. —

die n-Stellen $a, b, \ldots n$ als fest gegeben an,
gegeben. Rechnen wir sie ebenfalls zu den
willkürlichen Parametern, so ergiebt sich
folgender fundamentale Satz, der, wie wir sehen
werden, nicht nur für die hyperelliptischen
Gebilde, sondern bei jedem beliebigen algebrai,
schen Gebilde seine Gültigkeit behält:
Die Form Γ_{2p-2} und also die Differentialglei,
chung auf dem gegebenen algebraischen
Gebilde vom Geschlechte p enthält $3p-3$
$+ 3n$ Constanten.

Setzen wir insbesondere $n=0$, richten
wir also unser Augenmerk auf die unver,
zweigten Differentialgleichungen, so erge,
ben sich $3p-3$ Constanten.

Sowie es auf dem hyperelliptischen Gebil,
de p linear unabhängige, überall end,
liche Integrale gibt, so giebt es ∞^{3p-3} un,
verzweigte Differentialgleichungen.

Wir können in unserm hyperelliptischen
Falle die allgemeine Gestalt der ganzen Form
$\Gamma_{2p-2}(x_1, x_2)$ explicit angeben, so daß die darin
enthaltenen $3p-3$ willkürlichen Parameter
unmittelbar in Evidenz treten. Da $\sigma = \sqrt{f_{2p+2}(x)}$
eine Quadratwurzel aus einem rationalen
können; ich gehe nur deshalb hierauf nicht näher ein, weil es
zu weit führen würde.

Ausdruck ist, so kann jede rationale Funktion von r und x_i, d.h. jede algebraische Funktion des Gebildes in die Gestalt $R_1(x)$ $+ R_2(x)\cdot r$ gesetzt werden, und für jede ganze algebraische Funktion sind R_1 und R_2 Polynome von x. Hieraus folgt, daß die allgemeinste ganze algebraische Form vom Grade $2p-2$ die Gestalt hat:

$$\Gamma_{2p-2}(x_1,x_2) = X_{2p-2}(x_1,x_2) + \Psi_{p-3}(x_1,x_2)\cdot\sqrt{\varphi_{2p+2}(x_1,x_2)},$$

worin für $p=1$ und $p=2$ das zweite Glied rechts einfach wegfällt. X und Ψ bedeuten hierin ganze rationale Formen von x_1, x_2 von den durch die Indices angezeigten Graden. Hier enthält nun X_{2p-2} gerade $2p-1$, Ψ_{p-3} für $p=2$ $p-2$ Constanten linear und homogen, was in der Tat die vorausgesagte Anzahl $3p-3$ gibt. Nur für $p=1$ gilt diese Formel nicht, sondern es ergiebt sich, wie auch früher gefunden, die Constantenzahl 1. Wir haben also den Satz:

<u>Um die allgemeinste unverzweigte Differentialgleichung zu bilden, haben wir $\Gamma = X + \Psi\sqrt{\varphi}$ zu setzen, wo X und Ψ rationale ganze Formen vom Grade</u>

$2p-2$ und $p-3$ in x_1, x_2 sind.

Um nunmehr von der Differentialgleichung 3. Ordnung zu der linearen Differentialgleichung 2. Ordnung aufzusteigen, schließen wir uns wieder genau der Analogie der elliptischen Falles an. Dort setzten wir

$$\Pi_1 = \eta \sqrt{\tfrac{du}{d\eta}}, \quad \Pi_2 = \sqrt{\tfrac{du}{d\eta}},$$

wobei das Differential du durch die Formel

$$du = \frac{dx}{f(x)}$$

oder homogen geschrieben

$$du = -\frac{(x, dx)}{f_1(x_1, x_2)}$$

definiert war.

Dieses du ist als Differential auf dem algebraischen Gebilde dadurch ausgezeichnet, daß es nirgends unendlich wird und nirgends verschwindet. (Man vergleiche wegen dieser und der weiteren Angaben über Formen auf dem algebraischen Gebilde meine Abhandlung: Zur Theorie der Abel'schen Funktionen. Math. Ann. Bd. 36. 1889).

Ein ganz ebenso gebildetes überall endliches und von 0 verschiedener Differential existirt auch in den Fällen $p > 1$; nur ist es dann nicht eine Funktion von x, von, dern eine Form von x_1, x_2 von einem Grade, der von 0 verschieden ist.

Im hyperelliptischen Falle lautet es

$$du = \frac{(x, dx)}{\sqrt{\varphi_{2p+2}(x_1, x_2)}};$$

es ist also in x_1, x_2 von der Dimension $-(p-1)$.

Nun schreiben wir wieder, wie im elliptischen Fall

$$\pi_1 = \eta \sqrt{\frac{d\omega}{d\eta}}, \qquad \pi_2 = \sqrt{\frac{d\omega}{d\eta}}.$$

Die so erhaltenen Formen sind vom Grade $\frac{1-p}{2}$, in Übereinstimmung damit, daß wir im Falle $p=1$ Funktionen, d. h. Formen vom Grade 0 hatten. Die Exponenten der Formenschar π_1, π_2 an den Stellen $a, b, \ldots n$ sind $\frac{1\pm\alpha}{2}, \frac{1\pm\beta}{2}, \ldots \frac{1\pm\nu}{2}$, an den Verzweigungsstellen $a'; b'; \ldots$ dagegen 0 und $\frac{1}{2}$, wenn man sie in der x-Ebene betrachtet, auf der Riemann'schen Fläche gemessen 0 und 1. Die Differentialgleichung endlich lautet

$$(\pi, \varphi) - (p+1)(2p+1)\pi \cdot \overline{\varphi}_{2p-2} = 0.$$

Beschränken wir uns auf diejenigen linearen Differentialgleichungen zweiter Ordnung auf dem hyperelliptischen Gebilde, welche auf

– 89. –

dem Gebilde unverzweigt sind, und deren Particularlösungen nirgendwo unendlich werden und keine gemeinsamen ϑ-Punkte besitzen, so lauten diese Differentialgleichungen folgendermaßen:

$$\left(\Pi_1 \tfrac{d\Pi_2}{d\varepsilon} - (p+1)(2p+1)\,\Pi_2 \tfrac{d\Pi_1}{d\varepsilon}\right) = 0,$$

wofür Γ der Ausdruck

$$T_{2p-2}(x_1,x_2) - X_{2p-2}(x_1,x_2) + Y_{p-3}(x_1,x_2)\cdot\sqrt{R_{2p+2}(x_1,x_2)}$$

einzutragen ist, und Π vom Grade $\tfrac{1-p}{2}$ ist.

Hier drängt sich uns eine merkwürdige Beziehung zu der allgemeinen Lamé'schen Differentialgleichung auf. Die vorstehende Differentialgleichung ist nämlich genau ebenso gebaut wie die allgemeine Lamé'sche Gleichung mit den ϑ-Stellen von y als singulären Stellen, also mit $n = 2p+2$. Auch der Grad der Formen Π_1, Π_2 ist derselbe wie bei der Lamé'schen Gleichung; denn im Lamé'schen Falle sind Π_1, Π_2 vom Grade $\tfrac{4-n}{4}$, was beim Einsetzen von $2p+2$ in der Tat den vorliegenden Grad $\tfrac{1-p}{2}$ gibt.

Nur der eine Unterschied liegt vor, daß im Lamé'schen Falle $T_{2p-2}(x_1,x_2)$ eine ganze

rationale Form sein muß, während es
hier auch ein Glied mit $\sqrt{\varphi_{2p+2}(x_1,x_2)}$ enthalten
darf, wenigstens im Falle $p \leqq 3$. Also:

In den Fällen $p=1$ und $p=2$ ist unsere
auf dem hyperelliptischen Gebilde unverzweigte Differentialgleichung identisch
mit der allgemeinen Lamé'schen Gleichung für $n=4$ bezw. $n=6$, für $p \leqq 3$
geht sie in die allgemeine Lamé'sche Gleichung für $n=2p+2$ über, wenn man in
$\sqrt{\varphi_{2p-2}(x_1,x_2)} \psi = 0$ setzt.

Soviel über die Differentialgleichungen auf hyperelliptischen Gebilden.

Allgemeine algebraische Gebilde.

Wie werden wir die gefundenen Ansätze
für den allgemeinen Fall eines beliebigen
algebraischen Gebildes verallgemeinern
können? Sehen wir einmal zu, worin eigentlich die besondere Einfachheit in der
Behandlung der hyperelliptischen Fälle
ruht, — offenbar in der Eigentümlichkeit
der Funktion $\sigma = \sqrt{\varphi_{2p+2}(x)}$ bezw. der Form
$\sigma = \sqrt{\varphi_{2p+2}(x_1,x_2)}$. In bezug auf die zweiblättrige
Riemann'sche Fläche ist diese Form ein-

fach so zu charakterisieren, daß sie auf derselben eindeutig und überall endlich ist,
und daß ihre 0-Stellen gerade die Verzweigungsstellen der Fläche, nämlich die 0-Stel-
len des Differentials (x, dx) sind.

Die Einfachheit der zweiblättrigen Riemann'schen Fläche für die analytische
Behandlung beruht darin, daß die Verzweigungspunkte der Fläche die 0-Stellen einer
zur Fläche gehörigen algebraischen Form
sind.

Man wird sich fragen, ob nicht auch bei
einem allgemeinen algebraischen Gebilde
unter den unendlich vielen zugehörigen
Riemann'schen Flächen eine von der genannten Eigenschaft ist, daß es auf ihr eine ganze
Form gibt, deren 0-Stellen gerade die Verzweigungspunkte der Fläche sind? Ich nenne eine solche Fläche eine „kanonische Fläche".

Ich behaupte nun, daß man in der Tat für
jedes algebraische Gebilde einer höheren Geschlechtes p kanonische Riemann'sche Flächen
aufstellen kann, d.h. Riemann'sche
Flächen, deren Verzweigungspunkte die
0-Stellen einer auf dem Gebilde existieren-

den ganzen algebraischen Form σ sind.

Den Beweis dieses Satzes (Math. Ann. 36) will ich hier nicht wiedergeben, sondern nur über die Eigentümlichkeiten der kanonischen Fläche das Notwendigste berichten.

Die Blätterzahl der kanonischen Fläche ist immer ein Teiler von $2p-2$ oder $2p-2$ selbst, so dass man
$$2p-2 = m \cdot d$$
setzen kann. Die Zahl der Verzweigungspunkte ist
$$2p-2+2m = m(d+2).$$
Dies sind die 0-Stellen einer ganzen Form, welche in x_1, x_2 vom Grade $(d+2)$ ist, in Übereinstimmung mit dem allgemeinen Satze, dass die Anzahl der 0-Stellen einer ganzen algebraischen Form immer gleich dem Producte aus dem Grade der Form und der Blätterzahl der Fläche ist.

Die kanonische Fläche hat m Blätter, wobei $2p-2 = m \cdot d$ ist; die Zahl ihrer Verzweigungspunkte ist $2p-2+2m = m(d+2)$, und diese Verzweigungspunkte sind die 0-Stellen einer ganzen algebraischen Form der Fläche, die wir σ nennen, und die den Grad $\frac{d+2}{}$

beritten.
d. 4. Mai 1894.]

Lassen Sie uns heute zuerst insbesondere zwei Beispiele einer kanonischen Riemann'schen Fläche betrachten, um das an unsere letzten Angaben bestätigt zu finden.

Das erste Beispiel ist natürlich die __zwei-blättrige Fläche des hyperelliptischen Falls__ selbst. Dabei ist $m = 2$, also $d = p - 1$, und die Form σ vom Grade $d + 2 = p + 1$.

In der Tat: die Verzweigungspunkte der Fläche werden durch die 0-Stellen der rationalen ganzen Form $\varphi_{2p+2}^{(x_1, x_2)}$ gegeben. Diese Form wird aber an jeder dieser Verzweigungsstellen auf der Fläche gemessen zweifach 0, z. B. bei $x = a$ wie $(x-a)^{\frac{2}{1}}$. Es ist daher $\sqrt{\varphi_{2p+2}^{(x_1, x_2)}}$ eine Form, welche an jeder Verzweigungsstelle gerade einfach verschwindet, also

$$\sigma = \sqrt{\varphi_{2p+2}^{(x_1, x_2)}}$$

die gesuchte Verzweigungsform. Der Grad derselben ist in der Tat der vorausgesagte $p + 1$.

Als zweites Beispiel denken wir uns ein algebraisches Gebilde durch eine __allgemeine Curve 4. Ordnung__ ohne Doppelpunkte vorgestellt, das Geschlecht ist dann $p = 3$, und es liegt das

allgemeinste Gebilde dieser Geschlechter vor.
Die Gleichung der Curve laute in homogenen Punktcoordinaten
$$f(x_1, x_2, x_3) = 0,$$
worin f eine ganze rationale Form 4. Grades von x_1, x_2, x_3 bedeutet.

Wir denken uns nun die Curve von der einen Ecke $x_1 = 0, x_2 = 0$ des Coordinatendreiecks auf die gegenüberliegende Coordinatenaxe $x_3 = 0$ projiciert wie auf S. 50.

Jedem Wertsystem x_1, x_2 entspricht dabei ein bestimmter Projectionsstrahl, und vier Werte von x_3 bezw. Punkte der Curve. Wir sehen also x_1 und x_2 allein als unabhängige Variable an und bestimmen x_3 durch die Gleichung $f = 0$ als Function von x_1, x_2, und zwar als homogene Function ersten Grades, denn wenn wir x_1 und x_2 beide mit irgend einer Constanten multiplicieren, müssen wir auch x_3 mit derselben Constanten multiplicieren, wenn die Gleichung $f = 0$ richtig bleiben soll. x_3 ist also eine auf der Riemann'schen Fläche der vierfach überdeckten x_2-Axe, existierende ganze algebraische Form ersten Grades.

Wo liegen nun die Verzweigungspunkte

der Riemann'schen Fläche? Sie entsprechen denjenigen Projectionsstrahlen, welche die Curve 4. Ordnung berühren, bezw. ihren Berührungspunkten selbst. Diese Berührungspunkte liegen aber bekanntlich auf der "Polare" des Punktes $x_1 = 0, x_2 = 0$ in Bezug auf die Curve $f = 0$, und die Gleichung dieser Polare ist:

$$\frac{\partial f}{\partial x_3} = f_3(x_1, x_2, x_3) = 0.$$

Die linke Seite dieser Gleichung ist eine ganze rationale Form 3. Grades von x_1, x_2, x_3, also auch eine ganze algebraische Form dritten Grades von x_1, x_2, welche gerade in den Berührungspunkten der Projectionsstrahlen, d. h. in den Verzweigungspunkten der Riemann'schen Fläche verschwindet, mit anderen Worten: f_3 ist die gesuchte Verzweigungsform. Es ist auch nicht etwa noch die Wurzel auszuziehen, denn die Polare schneidet jeden einfachen Berührungspunkt der Projectionsstrahlen einfach aus, so dass f_3 daselbst auf der Curve einfach verschwindet.

Wenn wir die Curve 4. Ordnung von der einen Ecke des Coordinatensystems aus auf die gegenüber liegende Seite des Coordinatensystems projicieren, so erhalten wir eine 4blättrige Riemann'sche Fläche, deren Verzweigungspunkte sich ergeben, indem wir die ganze algebraische Form dritten Grades von $\zeta_1, \zeta_2, \zeta_3$ $(\bar{x}_1, \bar{x}_2, \bar{x}_3) = 0$ setzen.

Die x_3-Axe ist hier 4fach überdeckt, wir haben also m=4. Da p=3 ist, so ist 2p-2=4 und d=1. Der Grad der Verzweigungsform $d\bar{x}^2$ muss also 3 sein, was in der Tat bei der Form f_3 zutrifft. —

Wir stellen jetzt die Differentialgleichung auf dem allgemeinen algebraischen Gebilde auf:

Indem wir y durch σ^2 ersetzen und bedenken, dass im hyperelliptischen Falle p = d+1 ist, geht die linke Seite der Differentialgleichung auf S.83 in folgenden Ausdruck über:

$$\frac{\sigma^2}{\zeta_2^q}[\eta]_x + \frac{3}{8(2d+3)^2} \cdot \frac{\mathcal{H}(\sigma^2)}{\sigma^2},$$

wofür wir auch einfacher schreiben können:

$$\frac{\sigma^2}{x_2^q}[\eta]_x + \frac{3}{2(d+1)(2d+3)} \cdot \mathcal{H}(\sigma).$$

Dieser Ausdruck bleibt aber, abweichend vom hyperelliptischen Fall, an den Verzweigungspunkten der Fläche im Allgemeinen nicht endlich, sondern wird an einem einfachen Verzweigungspunkt einfach, an einem mehrfachen Verzweigungspunkt 2 fach unendlich, mit Coefficienten, welche von den Entwicklungscoefficienten des y unabhängig sind.

— 97. —

Wir können daher setzen

$$\frac{\sigma^2}{x_2^4}[\eta]_x + \frac{2}{2(2d+1)(2d+3)} \cdot \mathcal{H}(\sigma) = \frac{T}{\sigma} + T_{2d}(x_1', x_2'),$$

unter T eine bestimmte ganze Form vom Grade $3d+2$ verstanden, welche für die Fläche ebenso characteristisch ist, wie σ.*)
T ist hierin definiert als die allgemeinste algebraische Form $2d^{\text{ten}}$ Grades auf unserer Fläche, welche in den gegebenen singulären Punkten in der Weise 2 fach unendlich wird, dass $x_2^4 \cdot \frac{T}{\sigma^2}$ sich verhält wie

$$\frac{\frac{1-\alpha^2}{2}}{(x-a)^2} + \frac{A}{x-a} + \ldots$$

Die Constantenabzählung nach dem Riemann-Roch'schen Satz ergiebt, dass die Form T unter dieser Bedingung $2n + 3p - 3$, also wenn man auch die singulären Punkte a, b, ... n selbst mit zu den Constanten rechnet, $3p - 3 + 3n$ Constanten enthält. Also:
Es giebt auf unserer kanonischen Fläche und deshalb überhaupt auf dem algebraischen Gebilde bei gegebener Zahl n der singulären Punkte in der zugehörigen Differentialgleichung $3p - 3 + 3n$ willkürliche Constanten.
Von dieser Differentialgleichung 3. Ordnung steigen wir nun in ganz entsprechender Weise wie beim hyperelliptischen Gebilde zur

---

*) Ursprünglich hatte ich in der Vorlesung das Glied $\frac{T}{\sigma}$ weggelassen und erst Herr Pick hat mich darauf aufmerksam gemacht, dass wir eine Unruh?

linearen Differentialgleichung 2. Ordnung auf. Wir definieren durch die Formel
$$d\omega = \frac{(x, dx)}{6}$$
das überall endliche und nirgends verschwindende Differential der Fläche (vergl. Math. Ann. 36.). Dann spalten wir η folgendermaßen in Zähler und Nenner:

$$\Pi_1 = \eta \sqrt{\frac{d\omega}{d\eta}}, \qquad \Pi_2 = \sqrt{\frac{d\omega}{d\eta}}.$$

Der Grad der Formen Π_1, Π_2 stellt sich dabei als $-\frac{d}{2} = -\frac{p-1}{m}$ heraus.
Die Differentialgleichung 2. Ordnung, welcher Π_1, Π_2 genügen, lautet
$$(\Pi, \sigma^2)_2 + (d+2)(2d+3) \cdot \Pi \cdot \left(\frac{\tau}{\sigma} + \Gamma_2 d\right) = 0$$

Ich möchte diese Gleichung noch insbesondere für die oben behandelte allgemeine Curve 4. Ordnung specialisieren, weil sich daran eine gewisse Frage von allgemeiner Bedeutung anschließt.

Es sei wieder $f(x_1, x_2, x_3) = 0$ die Gleichung der Curve 4.ter Ordnung, welche das algebraische Gebilde repräsentiert. Dadurch wird x_3 als algebraische Form 1. Grades von x_1, x_2 auf dem Gebilde definiert. Irgend eine rationale Form von x_1, x_2, x_3 wird dadurch eine algebraische binäre Form von x_1, x_2, welche wir als unabhängige Variable auf der 4-fach überdeckten Geraden, d. h. auf der Riemann'schen Fläche ansehen, auf die sich die Curve projiziert. Mit $\frac{d}{dx_1}, \frac{d}{dx_2}$ mögen die partiellen Differentialquotienten einer solchen Form bezeichnet werden, insofern man nur x_1, x_2 als unabhängige Variable ansieht, also x_3 durch x_1, x_2 ausgedrückt denkt. Dagegen mögen $\frac{\partial}{\partial x_1}, \frac{\partial}{\partial x_2}, \frac{\partial}{\partial x_3}$ die partiellen Differentialquotienten derselben Form bezeichnen, insofern man x_1, x_2, x_3 als unabhängig von einander ansieht.

Es ist dann der Zusammenhang dieser zweierlei Differentiationen miteinander durch folgende symbolische Formeln gegeben:

$$\frac{d}{dx_1} = \frac{\partial}{\partial x_1} + \frac{dx_3}{dx_1} \cdot \frac{\partial}{\partial x_3} \;;\; \frac{d}{dx_2} = \frac{\partial}{\partial x_2} + \frac{dx_3}{dx_2} \cdot \frac{\partial}{\partial x_3}.$$

Dabei sind die Differentialquotienten $\frac{dx_3}{dx_1}$ u. $\frac{dx_3}{dx_2}$ entlang der Curve $f(x_1, x_2, x_3) = 0$ zu nehmen, also

$$\frac{dx_3}{dx_1} = -\frac{f_1}{f_3} \;,\; \frac{dx_3}{dx_2} = -\frac{f_2}{f_3}$$

zu setzen, so dass wir die Formeln erhalten:

$$\frac{d}{dx_1} = \frac{\partial}{\partial x_1} - \frac{f_1}{f_3} \cdot \frac{\partial}{\partial x_3} \;;$$

$$\frac{d}{dx_2} = \frac{\partial}{\partial x_2} - \frac{f_2}{f_3} \cdot \frac{\partial}{\partial x_3}$$

— 100. —

Entsprechende Umsetzungs-formeln sind für die zweiten, dritten u. s. w. Differentialquotienten auszurechnen.

In der Differentialgleichung ist nun $\sigma = f_3$ und der Grad von T ist $= 2$ zu setzen.

Zugleich lässt sich die Form T in einfachster Weise hinschreiben, nämlich

$$T = -\frac{1}{90}\frac{\partial H}{\partial x_3} = -\frac{1}{90} H_3 ,$$

unter H ist die Hesse'sche Covariante der Curve $f = 0$ verstanden.

Wir fassen T mit dem numerischen Factor vor dem zweiten Glied der linken Seite in der linearen Differentialgleichung zu einer algebraischen Form zweiten Grades zusammen, die wir Λ nennen wollen. Wir haben also die lineare Differentialgleichung

$$(\Pi, f_3{}^2)_2 + \left(-\tfrac{1}{6}\frac{H_3}{f_3} + \Lambda_{(2)}\right)\Pi = 0.$$

Hierin ist die Überschiebung so zu verstehen, dass man in f_3 erst x_3 durch x_1, x_2 auszudrücken hat, und dann mit den homogenen Variablen x_1, x_2 allein operirt. Hierin liegt aber eine unsym=

— 101 —

metrische Bevorzugung der einen Variablen x_3. Um diese zu beseitigen, wird man in $(\overline{V}, f_3^2)_2$ die Differentiationen $\frac{d^2}{dx_1^2}, \frac{d^2}{dx_1 dx_2}, \frac{d^2}{dx_2^2}$ durch Differentiationen nach x_1, x_2, x_3, ausdrücken, wozu die oben hingeschriebenen Formeln dienen.

Auch die algebraische Form zweiten Grades Λ_2 werden wir symmetrisch durch x_1, x_2, x_3 ausdrücken. Man sieht leicht, dass die allgemeinste algebraische Form von x_1, x_2 vom 2. Grad mit der allgemeinsten rationalen Form 2. Grades von x_1, x_2, x_3 identisch ist. In der Tat stimmt die Constantenzahl in beiden genau überein.

Wollen wir eine unverzweigte Differentialgleichung haben, so brauchen wir für Λ nur die allgemeinste ganze rationale Form 2. Grades von x_1, x_2, x_3, d. h. die linke Seite der allgemeinsten Kegelschnittgleichung einzusetzen.

Wir haben damit die ∞^6 unverzweigten Differentialgleichungen, die es bei der Curve 4. Ordnung gibt, wirklich hingeschrieben.

Wenn wir aber auch in dieser Weise die Differentialgleichung durch x_1, x_2, x_3 ausgedrückt denken, so befriedigt sie uns doch noch nicht, so lange nicht x_1', x_2', x_3' ganz symmetrisch in derselben auftreten. Wir formuliren daher die Aufgabe:

Unsere Aufgabe wird sein, der Formel eine Gestalt zu erteilen, in welcher die einseitige Bevorzugung des x_3' vermieden ist, in welcher also statt der binären die ternäre invariante Auffassung zu Tage tritt.

Genau dieselbe Aufgabe tritt uns schon in der Theorie der Abel'schen Integrale entgegen, wenn wir dieselben nach dem Vorgange von Aronhold als Integrale auf einer algebraischen Curve darstellen, welche durch eine Gleichung zwischen homogenen Coordinaten x_1', x_2', x_3' gegeben ist. Sieht man da zunächst nur x_1', x_2' als unabhängige Coordinaten an und denkt sich x_3' als algebraische Form derselben ausgedrückt, so schreibt sich ein Abel'sches Integral in der Gestalt

$$\int \frac{x_1' dx_2' - x_2' dx_1'}{f_3'} \cdot \varphi(x_1', x_2', x_3'),$$

unter φ irgend eine rationale Form vom Grade 1 (wenn f vom 4. Grade ist) verstanden. Um hierin die Bevorzugung der Variablen x_3 zu beseitigen, berücksichtigt man, daß auf der Curve identisch

$$\frac{x_2 dx_3 - x_3 dx_2}{f_1} = \frac{x_3 dx_1 - x_1 dx_3}{f_2} = \frac{x_1 dx_2 - x_2 dx_1}{f_3}$$

ist. Wir sehen: die Sache ist hier sehr einfach. Die Bevorzugung der x_3 in unserer Formel ist nur scheinbar. Wollen wir die Bevorzugung auch formal aufheben, so werden wir Zähler und Nenner der ersten Bruches mit einer beliebigen Constanten c_1, der zweiten mit c_2, der dritten mit c_3 multiplicieren und dann die Zähler einerseits, sowie andererseits die Nenner addieren, so daß folgender Ausdruck entsteht.

$$\frac{c_1(x_2 dx_3 - x_3 dx_2) + c_2(x_3 dx_1 - x_1 dx_3) + c_3(x_1 dx_2 - x_2 dx_1)}{c_1 f_1 + c_2 f_2 + c_3 f_3}$$

$$= \frac{|c_1, x_2, dx_3|}{\Sigma c_i f_i}.$$

Die analoge Frage würden wir hier zu discutieren haben:

Es wird zu untersuchen sein, wie die verschiedenen Ausdrücke miteinander verwandt sind, die sich aus unserer 2ten Überschiebung von Π mit f_3^2 durch Vertauschung der Indices 1, 2, 3 ergeben, und es ist dann weiter die

Aufgabe, eine derartige Schreibweise einzuführen, welche diese genannten Ausdrücke symmetrisch berücksichtigt und damit dem π eine Definition gibt, die von dem gewählten Coordinatensystem unabhängig ist, die also ternär-invarianten Charakter besitzt.

Eine derartige Durcharbeitung der linearen Differentialgleichungen auf einem algebraischen Gebilde auch in formaler Hinsicht ist ein dringender Bedürfnis, da wir uns bemühen müssen, so wie die Abel'schen Integrale als erste einfachste Transcendenten auf algebraischen Gebilden zum unentbehrlichen Hülfsmittel für alle Mathematiker beim Studium der algebraischen Gebilde geworden sind, so auch als eine weitere höhere Classe von Functionen diejenigen herauszuarbeiten, welche durch lineare Differentialgleichungen definiert werden. Dieselben werden ohne Zweifel für die Erkenntnis der Eigenschaften einer algebraischen Gebildes ebenso fruchtbar sein, als es die Abel'schen Transcendenten bislang waren.

Damit schließe ich die Einleitung dieser Vorlesung, in welcher ich zunächst Rechenschaft über die algebraischen Formulirungen unserer Differentialgleichungen auf rationalen und auf algebraischen Gebilden abgelegt habe.

Nach Pfingsten wollen wir uns dann der Erforschung der transcendenten Eigenschaften der Funktionen zuwenden, welche durch unsere Differentialgleichungen definiert sind. Dabei wird sich naturgemäß der Anschluß an die geometrischen Methoden darbieten, die wir vor Ostern bei Untersuchung der hypergeometrischen Funktion entwickelt haben.

Hauptteil der Vorlesung:
Von den transcendenten Eigenschaften der Differentialgleichungen.

I. Allgemeine Darlegung.

[Mo. d. 21. Mai 1894.] Nachdem wir vor Pfingsten das algebraische Substrat unserer Betrachtungen, die expliciten Definitionsformeln unserer Differentialgleichungen gewonnen haben, wird es nunmehr unsere Aufgabe sein, die inneren Eigenschaften der hier durch definierten Functionen zu studieren, wobei wir je nach den besonderen Fragestellungen bald auf das y, bald auf y_1, y_2, bald endlich auf π_1, π_2 uns beziehen werden.

Wollen wir heute einmal die der linearen Differentialgleichung 2. Ordnung entsprechenden Functionen y_1, y_2 ins Auge fassen, um an ihnen zunächst die Betrachtungen zu verallgemeinern, zu denen uns die Monodromiegruppe bei $n = 3$, $\mu = 0$ Anlass gab.

Bei $n = 3$, $\mu = 0$ hatten wir eine schlichte x-Ebene, in dieser drei singuläre Punkte a, b, c, bei deren Umlaufung die y_1, y_2 sich linear substituieren. Um ein bestimmtes Paar von Ausgangszweigen zu definieren, zerschnitten wir die x-Ebene längs dreier von einem beliebigen Punkte 0 nach a, nach b und nach c hinlaufender Schnitte.

Irgend ein Zweigpaar y_1, y_2 ist in der so zerschnittenen Ebene eindeutig, besitzt aber auf dem positiven Ufer jeder Schnitte Werte, die sich aus denen auf dem negativen Ufer durch eine lineare Substitution ergeben, längs $0a$ durch A, längs $0b$ durch B, längs $0c$ durch C, sodass z.B. längs $0a$

$$\begin{pmatrix} y_1' \\ y_2' \end{pmatrix} = A \begin{pmatrix} y_1 \\ y_2 \end{pmatrix}$$

ist. Dabei sind die drei Substitutionen nicht unabhängig voneinander, sondern sie geben, wenn man zuerst C, dann B, dann A anwendet, die Identität

$$A\,B\,C = 1,$$

entsprechend der geometrischen Tatsache, dass ein alle drei Punkte umkreisender Weg sich auf irgend einen nichtsingulären Punkt zusammenziehen lässt. Die Wiederholung und Combination der 3 Substitutionen A, B, C ergiebt dann die Monodromiegruppe der y_1, y_2: d.h. A, B, C sind die „erzeugenden Substitutionen" der Monodromiegruppe. (vergl. S. 100 der Winterautographie).

Diese Lehre von der Monodromiegruppe und ihren Erzeugenden haben wir nun auf den

— 108. —

Fall einer höheren p mit beliebig vielen Verzweigungspunkten zu übertragen.

Zunächst im Falle $p = 0$ haben wir eine schlichte x-Ebene mit n singulären Punkten $a, b, \ldots n$. Wir ziehen wieder von einem beliebigen Punkte O aus Schnitte nach $a, b, \ldots n$ und definieren vermöge derselben ein Zweigpaar y_1, y_2, sowie n erzeugende Substitutionen $A, B \ldots N$, welche der Relation

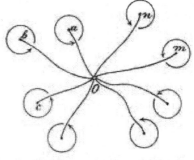

$$A \cdot B \ldots N = 1$$

genügen, und welche miteinander combiniert und wiederholt die Monodromiegruppe der y_1, y_2 erzeugen.

Haben wir $p > 0$, so tritt der neue Umstand ein, dass auch geschlossene, nicht auf einen Punkt zusammenziehbare Wege auf der Riemann'schen Fläche existieren, denen ebenfalls lineare Substitutionen entsprechen. Am besten sieht man dies, wenn man die ringförmige Gestalt der Fläche zu Grunde legt.

Z. B. im Falle $p = 1$ kann man sich die

— 109. —

Riemann'sche Fläche in einen gewöhnlichen Kreisring deformiert denken. Auf diesem sind insbesondere zwei geschlossene, nicht in einen Punkt zusammenziehbare Wege möglich, nämlich eine Meridiancurve A und eine Breitencurve B.

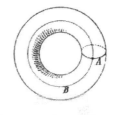

Alle übrigen geschlossenen Curven auf der Fläche kommen auf eine Wiederholung dieser beiden fundamentalen Wege zurück, nämlich der Durchlaufung der Meridiancurve A und der Durchlaufung der Breitencurve B.

Ähnlich ist es bei höherem p, z. B. die Doppelringfläche der Falles p = 2 läßt jeder ihrer beiden Öffnungen entsprechend einmal einen Weg A zu, der durch die Öffnung hindurchgeht, andererseits einen Weg B, der um die Öffnung herumläuft. Ebenso bei p = 4, sodaß wir diese allgemeine Sachlage haben:

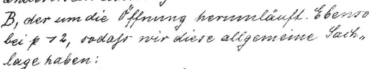

Auf einer Fläche von höherem p kann man

— 110. —

p Paare von jedermal zwei Wegen (Meridiancurve und Breitencurve) so einführen, daß jeder andere geschlossene Weg, den man auf der Fläche ziehen mag, als Aufeinanderfolge ganzer Wiederholungen dieser Wege dargestellt werden kann.

Nun denken wir uns die Fläche zunächst der Fälle p = 1 längs der Fundamentalwege aufgeschnitten. Dieselbe wird dadurch ein einfach zusammenhängendes Flächenstück, dessen Berandung von den beiden Ufern jeder Schnitte gebildet wird. Wir wollen nun den Rand dieser einfach zusammenhängenden Fläche entlang laufen und zusehen, wie die einzelnen Randstücke aufeinander folgen.

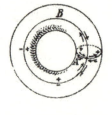

Man sieht, daß man zuerst den Schnitt A entlang in einem gewissen Sinne läuft, den wir als positiven Sinn bezeichnen wollen, dann an B in einem bestimmten Sinn, der ebenfalls der positive sein soll, dann an A in negativem Sinn, endlich wieder an B in negativem Sinn, worauf man an die Ausgangsstelle des Randes zurückgelangt ist.

— 111. —

Wir bezeichnen die geschilderte Aufeinanderfolge der Wege mit
$$A^{+1}\ B^{+1}\ A^{-1}\ B^{-1}.$$
Also: Wenn wir die Fläche $p=1$ längs der
beiden zusammengehörigen Curven zerschneiden, dann besteht die Begrenzung der entstehenden zerschnittenen Fläche aus der Aufeinanderfolge der Wege $A^{+1}\ B^{+1}\ A^{-1}\ B^{-1}$.

Wie ist die Sache bei $p=2$? Wenn wir
da längs der oben beschriebenen Fundamentalwege zerschneiden, so besitzt der entstehende Flächenstück immer noch zweifachen Zusammenhang, und
wir müssen noch die
beiden Randcurven —
die eine von $A_1^{\pm 1}, B_1^{\pm 1}$,
die andere von $A_2^{\pm 1}, B_2^{\pm 1}$
gebildet — durch einen

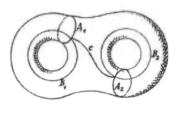

weiteren Schnitt c verbinden, den man etwa vom
Kreuzungspunkt der Curven A_1, B_1 nach
dem Kreuzungspunkt der Curven A_2, B_2 legen
mag. Wir sagen also:

Wir reichen jetzt nicht aus mit den Schnitten
A_1, B_1 einerseits, A_2, B_2 andererseits, sondern wir
brauchen noch ein Verbindungsstück c.

Dieser Verbindungsschnitt c ist aber sehr unbequem. Man kann denselben dadurch vermeiden, daß man, wie in nebenstehender Figur, die Kreuzungspunkte beider

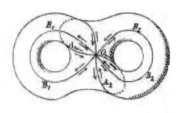

Schnittpaare an denselben Punkt der Fläche heranzieht.

Man kann die Zerschneidung der Fläche $p = 2$ so einrichten, daß der Kreuzungspunkt des Paares A_1, B_1 und der Kreuzungspunkt des Paares A_2, B_2 zusammenfallen, und daß also das Verbindungsstück c überflüssig wird.

Nachdem wir die Fläche $p=2$ in dieser Weise „kanonisch" zerschnitten haben, besteht ihre Berandung der Reihe nach aus der folgenden Aufeinanderfolge von Wegen:
$A_1^{+1}, B_1^{+1}, A_1^{-1}, B_1^{-1}, A_2^{+1}, B_2^{+1}, A_2^{-1}, B_2^{-1}$.
Entsprechend ist es bei höherem p einzurichten.

Was bedeutet dies für die Theorie der linearen Differentialgleichungen auf einem algebraischen Gebilde?

Wenn n singuläre Punkte $a, b, \ldots n$ existieren, so haben wir behufs Absonderung einer

Zweigpaares y_1, y_2
die gerade geschilder=
te Zerschneidung
nur noch durch n
etwa von der Ecke
$B_2^{-1} A_1^{-1}$ des bisheri=

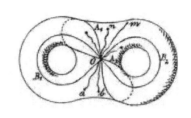

gen Schnittsystems aus
nach den Punkten $a, b, \ldots n$ gehende Einschnitte
zu vervollständigen, die wir $A, B, \ldots N$ nennen.
In der so zerschnittenen Riemann'schen
Fläche ist y_1, y_2 gewiß eindeutig, da wir es mit
einem einfach zusammenhängenden Flächen=
stück zu tun haben, innerhalb dessen sich
jede geschlossene Curve auf einen beliebigen
nicht singulären Punkt zusammenziehen
läßt. Bei Überschreitung eines Schnittes A,
$B, \ldots N$ dagegen, d. h. bei Umlaufung eines
Punktes $a, b, \ldots n$ wird y_1, y_2 genau wie bei
$p = 0$. eine lineare Substitution $A, B, \ldots N$
erleiden. Aber auch bei Überschreitung
der Schnitte B_1, A_1, B_2, A_2, d. h. bei Durch=
laufung einer der Wege A_1, B_1, A_2, B_2, liegt
kein Grund vor, warum y_1, y_2 un=geändert
bleiben sollten; sie werden im allgemeinen
auch längs dieser Periodenwege lineare

— 114. —

Substitutionen erleiden, welche wir ebenso wie die Wege, nämlich mit $A_1, B_1, A_2, B_2 \ldots$ benennen wollen. Wir sagen also zusammenfassend:

In der zerschnittenen Fläche, welche einfach zusammenhängend ist und keinen singulären Punkt in ihrem Innern enthält, definieren wir uns zunächst ein Zweigpaar y_1, y_2. Vermöge der kanonischen Zerschneidung unserer Fläche setzen sich dann alle Substitutionen, welche y_1, y_2 bei Umläufen über die Fläche hin erleidet, aus $n + 2p$ Fundamentalsubstitutionen zusammen: $A, B, \ldots N;$ $A_1, B_1; A_2, B_2, \ldots A_p, B_p.$

Aber diese sind nicht unabhängig voneinander, sondern sie müssen folgender Bedingung genügen: Wenn man den ganzen Rand der zerschnittenen Bereiche umläuft, so müssen sich y_1, y_2 reproducieren, da ein solcher Weg auf einen beliebigen Punkt im Innern des Bereichs zusammengezogen werden kann. Es kommt so die Bedingung heraus:

Die $n + 2p$ Fundamentalsubstitutionen genügen der Fundamentalrelation:
$$A \cdot B \ldots N \cdot A_1^{+1} B_1^{+1} A_1^{-1} B_1^{-1} \cdot \ldots \cdot A_p^{+1} B_p^{+1} A_p^{-1} B_p^{-1} = 1.$$

— 115 —

[Di. d. 22. Mai 1894.] Nachdem wir so die Erzeugenden der Monodromiegruppe übersehen, wollen wir heute die <u>Anzahl der Constanten</u> in derselben abzählen.

Jede der $n+2p$ binären Substitutionen der y_1, y_2, welche wir als Erzeugende gewählt haben, besitzt 4 Constanten, zusammen also $4n+8p$. Die Fundamentalrelation vermindert aber diese Anzahl um 4. Die Gruppe enthält also insgesamt $4n+8p-4$ Constanten. Von diesen ist aber eine gewisse Zahl unwesentlich, da wir statt y_1, y_2 irgend zwei andere linear unabhängige Verbindungen derselben als Variable einführen, d. h. die Gruppe irgend einer linearen Transformation unterwerfen können; dadurch wird die Constantenzahl aber nicht um 4, sondern nur um 3 vermindert, da eine simultane Multiplication von y_1, y_2 mit einer beliebigen Zahl die Gruppe nicht ändert. Mithin hat die binäre Substitutionsgruppe der y_1, y_2 zusammen $4n+8p-7$ wesentliche Constanten.

Achten wir dagegen statt auf y_1, y_2 vielmehr auf den Quotienten y, so enthält

— 116. —

jede der nichthomogenen gebrochenen Substitutionen, welche y erleidet, nur 3 Constanten, die Erzeugenden zusammen also $3n + 6p$ Constanten. Diese Zahl vermindert sich vermöge der Fundamentalrelation um 3, vermöge der noch zur Verfügung stehenden linearen Transformation der Gruppe abermals um 3, so dass nur $3n + 6p - 6$ wesentliche Constanten übrig bleiben. Wir haben also den Satz:

<u>Sofern wir die erzeugenden Substitutionen der Gruppe als willkürlich annehmen, enthält die Gruppe der y_1, y_2 $4n + 8p - 7$, die Gruppe der y $3n + 6p - 6$ wesentliche Constanten.</u>

Wir wollen nun im Anschluss an diese Constantenabzählung gewisse Fragen, die wir für $p = 0$ schon vor Weihnachten erörtert haben, auf den allgemeinen Fall $p > 0$ ausdehnen.

1. Es kann ein singulärer Punkt ganz zahlige Exponenten haben, ohne dass doch in der Entwicklung eines Zweiges y_1, y_2 in der Umgebung desselben logarithmische Glieder auftreten. Der Punkt ist dann ein <u>„Nebenpunkt"</u> in dem vor Weihnachten bei Besprechung von Riemann's Arbeit festgesetzten Sinne.

Er liefert als solcher keinen Beitrag zur Monodromiegruppe der y_1, y_2 sondern y_1, y_2 sind in seiner Umgebung eindeutig. Wir fragen nun:

Wie viele bewegliche Nebenpunkte müssen wir in eine Differentialgleichung neben den gegebenen "Hauptpunkten" (d. h. welche einen Beitrag zur Gruppe liefern) einführen, damit die Differentialgleichung genau so viele Parameter hat als die allgemeine Monodromiegruppe nach unserer Abzählung?

Es ist dies die Fragestellung, welche für die Weiterbearbeitung von Riemann's Fragment über die linearen Differentialgleichungen vorab zu behandeln ist.

2. Wir werden diese Frage für die Differentialgleichung des y beantworten, wie wir überhaupt bei höherem p uns wesentlich mit y beschäftigen werden, da wir sonst bei $p=1$ die Theorie der elliptischen Funktionen, bei $p>1$ noch andere Transcendenten zu sehr heranziehen müßten.

Es sei p das Geschlecht, n die Anzahl der singulären Hauptpunkte der Differentialgleichung für y. Dann haben wir, wenn die Hauptpunkte vorgegeben sind, folgende noch willkürliche Constanten:

n Exponentendifferenzen ——————— n Constanten
$n+3p-3$ accessorische Parameter —— $n+3p-3$ "
$$\overline{\quad 2n+3p-3 \text{ "}}$$

Es fehlen also an der Zahl $3n+6p-6$ der Gruppenparameter noch $n+3p-3$. Da jeder Nebenpunkt eine neue willkürliche Constante einführt, müssen wir also noch $n+3p-3$ willkürliche Nebenpunkte adjungieren.

Wollen wir bei gegebenem algebraischen Gebilde und gegebenen Hauptpunkten doch so viele Parameter in der Differentialgleichung haben, als in der allgemeinen Monodromiegruppe enthalten sind, so müssen wir die Differentialgleichung mit $n+3p-3$ beweglichen Nebenpunkten aufstellen.

3. Was für Functionen erhalten wir, wenn wir nur Nebenpunkte zulassen?

a) Bei $p=0$ treten dann überhaupt keine Substitutionen auf, y reproduciert sich also bei jedem Umlauf, ist folglich eine eindeutige Function in der ganzen x-Ebene. Da wir wesentlich-singuläre Stellen ausschließen, so ist y eine rationale Function von x:

$$y = R(x).$$

Die Annahme, daß nur Nebenpunkte vorhanden sind, ergiebt für $p=0$ das triviale Resultat, daß y eine rationale Funktion von x ist.

b.) Anders liegt die Sache schon bei $p=1$. Da sind noch zwei Periodenwege möglich, so daß wir im Allgemeinen eine Gruppe mit zwei Erzeugenden A und B haben.

Wir fragen, wie sich die Funktion y verhalten wird, wenn wir u als unabhängige Variable einführen.

Denken wir uns die u-Ebene mit ihrer Parallelogrammeinteilung construirt, dann liegen in jedem Parallelogramm eine gewisse Anzahl von Nebenpunkten, in deren Umgebung aber y eindeutig ist; Verzweigungspunkte für y gibt es aber in der ganzen u-Ebene nicht.

Da die u-Ebene mit dem einen wesentlich-singulären Punkt im Unendlichen als Begrenzung ein einfach zusammenhängender überall schlichter Gebiet ist, so muß y, weil es überall unverzweigt ist, auch eindeutig sein. Also:

Im Falle $p=1$ ist y eine eindeutige Funktion von u. Was aber geschieht mit y, wenn wir u um eine Periode ω_1 oder ω_2 vermehren?

Einer Vermehrung des u um ω_1 entspricht auf der geschlossenen Riemann'schen Fläche ein geschlossener Periodenweg A, einer Vermehrung um ω_2 ein Periodenweg B. Längs des ersten Periodenwegs aber erleidet y die gleich benannte lineare Substitution A, längs der zweiten die Substitution B. Wir erhalten also den Satz: y ist eine eindeutige Funktion von u, welche bei Vermehrung der Argumente u um Perioden bestimmte lineare Substitutionen erleidet:

$$y(u+\omega_1) = A\,y(u),\qquad y(u+\omega_2) = B\,y(u).$$

Diese Funktionen sind insbesondere von Picard im Anschluß an frühere Untersuchungen von Hermite ausführlich behandelt worden. Auf die explicite Darstellung derselben durch elliptische Θ-Funktionen können wir hier nicht eingehen, nur ein Resultat, welches aus rein gruppentheoretischen Principien folgt, wollen wir hier noch hervorheben: Wir bilden uns $y(u+\omega_1+\omega_2)$ auf zweierlei Weise, indem wir u einmal erst um ω_1, dann um ω_2 vermehren, ein andermal, indem wir u erst um ω_2, dann um ω_1 vermehren. Beidemal muß man, da y in der u-Ebene eindeutig ist, zum selben Resultat gelangen, nämlich

$$AB\,y(u) = BA\,y(u).$$

Das heißt:

— 121. —

Die beiden Substitutionen A und B erweisen sich als vertauschbar.

Dies konnten wir aber von vornherein wissen. Denn die Fundamentalrelation.
$$ABA^{-1}B^{-1} = 1$$
geht, indem wir auf beiden Seiten BA noch rechts zusetzen, unmittelbar in $AB = BA$ über, und umgekehrt folgt aus $AB = BA$ die Fundamentalrelation in der von uns angegebenen Gestalt. Also:

Die Vertauschbarkeit von A und B ist gerade das, was im vorliegenden Falle die Fundamentalrelation besagt.

4.) Auf den Fall $p > 1$ ohne Hauptpunkte gehe ich hier nur zu dem Zweck ein, um zu sagen, wie er nicht ist, um falschen Analogieschlüssen vom $p = 1$ auf $p > 1$ vorzubeugen, welche in der Tat gelegentlich gemacht worden sind.

Dieselbe Rolle, wie das überall endliche elliptische Integral u im Falle $p = 1$, spielen in vielen auf höheres p bezüglichen Untersuchungen die überall endlichen Abel'schen Integrale $u_1, u_2, \ldots u_p$. Z. B. lassen sich die algebraischen Funktionen r und z der algebraischen Gebilde als eindeutige $2p$ fach periodische Funktionen

– 122. –

der zusammengehörigen Werte $u_1, u_2, \ldots u_p$ ausdrücken, nämlich mit Hülfe der höheren ϑ-Functionen.

Man könnte nun nach der Analogie des Falles $p=1$ vermuten, daß auch y durch $u_1, u_2, \ldots u_p$ eindeutig darstellbar wäre, etwa mit Hülfe von ϑ-Functionen. Dem ist aber nicht so. Wir sagen zunächst:

Die Aenderungen von $u_1, u_2, \ldots u_p$ bei Durchlaufung verschiedener Periodenwege sind immer commutativ, weil es sich ja nur um Hinzufügung additiver Constanten handelt.

Man kommt also von einem Ausgangswertsystem $u_1, u_2 \ldots u_p$ zu demselben Wertsystem $u_1 + \omega_{11} + \omega_{12}, u_2 + \omega_{21} + \omega_{22}, \ldots \ldots$ $u_p + \omega_{p1} + \omega_{p2}$, einerlei ob man den Weg A_1 oder den Weg A_2 zuerst durchläuft. Wenn also y eindeutig in $u_1, u_2, \ldots u_p$ sein soll, so muß er ebenfalls denselben Wert erlangen, einerlei ob man den Weg A_1 oder A_2 zuerst durchläuft, d.h. y kann nur dann eindeutig in $u_1, u_2 \ldots u_p$ sein, wenn alle linearen Substitutionen, welche y bei beliebigen Umläufen auf der Riemann'schen Fläche erleidet, commutativ sind.

Zur Vertauschbarkeit der $2p$ Substitutionen A, B liegt aber hier gar kein Grund vor. Denn die eine Fundamentalrelation
$$A_1 B_1 A_1^{-1} B_1^{-1} \ldots A_p B_p A_p^{-1} B_p^{-1} = 1$$
kann unmöglich die vielen von einander unabhängigen Relationen zur Folge haben, welche in der Vertauschbarkeit der $2p$ Substitutionen untereinander liegen würden.

Danach ist folgender die Sachlage, wenn wir uns daran erinnern wollen, was wir im Wintersemester über die Tendenz der Funktionentheorie, überall eindeutige Funktionen statt vieldeutiger einzuführen, gesagt haben:

Bei $p=1$ ist das Integral erster Gattung nicht nur für die algebraischen Funktionen, sondern auch für unsere Differentialgleichungen ohne Hauptpunkte die uniformisierende Variable. Bei $p>1$ dagegen sind die Integrale $u_1, u_2 \ldots u_p$ zwar für gewisse Zwecke als uniformisierende Variable brauchbar, aber nicht für unsere Funktionen y.

Wir müssen hier nach einer andern Verallgemeinerung der elliptischen u suchen, welche das Gewünschte leistet, und welche nur für $\mu = 1$ in das überall endliche Integral übergeht. <u>Diese richtige uniformisierende Variable wird durch die Theorie der automorphen Funktionen geliefert</u>.

5) Wir wollen nun, um unsern Stoff einzuteilen und unsere Gesichtspunkte für die weiteren Untersuchungen richtig zu fassen, uns zunächst eine <u>allgemeine Auffassung von der systematischen Stellung unserer η-Funktionen innerhalb der Funktionentheorie bilden</u>.

Wie ordnen wir η in die Funktionen ein, die wir auf algebraischen Gebilden bereits kennen? Wir können folgendermaßen sagen: Die einfachsten Funktionen auf einem algebraischen Gebilde sind diejenigen, welche sich bei Umläufen auf demselben reproduzieren, d. h. die algebraischen Funktionen. Die Monodromiegruppe derselben reduciert sich auf die Identität
$$\eta' = \eta.$$
Die nächsthöheren Funktionen sind diejenigen, welche sich bei Umläufen additiv ändern:
$$\eta' = \eta + \alpha$$
d. h. die Abel'schen Integrale.

Dann kommen die multiplicativen Func„
tionen
$$\eta' = \alpha\, \eta,$$
die von Prym gefundenen und von Appell neuerdings eingehender untersuchten „In„
tegrale multiplicativer Functionen":
$$\eta' = \alpha\, \eta + \beta,$$
und endlich folgen als naturgemäße Verallgemeinerung unsere η-Functionen als solche Functionen, welche bei Umläufen allgemeine lineare Substitutionen erleiden:
$$\eta' = \frac{\alpha\, \eta + \beta}{\gamma\, \eta + \delta}\,!$$
Wir können diese Aufzählung noch fort„
setzen, indem wir statt η die η_1, η_2 zu Grunde legen. Wir haben in η_1, η_2 zwei Functionen der Riemann'schen Fläche, die sich bei beliebigen Umläufen homogen linear substituieren:
$$\eta_1' = \alpha\, \eta_1 + \beta\, \eta_2\,;\quad \eta_2' = \gamma\, \eta_1 + \delta\, \eta_2.$$
Es liegt nahe, Systeme von $3, 4\ldots n$ Func„
tionen $\eta_1, \eta_2 \ldots \eta_n$ von der entsprechenden Eigenschaft in Betracht zu ziehen. Das gibt uns diejenigen Functionen unserer algebrai„
schen Gebilde, welche linearen Differentialgleichungen n^{ter} Ordnung genügen. Dann wieder können

– 126. –

wir Funktionspaare .... auf dem Gebiete in Betracht ziehen, welche sich linear und ganz, aber nicht homogen substituieren:
$$y_1' = \alpha y_1 + \beta y_2 + C_1, \quad y_2' = \gamma y_1 + \delta y_2 + C_2,$$
etc. etc. Wir bekommen so eine systematische Reihe bestimmter funktionentheoretischer Fragestellungen. Ich erinnere insbesondere an das, was in Bd. I meiner Riemann'schen Flächen auf pag. 155 über die Minimalflächentheorie gesagt ist. Innerhalb des so entstehenden allgemeinen funktionentheoretischen Programms nehmen unsere hier zu betrachtenden y-Funktionen bezw. unsere y_1, y_2, eine wohldefinirte Stelle ein.

Do. d. 24. Mai 1894.] Wir wenden uns nun der Riemann'schen Fragestellung zu, die uns fortan immer begleiten wird.

In der Theorie der Abel'schen Funktionen liegt bekanntlich die Sache so, dass man, nachdem man Periodicität und Unendlichkeitstellen als die wesentlichen Elemente eines Abel'schen Integrals erkannt hat, die Unendlichkeitstellen und gewisse Eigenschaften der Periodicität vorgiebt und zusieht, ob die Funktionen dadurch auf dem algebraischen Gebilde eindeutig bestimmt sind. Da ergiebt sich, daß die Integrale z.B. dadurch eindeutig festgelegt werden können, daß man die reellen Teile ihrer sämtlichen Perioden vorschreibt.

Ganz entsprechend werden wir es für die Differentialgleichungen, zunächst der 2. Ordnung, auf einem algebraischen Gebilde machen. Wir geben von den singulären Stellen die Hauptpunkte vor und fragen uns, was wir von der Monodromiegruppe noch verlangen können, und ob wir der Monodromiegruppe insbesondere solche Eigenschaften auferlegen können, daß die Differentialgleichung dadurch eindeutig bestimmt ist.

Wir haben bereits vor Weihnachten des Riemann'schen Fragmentes gedacht, wo eine solche Frage formuliert wird. Da gibt Riemann – ungleich von beliebigem p zu sprechen – die ganze Monodromiegruppe, d.h. ihre $n+2p$ Erzeugenden beliebig vor und fragt, ob es zugehörige Funktionen, d.h. zugehörige Differentialgleichungen auf dem algebraischen Gebilde gibt. Damit das allgemein möglich sei, müssen natürlich mindestens $n+3p-3$ bewegliche Nebenpunkte zugelassen sein. Bei beliebiger Zahl der zugelassenen Nebenpunkte handelt es sich dann natürlich nicht um eine einzige Differentialgleichung, sondern um ein ganzes System verwandter Differentialgleichungen.

Riemanns eigene Fragestellung läuft darauf hinaus, ob man bei gegebener Riemannscher Fläche und gegebenen Hauptpunkten die Monodromiegruppe beliebig vorgeben darf, um dadurch eine ganze Schar miteinander verwandter Differentialgleichungen festzulegen.

Wir sagten aber schon im vorigen Semester, daß wir mit dieser Fragestellung zur Zeit noch nicht vollständig durchdringen, weil wir die Eigenschaften der conformen Abbildung noch nicht genügend beherrschen. Wir werden daher die Frage etwas modifizieren, wie wir schon andeuteten, indem wir nicht die ganze Monodromiegruppe vorgeben, sondern ihr nur gewisse Eigenschaften auferlegen, dafür aber die Existenz von Nebenpunkten ausschließen, und indem wir zusehen, ob dadurch eine einzelne Differentialgleichung eindeutig sich charakterisieren läßt. In der Tat gibt es einige Entwicklungen, die in dieser Hinsicht erfolgreich gewesen sind. Diese darzulegen wird fortan unsere eigentliche Aufgabe sein.

Wir stellen uns in diesem Semester die Aufgabe, eine Reihe von einzelnen Entwicklungen kennen zu lernen, vermöge deren auf einer Riemann'schen Fläche mit gegebenen Hauptpunkten eine Differentialgleichung durch Eigenschaften ihrer Monodromiegruppe vollständig festgelegt ist. Dabei wird die Methode der conformen Abbildung ein wesentliches Hülfsmittel sein. Ich erinnere daran, dass wir im vorigen Semester bei Untersuchung der hypergeometrischen Funktion alles durch unsere geometrische Methode erreicht haben. Die Betrachtung der verschiedenen Kreisbogendreiecke gab uns eine Uebersicht über den Zusammenhang der verschiedenen verwandten Funktionen untereinander und die Untersuchung der Gestalt der einzelnen Kreisbogendreiecke lieferte uns ein Bild vom Gesamtverlauf der η-Funktion. Des Weiteren beherrschten wir geometrisch die analytische Fortsetzung der Funktion. Ich weise eigentlich auf diese geometrischen Dinge darum mit besonderem Nachdruck zurück, weil z. B. manche andere Mathematiker behaupten, die

Geometrie sei in der Functionentheorie überflüssig, und man müsse alles rein analytisch machen. Man versuche es doch, nur eine einzige der genannten Entwicklungen ohne Geometrie durchzuführen! Statt uns auf einen voreingenommenen Standpunkt für oder gegen eine Methode zu stellen, wollen wir lieber mit einer Methode etwas machen. Wenn die Andern es hinterher auch ohne Geometrie können, so werden sie immer noch die zweiten sein.

Wir denken uns die Riemann'sche Fläche wie neulich durch $2p$ Periodenwege und n nach den singulären Punkten hinlaufende Einschnitte in ein einfach zusammenhängendes Flächenstück ohne singuläre Punkte im Innern zerschnitten. Ein Zweig y bildet die so zerschnittene Riemann'sche Fläche auf ein einfach zusammenhängendes Flächenstück ab, dessen $2n + 4p$ Ränder einander paarweise durch im Ganzen $n + 2p$ lineare Substitutionen zugeordnet sind. Und zwar sind die beiden Ufer einer nach einem singulären Punkte gehenden Einschnitte $A, B, \ldots N$ je durch die entsprechende Substitution $A, B, \ldots N$ verbunden, die Ufer einer Periodenweges A_k, jedoch durch die Substitution B_k und umgekehrt. In reinem Innern wird der Bereich dann und nur dann Windungspunkte enthalten, wenn die Differentialgleichung auch Nebenpunkte besitzt; im Übrigen kann er, auch ohne Windungspunkte im Innern, doch in mannigfachster Weise über sich selbst hinweggreifen, wofür wir im Winter schon beim Dreieckfall viele Beispiele kennengelernt haben.

Dann sind wir im Winter dazu übergegangen, die η-Kugel als Fundamentalfläche einer Nicht-Euklidischen Maßbestimmung anzusehen, wobei sich eine lineare Substitution allgemein als eine Schraubenbewegung um eine Axe darstellt, welche die beiden Fixpunkte der Substitution auf der Kugel verbindet. In unserm Fall haben wir $n + 2p$ Erzeugende.

Die zugehörigen $n + 2p$ Schraubenaxen bilden zusammen den „Kern" der Figur, und in diesen Kern ist unser Periodizitätsbereich „eingehängt."

Verwandte Periodizitätsbereiche sind jeweils in denselben Kern mit derselben Kantenaufeinanderfolge eingehängt.

Mit dieser allgemeinen Ausdrucksweise ist noch nicht viel gewonnen, und wir werden wohl bis auf weiteres darauf verzichten müssen, viel über diese allgemeineren Bereiche zu sagen, da wir schon für $p=0, n=3$ mit dem allgemeinsten Falle nicht zustande gekommen sind. Wir haben uns, da der allgemeine Fall schwer war, im vorigen Winter auf die symmetrischen Fälle beschränkt. Dann hatten wir es nur mit der conformen Abbildung einer Halbebene auf ein Kreisbogendreieck zu tun, welches durch seine Winkel im Wesentlichen völlig bestimmt war.

Wie wird sich in unserem allgemeineren Falle p, n das Problem vereinfachen, wenn wir uns ebenfalls auf den symmetrischen Fall beschränken, d. h. wenn wir uns nur mit Differentialgleichungen mit reellen Coefficienten beschäftigen? Sei zuerst $p=0, n$ beliebig. Die Verzweigungspunkte der Differentialgleichung müssen dann teils reell, teils paarweise conjugiert complex sein; die zu den reellen Verzweigungspunkten gehörigen Exponentendifferenzen müssen reell oder rein imaginär sein; die zu den

— 133. —

conjugiert-complexen Verzweigungspunkten
gehörigen Exponentendifferenzen müssen con=
jugiert complexe Werte haben, und endlich
die accessrischen Parameter müssen sämt=
lich reell sein. Wie bildet nun ein solches y
die positive Halbebene x ab?

Zunächst sehen wir genau wie bei der
hypergeometrischen Funktion: Jedes Stück
der reellen Axe bildet sich als ein Kreisbogen ab.
Wenn wir nun aber
wie bei n = 3 längs der
reellen Axe zerschnei=
den und dann das Bild
der einen Halbebene
untersuchen, so bekommen

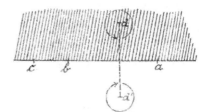

wir doch nur, wenn alle Verzweigungspunkte reell
sind, ein gewöhnliches Kreisbogenpolygon. Wenn
jedoch auch Paare complexer Verzweigungs=
punkte existieren, müssen wir behufs Isolierung
eines Zweiges von y auch diese noch in das
Schnittsystem hereinziehen, indem wir etwa
jedes Paar conjugierter Verzweigungspunkte
je durch einen die reelle Axe kreuzenden
Verzweigungsschnitt verbinden. Die Ufer die=
ses Schnittes sind dann durch eine lineare

— 134. —

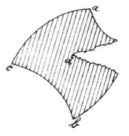

Substitution miteinander verbunden, schließen sich also bei der Abbildung in der η-Ebene keineswegs aneinander.

Wir bekommen so als Bild der Halbebene einen Bereich, der nur zum Teil von Kreisbogen begrenzt ist, zum Teil aber von Paaren anderer Randstücke, die durch lineare Substitutionen zusammengehören. Wir bekommen nur dann ein eigentliches Kreisbogenpolygon von n Seiten, wenn alle singulären Punkte reell sind und natürlich die Differentialgleichung selbst mit reellen Coefficienten vorausgesetzt ist.

Wenn hiernach die Behandlung der complexen Verzweigungspunkte zu schwer sein dürfte, werden wir uns in der Hauptsache auf reelle Verzweigungspunkte beschränken, aber auch dann noch stellt sich die Notwendigkeit heraus, daß sich Jemand vorab in derselben Weise mit den allgemeinen Kreisbogenpolygonen beschäftigt, wie wir es im vorigen Semester mit den Kreisbogendreiecken getan haben. In dieser Richtung liegen nur erst zwei Beiträge vor, indem Herr Prof. Schönflies einmal in Bd. 42 der Math. Ann. die geradlinigen Polygone untersucht hat, und neuerdings in Bd. 44 die Kreisbogenvierecke. Aber auch hierbei ist noch nicht alles so fertig wie bei den Dreiecken. Bei $p > 0$ werden wir zuerst fragen müssen, was überhaupt ein reelles algebraisches Gebilde ist; wie die Riemann'sche Fläche einer solchen sich von anderen Riemann'schen Flächen unterscheidet? Wir kommen hiermit auf eine Theorie, die ich im Sommer 1892 ausführlich entwickelt (Riemann'sche Flächen II) und in Math. Ann. 42 veröffentlicht habe (Über Realitätsverhältnisse bei der Normalcurve der φ). Die Grundauffassung ist die, dass zu einer reellen algebraischen Gleichung eine symmetrische Riemann'sche Fläche gehört.

Eine symmetrische Riemann'sche Fläche ist eine solche, welche durch eine conforme Abbildung zweiter Art, bei der die Winkel umgelegt werden, in sich selbst übergeht.

Wenn man das algebraische Gebilde statt durch eine Riemann'sche Fläche durch eine algebraische Curve darstellt, so findet man:

Die reellen Züge der Curve sind die Symmetrielinien der Fläche.

Wir fragen nun, welche Flächen in Bezug auf die Symmetrie zu unterscheiden sind, wieviel Symmetrielinien resp. reelle Curvenzüge es gibt u. s. w.

Wir schliessen dabei jetzt ausdrücklich die Fälle aus, wo eine Riemann'sche Fläche sich selbst auf mehrere Weisen symmetrisch ist, wo also ein algebraisches Gebilde auf mehrere reelle Weisen in Erscheinung treten kann. Da bietet sich uns die Eintheilung der symmetrischen Flächen in <u>orthosymmetrische</u> und <u>diasymmetrische</u>. Unter orthosymmetrischen Flächen versteht man nämlich solche Flächen, die längs ihrer Symmetrielinien zerschnitten in zwei Stücke zerfallen, unter diasymmetrischen solche, welche dann immer noch zusammenhängend bleiben. Bei jeder Art sind noch eine Reihe von Unterarten zu unterscheiden je nach der Anzahl der Symmetrielinien, worüber ich morgen noch einiges wenige sagen will.

Fr. d. 25. Mai 1894] Die orthosymmetrischen Flächen können $p+1, p-1, p-3 \ldots$, allgemein $p+1-2\pi$ Symmetrielinien besitzen bis zu 2 (bei ungeradem p) oder 1 (bei geradem p) herunter, die diasymmetrischen Flächen können p, p-1, p-2 ... 2, 1, 0 Symmetrielinien besitzen.

Ersichtlich tritt nur bei den orthosymmetrischen Flächen die Vereinfachung ein, daß wir nur die Hälfte des algebraischen Gebildes, wie im Falle p = 0 die Halbebene, auf die y-Ebene abzubilden brauchen, um von da nach dem Prinzip der Symmetrie weiter zu gehen.

Aber die Abbildung der Hälfte des algebraischen Gebildes auf ein einfach zusammenhängendes y-Polygon ist doch noch nicht ohne weiteres möglich, weil für p > 0 auch die einzelne Hälfte der Riemann'schen Fläche nicht höheren Zusammenhang besitzt und man also, um ein einfach zusammenhängendes Flächenstück zu bekommen, in welchem y eindeutig ist, noch weitere Querschnitte einführen muß. (wobei ich von dem Auftreten conjugiert imaginärer Verzweigungspunkte noch absehen will.) Man denke sich z. B. einen Kreisring, dessen Vorder- und Hinterseite zueinander symmetrisch sind, längs der beiden Symmetrielinien, nämlich der innern

– 138. –

und der äußern Breitenkreises aufgeschnitten. Dann bildet die eine, etwa die vordere, Hälfte immer noch ein zweifach zusammenhängendes Flächenstück, in welchem noch ein geschlossener nicht auf einen Punkt zusammenziehbarer Umlauf möglich ist, in welchem also y noch im Allgemeinen mehrdeutig ist. Man muß noch längs einer Meridiancurve aufschneiden, um ein eindeutiges y zu erhalten; es fügen sich dann aber in der y-Ebene die Ränder die der Schnitte nicht an einander, sondern sie sind durch eine lineare Substitution mit einander verbunden. Also:

Die Hälfte einer orthosymmetrischen Fläche $p=0$ ist immer noch eine mehrfach zusammenhängende Fläche, und es bedarf weiterer Querschnitte, um sie in eine einfach-zusammenhängende Fläche zu verwandeln und um von einer einzelnen zugehörigen y-Function einen einzelnen Zweig abzuspalten. Infolgedessen wird man in der y-Ebene im Allgemeinen einen Bereich bekommen, welcher neben einer Anzahl kreisförmiger

Kanten, welche den Symmetrielinien entsprechen, noch eine Anzahl Hülfskanten aufweist,
die paarweise durch lineare Transformation
aufeinander bezogen sind.

Direct Kreisbogenpolygone entstehen also,
von speciellen Fällen abgesehen (wo die zu den
Hülfskanten gehörigen Substitutionen sich
auf die Identität reducieren), bei der Abbildung nur dann, wenn es sich um eine
reelle Differentialgleichung auf einem Gebilde
$p = 0$ handelt und alle singulären Punkte
reell sind.

Dazu, war ich speciell über reelle Differentialgleichungen den gestrigen allgemeinen
Bemerkungen über Periodicitätsbereiche hinzufügen wollte. Damit schließe ich meine allgemeinen Vorbemerkungen, um mich nun zur Besprechung specieller Fragen zu wenden. Diese speciellen Fragen, mit denen wir uns beschäftigen
wollen, werden alle folgenden Typus haben
(den wir schon gestern bezeichneten):

Gegeben ist eine Riemann'sche Fläche, gegeben sind auf ihr die singulären Punkte; nun
versucht man der zugehörigen Monodromiegruppe oder aber der zugehörigen conformen

<u>Abbildung solche Bedingungen aufzuerlegen,
dass dadurch die Differentialgleichung gerade
eindeutig bestimmt wird.</u>

Bevor ich mit diesen speciellen Problemen
beginne, gestatten Sie mir einige allgemeinen
Gedanken über die Methoden der Mathematik vorauszuschicken.

1. Die Geometrie der Alten wie ihre Mathematik
überhaupt ist wesentlich synthetisch, dieses
Wort im alten eigentlichen Sinne verstanden.
Ich meine damit, dass aus einzelnen Überlegungen allmählich ein Satz, aus einzelnen Sätzen ein Lehrgebäude mühsam zusammengesetzt wird, dass ein allgemeiner Satz so gewonnen
wird, dass man der Reihe nach alle Specialfälle erledigt. [War man in der modernen
Mathematik unter „synthetischer Geometrie"
versteht, hat mit der alten Bedeutung des Wortes „synthetisch" nichts zu tun; die moderne
Bezeichnung „synthetische Geometrie"
will nur einen Gegensatz zur „analytischen
Geometrie" ausdrücken und meint, dass die
synthetische Geometrie sich ihres eignen Algorithmus bedient, der von der Betrachtung
projectiver Punktreihen ausgeht, während

die „analytische Geometrie" den Algorithmus der Analysis der Algebra heranzieht. Im engeren Sinne „synthetisch" ist das eine so wenig wie das andere.]

2. Dem gegenüber ist der modernen Mathematik ein Charakterzug eigentümlich, den Sie alle kennen, und den ich als „algorithmisch" bezeichnen möchte, da das Wort analytisch der Mißdeutung zu sehr ausgesetzt ist. Damit meine ich folgendes: Wenn z. B. die Kegelschnitte untersucht werden sollen, so behandeln die Alten zuerst nacheinander die Eigenschaften des Kreises, der Parabel, der Ellipse, der Hyperbel, untersuchen z. B., unter welchen Umständen eine Gerade zwei, einen oder keinen Punkt mit der Curve gemeinhat. Die algorithmische Methode dagegen, durch die moderne analytische Geometrie repräsentiert, setzt von vornherein die allgemeinste Gleichung zweiten Grades an und sagt, daß dieselbe mit einer linearen Gleichung immer zwei Wurzeln gemein habe, daß also eine gerade Linie einen Kegelschnitt immer in zwei Punkten treffe. Trifft sie ihn tatsächlich nur in einem Punkte, so sagt man eben, das sind doch

— 142. —

zwei Punkte, sie fallen nur zusammen, und trifft sie ihn in Wahrheit gar nicht, so sagt man wieder, sie trifft ihn doch in zwei Punkten, die nur imaginär sind. Man erreicht also durch gewisse Verabredungen, durch geeignete verallgemeinernde Modifikation der Grundbegriffe, daß man allgemeine Sätze aussagen kann, und daß man nur allgemeine Schlußreihen aneinanderzusetzen braucht, um allgemeine Resultate zu bekommen. Diese Herrschaft der allgemeinen Schlußmethode, des Algorithmus, ist es, was ich als „algorithmisches Verfahren" bezeichne.

3. Nun ist es das Merkwürdige, daß die neueste Mathematik vielfach wieder synthetisch wird, wie die der Alten. In die Funktionstheorie z. B. hat man ja ursprünglich die complexen Größen $x + iy$ eingeführt, weil sich zeigte, daß man dadurch allgemeingültige Sätze erhält, z. B. daß eine Gleichung $f(z) = 0$ vom n ten Grade immer n Wurzeln besitzt. Es schien recht eigentlich der Zweck der Funktionentheorie von $x + iy$, allgemeingültige Sätze zu gewinnen, und noch vor 30 Jahren glaub-

te man, man habe in der Tat ein für alle denkbaren Funktionen allgemeine Sätze liefernder Verfahren. Da kam die böse Entdeckung der natürlichen Grenzen, welche den Funktionentheoretiker wieder zu ausführlichen Fallunterscheidungen, d. h. zur synthetischen Methode zwingt; dies ist natürlich nur ein einzelnes Beispiel.

4. Man kann sich wohl die Auffassung bilden, daß nach der jetzt wieder beginnenden synthetischen, einzelnes Material zusammentragenden Periode wiederum eine jüngere Generation kommen mag, welche den richtigen Standpunkt der Allgemeinheit finden wird, um das, was wir synthetisch bruchstückweise schaffen, auf algorithmischem Wege unter höherem Gesichtspunkt aus einem Guße fertig hinzustellen.

Jetzt aber geht in der gesamten Mathematik überall das Wiedereinsetzen der synthetischen Methode neben der algorithmischen her, und man kann die Probleme, die sich in den einzelnen Disziplinen bieten, sehr wohl danach unterscheiden, ob sie unter die eine oder die andere Behandlungsweise fallen. Ich glaube,

man kann den Wert der beiden Methoden
so gegeneinander abwägen: Mit der algorithmischen Methode bekommt man, wo sie überhaupt anwendbar ist, sicher etwas heraus,
und zwar allgemeine vielumfassende Sätze; es
ist das aber dann weniger das Verdienst des
einzelnen Mathematikers, sondern er arbeitet
mit dem Kapital seiner Vorgänger, mit
dem Vorrate von Ideen, den frühere Mathematiker durch Schaffung der Algorithmus angehäuft haben. Anders bei der synthetischen Methode, da kommt alles darauf an, den richtigen neuen Gedanken
zu haben, da kann man nicht wissen, ob man
etwas findet, da muß man seinen Weg
selbst schaffen. Was man erreicht, ist vielleicht wenig, dafür aber in höherem Maße
das Eigentum des Forschers. Der Algorithmus führt weiter in objectiver Hinsicht,
aber nicht subjectiv; man ist weniger
gezwungen selbständig zu denken. Der
Algorithmus gleicht dem Reisen mit der
Eisenbahn, welches rasch und weit vorwärts führt, doch nur durch cultivierte
Gegenden, die synthetische Methode ist die

der Ansiedler, der mit der Axt mühsam im Urwald vordringt und neue Gebiete der Cultur erobert. Jedenfalls muß die letztere Arbeit der ersteren vorangehen.

Für eine Arbeit, die in gegebener Zeit fertig sein und gewiß zu einem abgeschloßenen Resultate kommen soll, ist ein Problem, welches algorithmische Behandlung zuläßt, unstreitig zweckmäßiger, während ein Problem der andern Art nur langsam vorwärts zu bringen ist und dann gewöhnlich noch zu keinem völligen Abschluß führt, wie Sie an den letzten hiesigen Dissertationen von Schilling, van Vleck, Woods sehen, die sämtlich der zweiten Art angehören.

In dieser Vorlesung werden wir Probleme beiderlei Art behandeln, nämlich

a. <u>Fragen algorithmischer Art</u>, indem wir uns an die Ideenbildungen von Picard und Vessiot anschließen, und insbesondere die Frage nach der <u>algebraischen Integrirbarkeit</u> und die Theorie der Lamé'schen Polynome heranziehen werden.

b. <u>Fragen synthetischer Art</u>, wo uns

die allgemeinen Methoden im Stich las‚
sen, zuerst das Oscillationstheorem und
dann die Fundamentaltheoreme der auto‚
morphen Funktionen, wo es sich darum
handelt, wann die η-Funktion eindeutig
umkehrbar ist.

Die Untersuchungen unter α) sind
leicht zu verallgemeinern, z. B. für Diffe‚
rentialgleichungen 3. Ordnung, wäh‚
rend bei denen der zweiten Gruppe noch
gar keine Möglichkeit, einer solchen
Verallgemeinerung auch nur von ferne
zu sehen ist. Trotzdem wird man ihnen
eine ganz besondere Bedeutung nicht
absprechen wollen.

— 147. —

II. Frage, betreffend die Rationalitäts-Gruppe.

[Mo. d. 28. Mai 1894.] Indem jetzt zu beginnen, den Teile der Vorlesung, der diejenigen Fragen behandeln soll, die eine mehr algorithmische Betrachtungsweise gestatten, werde ich mich im Wesentlichen an die Entwicklungen von <u>Picard</u> und <u>Vessiot</u> anschliessen, deren Grundideen ich bereits im vorigen Semester (Autographie S. 510-513) und früher in der Vorlesung über Höhere Geometrie II (Aut. S. 266-290) auseinandergesetzt habe.

Man bildet sich zunächst die Idee der „algebraischen Gruppe", indem man hierunter eine solche Gruppe versteht, deren Substitutionen sich durch eine endliche Anzahl verschiedener Formeln ausdrücken lassen, in denen etwaige Parameter nur algebraisch vorkommen. Diese Begriffsbestimmung ist darum wichtig, weil nur zu algebraischen Gruppen algebraische Invarianten gehören, zu transcendenten Gruppen transcendente Invarianten (letzterer, wenn sie nicht zugleich zu einer umfassenderen Gruppe gehören sollen). Solcher algebraischer Gruppen giebt es für die linearen Substitutionen einer

Variablen η folgende 12, bei denen zugleich die zugehörige einfachste rationale Differentialinvariante angegeben ist:

1.) $\eta_1 = \eta$ Identität   Invariante η'

2.) $\eta_1 = \varepsilon^\rho \eta$ Kreisteilungstypus   " η^n

3.) $\eta_1 = \varepsilon^\rho \eta, \frac{\varepsilon^\rho}{\eta}$ Diedertypus   " $\eta^2 + \frac{1}{\eta^2}$

4.)   Tetraedergruppe

5.)   Oktaedergruppe

6.)   Ikosaedergruppe   " $\frac{H^3(\eta)}{1728 f^5(\eta)}$

7.) $\eta_1 = \alpha\eta$ Erweiterter Kreisteilungstypus   " $\frac{\eta'}{\eta}$

8.) $\eta_1 = \alpha\eta, \frac{\alpha}{\eta}$ " Diedertypus   " $\left(\frac{\eta'}{\eta}\right)^2$

9.) $\eta_1 = \eta + \beta$ " η'

10.) $\eta_1 = \varepsilon^\rho \eta + \beta$ " $(\eta')^n$

11.) $\eta_1 = \alpha\eta + \beta$ " $\frac{\eta''}{\eta'}$

12.) $\eta_1 = \frac{\alpha\eta + \beta}{\gamma\eta + \delta}$ " $\frac{\eta'''}{\eta'} - \frac{3}{2}\left(\frac{\eta''}{\eta'}\right)^2$

Diese Reihenfolge der 12 möglichen algebraischen Gruppen wird ein rationelles Einteilungsprincip für die Differentialgleichungen für die η-Funktion abgeben.

Zuvörderst jedoch muss ich auf die Gruppen der Tabelle selbst noch etwas eingehen, indem ich einige allgemeine Bemerkungen über dieselben gebe:

1. Jede Gruppe ist auf ein besonders gewähltes Coordinatensystem bezogen.

Z.B. in 7.), welche sich im Allgemeinen dahin charakterisieren lässt, dass es zwei Punkte gibt, die bei allen Substitutionen der Gruppe festbleiben, ist der eine derselben zum 0 Punkt, der andere zum unendlich fernen Punkt der Variablen y gewählt, in 9/ 10/ 11/, wo immer ein Punkt bei allen Substitutionen festbleibt, ist dieser zum Punkt $y = \infty$ gemacht worden.

2. Ich will folgende Sprechweise gebrauchen:
<u>Eine Gruppe ist kleiner als eine andere, wenn sie nur einen Teil der Operationen der letzteren umfasst.</u>
<u>z.B. ist 1/ kleiner als alle folgenden Gruppen, 4/ ist kleiner als 5/ u. s. w.</u>

3. <u>Es würde nicht schwer sein, für zwei und auch für 3 homogene Veränderliche die entsprechende Liste sofort hinzuschreiben, wobei natürlich längere Tabellen entstehen müssen.</u>

Dies würde in Betracht kommen, wenn man die linearen homogenen Differentialgleichungen 2ter und 3ter Ordnung genau ebenso untersuchen wollte, wie jetzt die unhomogene Differentialgleichung 3. Ordnung für η.

Was hat nun die Aufzählung der algebraischen Gruppen überhaupt mit unserer Differentialgleichung

$$[\eta] = K(x) \quad bezw. = K(\sigma, x)$$

— 150. —

zu tun?

Unter der "Rationalitätsgruppe" der vorgelegten Differentialgleichung versteht man diejenige unter den 12 algebraischen Gruppen, welche eine doppelte Eigenschaft hat:

1. jede rationale Funktion $P(y, y', y'' \ldots \sigma, x)$ der geeignet herausgewählten Partikularlösung y und ihrer Differentialquotienten, welche bei den Substitutionen der Rationalitätsgruppe numerisch ungeändert bleibt, ist eine rationale Funktion von σ und x;

2. jede rationale Funktion von $y, y', y'', \ldots$, welche eine rationale Funktion von σ und x ist, bleibt bei den Operationen der Rationalitätsgruppe numerisch ungeändert.

In welchem Verhältnisse steht die Rationalitätsgruppe zur Monodromiegruppe der vorgelegten Gleichung? Letztere Gruppe ist immer eine discontinuirliche Gruppe.

Wir halten hier der Einfachheit halber an der Idee fest, dass die Differentialgleichung nur reguläre singuläre Punkte besitzt, dass y also (auf der Riemann'schen Fläche p. x) keine wesentlich singulären Stellen besitzt. Unter dieser Voraussetzung gilt folgender

sonst nicht so einfach auszusprechende Satz:
Die Rationalitätsgruppe einer vorgelegten Gleichung ist unter den 12 möglichen algebraischen Gruppen die kleinste Gruppe, in der die Monodromiegruppe als Untergruppe enthalten ist.

Dies ist noch etwas zu erläutern. Nehmen wir an, eine $P(\eta, \eta', \ldots)$ bleibe bei der so definierten algebraischen Gruppe numerisch ungeändert. Dann muss sie auch bei der Monodromiegruppe als einer Untergruppe jener ersten algebraischen Gruppe ungeändert bleiben, d. h. sie muss bei geschlossenen Umläufen von s und x auf der Riemann'schen Fläche ungeändert bleiben, also eine eindeutige Funktion auf der Riemann'schen Fläche sein. Da nun aber für η, folglich auch für $P(\eta, \eta', \eta'', \ldots)$ jede wesentlich singuläre Stelle ausgeschlossen ist, so kann diese eindeutige Funktion nur eine algebraische Funktion der Fläche sein, d. h. eine rationale Funktion von s und x.

Unsere eindeutige Funktion ist rational in x und s, weil sie nach Voraussetzung nur außerwesentlich singuläre Punkte hat.

Wir schließen daraus, dass die betreffende algebraische Gruppe entweder selbst die Rationalitätsgruppe ist oder letztere als Untergruppe enthält.

Wenn zunächst noch zweifelhaft ist, ob unsere Gruppe die Rationalitätsgruppe selbst ist oder die Rationalitätsgruppe in sich enthält, so wird dieser Zweifel dadurch beseitigt, daß wir sagten, unsere Gruppe solle die kleinste sein, welche die Monodromiegruppe in sich enthält.

Wir fahren fort:
Durch diese Betrachtung selbst wird die Frage erledigt, ob es denn nur eine kleinste algebraische Gruppe gibt, in der unsere Monodromiegruppe enthalten ist.

In der Tat kann es nur eine solche „kleinste" algebraische Gruppe geben, weil doch nur eine Rationalitätsgruppe existiert. —

Dies war das Verhältnis der Rationalitätsgruppe zur Monodromiegruppe; wir wollen dies aber auch noch geometrisch wenden, indem wir das Verhältnis der Rationalitätsgruppe zum Periodizitätsbereich untersuchen. Da ist zu sagen:
Die Rationalitätsgruppe einer gegebenen Gleichung ist diejenige kleinste algebraische Gruppe, der sämtliche Schraubenbewegungen angehören, durch welche die Kanten des Periodizitätsbereichs paarweise zusammengeordnet sind.

Was heißt das in concreto? Ich werde mich immer vorzüglich auf 3 Beispiele als die wichtigsten oder typischsten beziehen, nämlich auf die Gruppen 1), 6), 11); Wir fragen also insbesondere, was es geometrisch für den Periodicitätsbereich bedeutet, wenn die Rationalitätsgruppe die Gruppe 1), 6) oder 11) ist. Wenn 1) die Rationalitätsgruppe ist, so kommen gar keine von der Identität verschiedenen Substitutionen, also als Schraubenbewegungen nur volle Umdrehungen vor. Der Periodicitätsbereich ist also eine geschlossene Riemann'sche Fläche, da seine Kanten räumlich paarweise aneinanderpassen. In der Tat, da y eine rationale Funktion von x und s ist, so wird die Riemann'sche Fläche x, s eindeutig auf eine geschlossene Riemann'sche Fläche über der y-Kugel abgebildet.

Wenn die Gruppe 6), die Ikosaedergruppe, die Rationalitätsgruppe ist, so liegen folgende geometrischen Verhältnisse vor:

Damit die Rationalitätsgruppe einer y-Differentialgleichung die Ikosaedergruppe sei, ist notwendig, daß alle Schraubenaxen der Kerne, welche nicht identische Substitutionen

— 154. —

liefern, in die 6 fünfzähligen, 10 dreizähligen, 15 zweizähligen Axen des Ikosaeders hinein, fallen, und dass die zugehörigen Schraubenbewegungen Drehungen um $\frac{\rho}{5}, \frac{\sigma}{3}, \frac{\tau}{2}$ des Kreisumfanges sind (ρ, σ, τ ganze Zahlen.)

Ausserdem ist natürlich notwendig, dass unsere Schraubenbewegungen nicht schon einer Untergruppe der Ikosaeder, d. h. einer Tetraedergruppe, oder einer geeigneten Diedergruppe oder Kreisteilungsgruppe angehören.

Die Gruppe 11) als Spezialfall 10) oder 9) liegt vor, wenn alle Schraubenbewegungen der Kerns einen Kugelpunkt ungeändert lassen, den wir dann als ∞-Punkt wählen, d. h. wenn alle Schraubenaxen der Kerns, zu denen nicht identische Schraubenbewegungen gehören, durch einen festen Punkt der Kugel hindurchlaufen.

Di. den 29. Mai 1894.] Indem wir uns auf den Fall einer reellen Differentialgleichung $p = 0$ mit reellen Verzweigungspunkten beschränken, wo wir als Abbild der Halbebene ein Kreisbogenpolygon haben, werden wir sagen:

Im Falle 1) darf dieses Kreisbogenpolygon nur von einer einzigen Kreislinie begrenzt sein.

Im Falle 6) muß das Kreisbogenpolygon von den Symmetriekreisen des Ikosaeders begrenzt sein, (deren es 15 gibt).

Im Falle 11) wird sich das Kreisbogenpolygon als geradliniger Polygon zeichnen lassen. Denn die begrenzenden Kreislinien müssen alle durch den festbleibenden Punkt der Kugel hin= durchlaufen und ergeben also, wenn man von diesen aus stereographisch auf die Ebene pro= jiziert, gerade Linien.

Nach diesen allgemeinen Erörterungen gehen wir an die spezielle Durchführung der Theorie. Dabei gliedere ich die Betrachtung immer so, daß ich bei jedem unserer 12 Typen folgende drei Fragestellungen unterscheide:

1. Aufstellung der η-Differentialgleichung in independenter Form;
2. Einordnung einer **vorgelegten** Differenti= algleichung;
3. Festlegung etwaiger Parameter in der Differentialgleichung, so daß eine Differen= tialgleichung von gegebenem Typus resultiert.

Was diese drei Fragestellungen betrifft, so will ich dazu historisch vorerst folgendes be= merken: Es rubrizieren hier drei Probleme, welche

die Mathematiker besonders beschäftigt haben.
a. Wann ist eine y-Differentialgleichung <u>algebraisch integrirbar</u>? Die Antwort hierauf lautet, daß dies gerade in den Fällen 1)–6) und nur in diesen der Fall ist.
<u>Die Frage nach der algebraischen Integrirbarkeit ist also von selbst mit erledigt, wenn wir unsere Hauptfragen von 1) bis 6) erledigen.</u>
b. Andere Mathematiker fragen nur, <u>wann die Differentialgleichung reducibel ist</u>, indem sie hierunter den Fall verstehen, wo die lineare Differentialgleichung 2. Ordnung für y auf eine solche niedrigerer Ordnung zurückgeführt werden kann.
Bei genauerer Untersuchung zeigt sich, daß das gerade die Fälle 1) 7) 9) 11) unserer Tabelle sind. Wir sagen also:
<u>Die Frage, ob die Differentialgleichung für y reducibel ist oder nicht, kommt darauf hinaus, daß wir die Fälle 1) 7) 9) 11) unseres Schema's charakterisieren.</u>
c. Theorie der <u>Lamé'schen Polynome</u>. Ich behaupte, daß diese Theorie ein Beispiel für die Fragestellung 3) beim Typus 11) ist. Ich muß dies etwas ausführlicher erläutern.

Was ist überhaupt ein Lamé'sches-Polynom?
Es seien $a, b, c, \ldots n$ die singulären Punkte,
$\alpha, \beta, \gamma, \ldots \nu$ die Exponentendifferenzen der
Differentialgleichung mit beliebigen Vorzeichen
genommen. Dann können wir ja η in zwei
homogene Formen spalten:
$$\eta = \frac{\pi_1}{\pi_2},$$
welche an den singulären Stellen die Exponenten
0 und α, 0 und $\beta \ldots$ haben und vom Grade
$$\frac{\alpha + \beta + \gamma + \ldots + \nu + 2 - n}{2} \text{ sind.}$$
Da kann nun der besondere Fall sein, daß
eine der Particularlösungen, sagen wir π_2, selbst
eine <u>rationale ganze Form</u> ist:
$$\pi_2 = \varphi_k(x_1, x_2).$$
Dieses $\varphi_k(x_1, x_2)$ nennt man — natürlich in viel
allgemeinerem Sinne, als sie bei Lamé selbst
vorkommen — ein <u>Lamé'sches Polynom</u>.

Wann tritt nun der geschilderte Fall ein?
Das Normal-π_2 zweiter Art ist durch die Formel
definiert:
$$\pi_2 = \sqrt{\frac{(x \, dx)}{d\eta}} (x \cdot a)^{\frac{\alpha-1}{2}} (x \cdot b)^{\frac{\beta-1}{2}} \ldots (x \cdot n)^{\frac{\nu-1}{2}}$$
Daraus gewinnt man umgekehrt für η den
Ausdruck:
$$\eta = \int (x \, dx) \cdot \frac{(x \cdot a)^{\alpha-1} (x \cdot b)^{\beta-1} \ldots (x \cdot n)^{\nu-1}}{\varphi_k(x_1, x_2)^2}$$

Wir haben also für η einen Ausdruck in Form einer unbestimmten Integrals über einer multiplikativen Funktion gewonnen. Ein solches Integral kann aber bei geschlossenen Umläufen der Variablen nur Substitutionen von der Form

$$\eta_1 = \alpha \eta + \beta$$

erleiden, und wir haben daher den Satz: Wenn die Differentialgleichung 2. Ordnung ein Lamé'sches Polynom als Lösung zulassen soll, so muß η die Gestalt einer unbestimmten Integrals haben, und wir haben also einen Fall des Typus 11) oder insbesondere Fälle zu N? 10) oder N? 9) vor uns.

Umgekehrt, wenn ein Fall 11) oder 10) oder 9) vorliegt, so wird η ein unbestimmter Integral sein, und wir werden aus dem Nenner von η ein Lamé'sches Polynom entnehmen.

Damit wissen wir in abstracto, was Lamé'sche Polynome sind. In der Theorie derselben stellt sich aber die Sache so, daß man zunächst eine Differentialgleichung 2. Ordnung mit einer gewissen Anzahl noch willkürlicher Parameter hat, und daß man nun fragt, ob und wie man diese Parameter so festlegen kann, daß ein Lamé'sches Polynom als Lösung auftritt.

Die Theorie der Lamé'schen Polynome wird so gewendet, daß man verlangt, in einer vorgelegten Differentialgleichung die noch unbestimmten accessorischen Parameter so zu bestimmen, daß der Fall des Lamé'schen Polynoms vorliegt.

Also in der Tat die Theorie der Lamé'schen Polynome, ein Beispiel zu der Fragestellung 3).

Wir sehen aus diesen Bemerkungen, wie sich verschiedene Fragen, mit denen sich die Mathematiker in den letzten Jahrzehnten beschäftigt haben, in unser allgemeines Schema einordnen lassen.

Fälle algebraischer Integrirbarkeit.

Nun gehen wir zur Behandlung der einzelnen Typen über. Von den algebraischen Fällen 1) bis 6) will ich nur den Fall 1) und den Fall 6) als typische Beispiele untersuchen; dabei schließe ich mich an meine Darstellung in Math. Ann. 11 und 12. 1876–77 an.

Mit der Frage der algebraischen Integrirbarkeit überhaupt hat sich bekanntlich zuerst Fuchs beschäftigt in Crelle's Journal 81, 1875–76 und 83, 1877. Fuchs hat damals aber noch nicht die volle Aufzählung der endlichen Gruppen gehabt, und deswegen ließen sich seine Resultate noch vervollständigen.

Im Falle 1) soll $\eta = \operatorname{Rat}(x/\varphi\psi)$ sein; wir haben die betreffende Differentialgleichung zunächst independent aufzustellen.

Es sei $\eta = \frac{\varphi(x)}{\psi(x)}$, unter φ und ψ Polynome von m ten Grade verstanden. Man findet:
$$\frac{\eta'''}{\eta'} - \frac{3}{2}\left(\frac{\eta''}{\eta'}\right)^2 = -\frac{3}{2}\left(\frac{\varphi''\psi - \varphi\psi''}{\varphi'\psi - \varphi\psi'}\right)^2 + \frac{(\varphi'''\psi - \varphi\psi''') + 3(\varphi''\psi' - \varphi'\psi'')}{\varphi'\psi - \varphi\psi'}$$

Setzen wir zur Abkürzung
$$T = \varphi'\psi - \varphi\psi',$$
so kann man schreiben
$$\frac{\eta'''}{\eta'} - \frac{3}{2}\left(\frac{\eta''}{\eta'}\right)^2 = -\frac{3}{2}\left(\frac{T'}{T}\right)^2 + \frac{T'' + 2(\varphi''\psi' - \varphi'\psi'')}{T}.$$

Die rechte Seite dieser Gleichung muß eine einfache Covariante der beiden Polynome φ und ψ sein, und zwar eine sogenannte „Combinante" derselben, d. h. eine solche Function, welche ungeändert bleibt, wenn man für φ und ψ lineare Verbindungen derselben, $\alpha\varphi + \beta\psi, \gamma\varphi + \delta\psi$ einsetzt. In der Tat heißt das nichts anderes, als daß man für η eine lineare Function $\frac{\alpha\eta + \beta}{\gamma\eta + \delta}$ setzt, wobei ja die linke Seite ungeändert bleibt. Wir wollen aber hierauf nicht weiter eingehen, sondern die funktionentheoretische Seite mehr betonen, um gleich zu untersuchen, wann eine vorgelegte Differentialgleichung in der obigen Gestalt geschrieben werden kann.

Welches sind zunächst die singulären Punkte? Die singulären Punkte unserer Differentialgleichung erhalten wir durch Nullsetzen der Functionaldeterminante $\Delta = \varphi'\psi - \varphi\psi'$.

Was ferner die Exponenten betrifft, so ist zu sagen: Wir wissen von vornherein, dass im vorliegenden Falle nur Nebenpunkte als singuläre Punkte auftreten können, und dass daher die zugehörigen Exponentendifferenzen nur die ganzzahligen Werte $2, 3, 4$ u. s. w. haben können.

Wir sagten schon, die singulären Punkte unserer Differentialgleichung seien die Wurzeln der Gleichung, die man durch Nullsetzen der Functionaldeterminante erhält. Genauer ist zu sagen, indem wir zugleich die Exponenten mit hereinziehen:

Ist $x = a$ eine ϱ-fache Wurzel der Gleichung $\Delta = 0$, dann ist die zur Stelle $x = a$ gehörige Exponentendifferenz:

$$\lambda = \varrho + 1.$$

[Vo. a. 31. Mai 1894.] Zum Beweise gehen wir von der Annahme aus, dass die Exponentendifferenz λ sei, und berechnen hieraus ϱ als Function von λ. η soll also die Gestalt haben $(x-a)^\lambda \cdot \tilde{\psi}(x-a)$; da man in $\eta \cdot \frac{\chi}{\psi}$ die Polynome χ und ψ jedenfalls als teilerfremd ansehen darf, so muss ψ die Form $\psi = (x-a)^\lambda \cdot \psi_1$ haben, während χ den Factor $(x-a)$ nicht enthält. Dann ist aber in

$$F = \psi' \chi - \psi \chi'$$

das erste Glied durch $(x-a)^{\lambda-1}$, das zweite mindestens durch $(x-a)^\lambda$ teilbar, folglich das ganze durch $(x-a)^{\lambda-1}$ und durch keine höhere Potenz von $x-a$ teilbar, also

$$\lambda - 1 = \varrho,$$

woraus die zu beweisende Gleichung unmittelbar folgt.

Die Exponentendifferenzen können hiernach nur $\lambda = 2, 3, 4, \ldots$ sein, da für $\lambda = 1$ überhaupt kein singulärer Punkt vorliegt. Damit können wir die allgemeine Gestalt der Differentialgleichung, wenigstens was die quadratischen Glieder betrifft, sofort hinschreiben.

$$[\eta] = \sum \frac{1-\alpha^2}{2(x-a)^2} + \sum \frac{A}{x-a},$$

und wir werden von einer Differentialgleichung

dieser Gestalt jedenfalls folgendes erste Kriterium für die rationale Integrirbarkeit angeben:

<u>Soll unsere Differentialgleichung rational integrisbar sein, so dürfen in den quadratischen Gliedern der Partialbruchzerlegung nur die Exponentendifferenzen $\alpha = 2, 3, 4, \ldots$ auftreten.</u>

Es sollen aber in den Reihenentwickelungen auch keine logarithmischen Glieder auftreten. Dies gilt zunächst für die Umgebungen der Punkte $a, b, \ldots$; weiterhin aber darf auch kein singulärer Punkt mit $\alpha = 1$, aber logarithmischer Entwicklung vorkommen. Ein solcher Punkt würde in den quadratischen Gliedern nicht zur Erscheinung kommen, wohl aber in den Gliedern erster Ordnung. Mit Bezug hierauf sagen wir:

<u>Eine weitere Bedingung ist, daß in den linearen Gliedern der Partialbruchzerlegung kein singulärer Punkt auftritt, der nicht auch in den quadratischen Gliedern aufträte.</u>

Wenn man jetzt für die Punkte $a, b, \ldots$ mit den größeren ganzzahligen Exponentendifferenzen $2, 3, 4, \ldots$ die Bedingungen explicit aufsetzt, daß es keine logarithmischen Verzweigungspunkte, sondern nur Nebenpunkte sind, so erhält man für die $A, B \ldots$ ein System von quadratischen

Gleichungen, deren Erfüllung die hinreichende Bedingung dafür ist, daß die Differentialgleichung rational integrirbar ist.

Nun kommt es aber darauf an, die Polynome φ und ψ wirklich zu berechnen, nachdem wir die Verzweigungspunkte a und ihre Exponentendifferenzen α, d. h. die Functionaldeterminante
$$ \mathfrak{F} = \Pi (x-a)^{\alpha-1} $$
kennen. Wenn wir φ und ψ beide von gleichem Grade m annehmen, so wird die Functionaldeterminante $\mathfrak{F}$ den Grad $2m-2$ haben. Andererseits ist der Grad der Functionaldeterminante $= \Sigma(\alpha-1)$. Folglich setzt uns die Formel
$$ 2m - 2 = \Sigma(\alpha-1) $$
oder $m = \dfrac{\Sigma \alpha + 2 - n}{2} = \dfrac{\Sigma(\alpha-1)+2}{2}$
in den Stand, den Grad m der Polynome φ und ψ sofort anzugeben.

Dann aber kommen hierin nur noch eine angebbare endliche Zahl zu bestimmender Constanten, nämlich die Coefficienten der beiden Polynome vor, und die kann ich jedenfalls durch eine endliche Anzahl von Coefficientenvergleichungen aus der vorgelegten Differentialgleichung bestimmen, sofern sie überhaupt rational integrirbar ist, und dabei kann ich durch eine endliche Anzahl von Versuchen zugleich erfahren, ob die Gleichung rational integrirbar ist.

Bei Aufgaben wie der vorliegenden muss es immer der Zielpunkt sein, die Entscheidung auf eine endliche Anzahl von Versuchen zurückzubringen. Dieses Moment wird im vorliegenden Falle erreicht, indem wir aus der Gestalt von T den Grad der unbekannten Polynome φ, ψ ableiten.

Wir wollen eine genauere Abzählung vornehmen. Durch eine lineare Transformation der y können wir jedenfalls bewirken, dass φ und ψ folgende Gestalt haben:

$$\varphi = x^m + * + K x^{m-2} + \ldots$$
$$\psi = * + x^{m-1} + K' x^{m-2} + \ldots$$

Hier haben wir im Ganzen $2m-2$ unbekannte Coefficienten. Setzen wir dies in T ein, so gibt die Gleichung

$$T = x^{2m-2} + 2K' x^{2m-3} + \ldots = \Pi (x-a)^\alpha$$

gerade $2m-2$ Gleichungen für die $2m-2$ unbekannten Coefficienten in den φ, ψ. Und zwar sind die Gleichungen quadratisch, da die Coefficienten von φ mit denen von ψ multiplicirt darin auftreten.

Wir haben durch den Vergleich mit T $2m-2$ Gleichungen für die Coefficienten von φ und ψ bekommen. Setzen wir weiter auch noch in

$$U - \varphi'' \psi' - \varphi' \psi''$$

die für φ und ψ angesetzten Ausdrücke ein, so
liefert die gestern aufgestellte Gleichung

$$[\eta] - \frac{1}{2}\left(\frac{J'}{J}\right)^2 + \frac{J'' + 2U}{J}$$

durch Vergleich mit der vorgelegten Differentialgleichung noch weitere $2m-5$ quadratische Bedingungen für die unbekannten Coefficienten (das höchste
Glied von U liefert nur wieder die schon bekannte
Gleichung für m, und das zweite Glied liefert nur
dieselbe Gleichung für k' wie der Vergleich mit J.
So haben wir im Ganzen $4m-7$ unabhängige
quadratische Gleichungen für die $2m-2$ Coefficienten.
Nachdem der Grad m der möglicherweise existierenden Polynome φ und ψ festgelegt worden ist, müssen wir versuchen, ob gewisse $4m-7$ quadratische
Gleichungen für die Coefficienten von φ und ψ mit
einander verträglich sind und eventuell aus diesen quadratischen Gleichungen die zulässigen
Werte von φ und ψ bestimmen.

Die Bedingung für die Verträglichkeit dieser
Gleichungen wird nichts anders sein, als die Bedingung, daß die singulären Punkte nur Nebenpunkte sind, von welcher oben die Rede war. Wenn
aber diese Bedingungen einmal erfüllt sind, was auf
eine endliche Anzahl verschiedener Arten der Fall

— 167 —

rein kann, so ist in jedem einzelnen dieser möglichen Fälle jedenfalls im Wesentlichen nur eine bestimmte Function y möglich, welche der Differentialgleichung genügt, also:

<u>Sicher haben unsere $4m-7$ Gleichungen, wenn sie überhaupt ein Lösungssystem haben, auch nur ein Lösungssystem, weil doch unsere Differentialgleichungen ihre Integrale vollkommen bestimmen.</u>

Wir haben es hier mit einem System überschüssiger quadratischer Gleichungen zu thun, deren Verträglichkeit und deren ev. Lösung durch eine endliche Anzahl von Versuchen festzustellen ist. Bei der großen Complication und Umständlichkeit, die sich der praktischen Ausführung dieser Aufgabe entgegenstellt, wird man jedenfalls gerne fragen, ob man nicht dasselbe Problem auf anderem, bequemerem Wege lösen kann.

In der That ist das der Fall, wenn man zur homogenen Formulirung übergeht.

Spalten wir y in zwei Normal-Π, d. h. in zwei teilerfremde ganze Formen

$$y = \frac{\Pi_1}{\Pi_2},$$

so ist nach unseren früheren Überlegungen

(S.18) der Grad dieser Formen durch die For‑
mel gegeben
$$m = \frac{\Sigma a + 2 - n}{2},$$
so daß unsere Formen π_1, π_2 im Grade genau
mit dem Grade der Polynome φ, ψ übereinstim‑
men; in der Tat sind sie nichts anderes als
die homogen gemachten φ, ψ. Die Formen π_1,
π_2 genügen nun aber einer linearen Differen‑
tialgleichung zweiter Ordnung:
$$(\overset{m}{\pi}, \overset{n}{\varphi})_2 + (\overset{m}{\pi}, \overset{n-2}{\psi})_1 + (\overset{m}{\pi}, \overset{n-4}{\chi})_0 = 0,$$
worin
$$\varphi = (x a)(x b) \ldots (x n)$$
zu setzen ist, und ψ, χ leicht zu berechnen
sind. Wir sehen:

<u>Unsere ganze Frage kommt darauf hinaus,
zu versuchen, ob die homogene Differentialglei‑
chung 2. Ordnung durch eine Schar ganzer
rationaler Formen $\lambda \varphi + \mu \psi$ vom Grade m
befriedigt wird.</u>

Wir werden also eine ganze Form ψ vom Gra‑
de m mit unbestimmten Coefficienten in die Dif‑
ferentialgleichung eintragen und bekommen so,
da die linke Seite der Gleichung den Gesamtgrad
$m + n - 4$ hat, im Ganzen $m + n - 3$ lineare
homogene Gleichungen für die $m + 1$ Coeffi‑

cienten von φ, wobei aber noch zwei dieser
coefficienten willkürlich bleiben sollen. Also
bekommen wir die Bedingung:
Damit diese Gleichungen lösbar seien, müssen alle m-gliedrigen Determinanten aus ihrer
coefficientenmatrix verschwinden, und es berechnen sich dann die φ, χ aus irgend m−1
unabhängigen linearen Gleichungen unserer Reihe.
Hiermit haben wir die Frage nach der rationalen Integrirbarkeit erledigt. So müsste man
sämtliche 11 Fälle unserer Tabelle der Reihe
nach durchgehen. Wir behandeln von den algebraischen Fällen nur noch als das complicirteste
Beispiel den Fall der ikosaedrisch integrirbaren Differentialgleichungen.
Wir fragen zuerst: Wie sieht die allgemeinste
Differentialgleichung aus, welche ikosaedrisch
integrirbar ist, d. h. in der Form integrirbar ist:
$\frac{H^3(\eta)}{1728 f^5(\eta)}$ = Rationele Function von x ?
Wir wollen, da mit der Invariante $\frac{H^3(\eta)}{1728 f^5(\eta)}$
auch irgend eine andere Combination v̈ den
Graden der drei Formen H, f, T gleichberechtigt ist, um nicht eine derselben zu bevorzugen,
die Integralgleichung in folgender Gestalt schreiben:

— 170 —

$H^3(\eta) : J^2(\eta) : -1728 f^5(\eta) = \varphi : X : \psi$,
wo φ, X, ψ drei Polynome ohne einen allen Teiler
gemeinsamen bedeuten sollen, welche der
Relation genügen
$$\varphi + X + \psi = 0.$$
Um nicht einen der verschiedenen hieraus zu
bildenden Quotienten, etwa $\frac{\varphi}{\psi}$, oder $\frac{X}{\psi}$ zu bevorzugen, wollen wir (was übrigens nur eine vorübergehende Massregel ist) eine rationale Funktion von X, welche von den Verhältnissen der Polynome abhängt, mit Hülfe dreier Hülfsgrössen a, b, c durch folgende Proportion einführen:
$$\varphi : X : \psi = (b-c)(R-a) : (c-a)(R-b) : (a-b)(R-c).$$
Ausserdem sollen T und U folgende identische Differentialausdrücke bedeuten:
$$T = \varphi \psi' - \varphi' \psi = \psi X' - \psi' X = X \varphi' - X' \varphi,$$
$$U = \varphi' \psi'' - \varphi'' \psi' = \psi' X'' - \psi'' X' = X' \varphi'' - X'' \varphi'.$$
(Fr. d. 1. Juni 1897) Ferner benutzen wir folgende Formeln:
$$R - a = \frac{(a-b)(a-c) \varphi}{a \varphi + b X + c \psi}, \qquad R' = \frac{(a-b)(b-c)(c-a) \cdot T}{(a \varphi + b X + c \psi)^2}.$$

Wir sehen nun, da x, y unserer Differentialgleichung zuerst einmal statt als Funktion von x vielmehr als Funktion von R an. Setzt man aber die Invariante $\frac{\mathcal{H}^3(\eta)}{1725 f^5(\eta)}$ einer linearen Funktion von R, so ist das nichts anderes, als die gewöhnliche Ikosaedergleichung, nur mit einer linearen Transformation der Variablen auf der rechten Seite. η als Funktion von R genügt der gewöhnlichen Differentialgleichung des Ikosaeders, nur mit den Verzweigungsstellen bei $R=a$, $R=b$, $R=c$:

$$[\eta]_R = \frac{1}{(R-a)(R-b)(R-c)} \left\{ \frac{4(a-b)(a-c)}{9(R-a)} + \frac{3(b-a)(b-c)}{8(R-b)} + \frac{12(c-a)(c-b)}{25(R-c)} \right\}.$$

Nun benutzen wir für den Übergang zu der Variablen x die von früher bekannte Formel

$$[\eta]_x = R'^2 [\eta]_R + [R]_x$$

und erhalten so, wenn wir mit Hülfe von T und U vereinfachen, die Gleichung:

$$[\eta]_x = \frac{T^2}{\varphi \cdot \psi \cdot \chi} \left\{ \frac{4}{9\varphi} + \frac{1}{8\chi} + \frac{12}{25\psi} \right\} - \frac{3}{2}\left(\frac{T'}{T}\right)^2 + \frac{T'' + 2U}{T},$$

worin, wie es ja auch notwendig ist, die Hülfsgrößen a, b, c, wieder vollständig herausgefallen sind.

Damit haben wir die erste Aufgabe, nämlich die explicite Aufstellung der allgemeinsten zum ikosaedrischen Typus gehörigen Differentialgleichung, wirklich gelöst.

Wir werden nun zweitens fragen: Wenn uns irgend eine Differentialgleichung vorgelegt ist:

$$[\eta]_x = \sum \frac{1-\alpha_i^2}{2(x-a)^2} + \sum \frac{A}{x-a},$$

wie entscheiden wir, ob dieselbe ikosaedrisch integrirbar ist?

Wann läßt sich die rechte Seite in Gestalt unserer allgemeinen ikosaedrischen Gleichung schreiben?

Wir sehen zunächst, was die singulären Punkte betrifft:

Die singulären Punkte unserer Differentialgleichung werden durch die Wurzelpunkte von φ, ψ, χ, T geliefert.

Um nun aber über die Exponenten in denselben genaueres zu erfahren, werden wir bei φ, ψ, χ, T alle Arten vielfacher Wurzeln, die denkbar sind, zulassen müssen. Wir setzen also

$$\varphi = \Pi(x-a_i)^{\alpha_i}; \quad \chi = \Pi(x-b_i)^{b_i}; \quad \psi = \Pi(x-c_i)^{c_i}.$$

Außerdem spalten wir aber φ noch in drei Teile, indem wir in den ersten, φ_1, alle Faktoren zusammenfassen, deren Exponenten nicht durch 3 teilbar sind, im zweiten, φ_2, alle

Factoren mit dem Exponenten 3 selbst und im dritten alle Factoren mit Exponenten, die durch 3 teilbar, aber größer als 3 sind. Das Entsprechende geschehe bei χ und bei ψ, nur statt auf die Zahl 3 vielmehr auf die Zahl 2 bezw. 5 bezogen. Ich setze also

$$\varphi = \varphi_1 \cdot \varphi_2 \cdot \varphi_3 = \prod(x-a_{1i})^{\alpha_{1i} \equiv 0 (mod.3)} \cdot \prod(x-a_{2i})^{\alpha_{2i}=3} \cdot \prod(x-a_{3i})^{\alpha_{3i}=3\alpha'_{3i}>3}$$

$$\chi = \chi_1 \cdot \chi_2 \cdot \chi_3 = \prod(x-b_{1i})^{\beta_{1i} \equiv 0 (mod.2)} \cdot \prod(x-b_{2i})^{\beta_{2i}=2} \cdot \prod(x-b_{3i})^{\beta_{3i}=2\beta'_{3i}>2}$$

$$\psi = \psi_1 \cdot \psi_2 \cdot \psi_3 = \prod(x-c_{1i})^{\gamma_{1i} \equiv 0 (mod.5)} \cdot \prod(x-c_{2i})^{\gamma_{2i}=5} \cdot \prod(x-c_{3i})^{\gamma_{3i}=5\gamma'_{3i}>5}$$

Bilden wir uns jetzt aus φ, ψ, χ die Functionaldeterminante T in der Gestalt $\varphi\chi' - \varphi'\chi$, so zeigt sich, daß dieselbe durch jeden Factor $x-a_i$ von φ in der Potenz $\alpha_i - 1$ teilbar sein muß, durch jeden Factor $(x-b_i)$ von χ in der Potenz $\beta_i - 1$. Ebenso findet man aus der anderen Darstellung $\chi\psi' - \chi'\psi$, daß jeder Factor $x-c_i$ $\gamma_i - 1$ mal in T enthalten sein muß. Hat T noch weitere Factoren, so wollen wir diese mit $(x-d_i)^{\delta_i - 1}$ bezeichnen. Wir schreiben also:

$$T = \prod(x-a_i)^{\alpha_i - 1} \prod(x-b_i)^{\beta_i - 1} \prod(x-c_i)^{\gamma_i - 1} \prod(x-d_i)^{\delta_i - 1}$$
$$= T_1 \cdot T_2 \cdot T_3 \cdot T_4.$$

– 174 –

Inwiefern sind nun die Wurzelpunkte a_i, b_i, c_i, d_i von φ, χ, ψ, T singuläre Punkte der Differentialgleichung? Welche Exponentendifferenzen haben sie?

Ich sage:

Der singuläre Punkt a_i hat die Exponentendifferenz $\frac{\alpha_i}{3}$, der Punkt b_i die Exponentendifferenz $\frac{\beta_i}{2}$, der Punkt c_i die Exponentendifferenz $\frac{\varkappa_i}{5}$, der Punkt d_i die Exponentendifferenz δ_i.

Zum Beweise beachte man nur, daß in der Integralgleichung

$$\frac{\mathcal{H}^3(\eta)}{-1728 f^5(\eta)} = \frac{\varphi(x)}{\psi(x)}$$

an einer Nullstelle, wo $\varphi = 0$ ist, auch $\mathcal{H} = 0$ ist, und zwar so, daß die rechte Seite der Gleichung α_i-fach als Funktion von x verschwindet, die linke Seite dagegen als Funktion von η dreifach verschwindet, so daß η als Funktion von x den Exponenten $\frac{\alpha_i}{3}$ hat. Entsprechend für die andern Punkte. Also:

Die Angaben über die Exponentendifferenzen folgen bereits aus der Integralgleichung und können selbstverständlich aus der Differentialgleichung durch direkte Partialbruchzerlegung bestätigt werden.

Die quadratischen Glieder der rechten Seite unserer Differentialgleichung heißen demnach:

$$\sum\left(\frac{1-\alpha_i^2}{4(x-a_i)^2} + \frac{1-\beta_i^2}{(x-b_i)^2} + \frac{1-\gamma_i^2}{\frac{25}{4}(x-c_i)^2} + \frac{1-\delta_i^2}{2(x-d_i)^2}\right)$$

Wenn wir nun die einzelnen Teile einer vorgelegten Differentialgleichung, in der natürlich nur ganze Zahlen oder Multipla von $\frac{1}{2}$ oder $\frac{1}{3}$ oder $\frac{2}{5}$ als Exponentendifferenzen vorkommen dürfen, mit dieser oben hingeschriebenen Summe identifizieren wollen, so wissen wir von einem Punkte, dessen Exponentendifferenz etwa $\frac{2}{5}$ oder $\frac{3}{5}$ ist, sofort, daß wir ihn als Wurzelpunkt c_i von φ ansetzen müssen.

Wenn er aber eine ganzzahlige Exponentendifferenz, etwa 2, hat, ist er dann ein 6facher Punkt von φ? oder ein 4facher von X? oder ein 10facher von ψ? oder endlich ein einfacher von T_4? Ein Wurzelpunkt von φ, X, ψ aber von der Multiplizität 3, 2, 5 würde überhaupt nicht als singulärer Punkt hervortreten. Wir sehen:

<u>Aus den quadratischen Gliedern der Partialbruchzerlegung können wir die φ, X, ψ und das T_4 noch nicht ohne weiteres ablesen, weil einige Wurzelpunkte von φ, ψ, X geradezu wegfallen.</u>

– 176. –

(wenn $\alpha_i = 3$, oder $\beta_i = 2$ oder $\gamma_i = 5$ ist), und weil andere Wurzeln von φ, ψ, X von den überschüssigen Wurzeln der Funktionalgleichung nicht zu unterscheiden sind (wenn $\alpha_i, \beta_i, \gamma_i$ durch 3, 2, 5 teilbar ist).
Trotzdem aber können wir den Grad m der Polynome φ, ψ, X aus der Partialbruchzerlegung sofort angeben.

Wir machen nämlich homogen, indem wir η in zwei teilerfremde ganze π-Formen, Normal-π zweiter Art, spalten, die wir hier mit η_1, η_2 bezeichnen:
$$\eta = \frac{\eta_1}{\eta_2}.$$
Als Normal-π sind dieselben nach einem früheren allgemeinen Satze vom Grad
$$\frac{\sum\left(\frac{\alpha_i}{3}-1\right) + \sum\left(\frac{\beta_i}{2}-1\right) + \sum\left(\frac{\gamma_i}{5}-1\right) + \sum\left(\delta_i - 1\right) + 2}{2}.$$

Die Ikosaederformen $H^3(\eta_1, \eta_2)$, $T^2(\eta_1, \eta_2) - 1728 f^5(\eta_1, \eta_2)$ sind in η_1, η_2 vom 60ten Grade und dabei den Polynomen φ, X, ψ proportional. Die η_1, η_2 sind selbst ganze Formen von x_1, x_2, ebenso also die $H^3(\eta_1, \eta_2)$, $T^2(\eta_1, \eta_2) - 1728 f^5(\eta_1, \eta_2)$, und zwar sind letztere notwendig rationale Formen von x_1, x_2. Zugleich sind sie teilerfremd. Folglich sind sie nicht nur proportional mit den Polynomen φ, χ, ψ, sondern sie sind geradezu mit den homogen geschriebenen $\varphi(x_1, x_2)$, $\chi(x_1, x_2), \psi(x_1, x_2)$ identisch.

Der Grad der Polynome φ, χ, ψ ist daher
$$m = 3Q\left(\Sigma\left(\frac{\alpha_i}{3}-1\right)+\Sigma\left(\frac{a_i}{3}-1\right)+\Sigma\left(\frac{c_i}{3}-1\right)+\Sigma\left(\frac{\delta_i}{3}-1\right)+2\right).$$

So haben wir den Grad unserer Polynome in der Tat aus der Partialbruchzerlegung abgeleitet. Die Unbestimmtheit betr. die einzelnen singulären Punkte, die wir vorhin erwähnten, fällt dabei von selbst heraus. Denn z. B. ein Punkt mit der Exponentendifferenz 2 liefert zu dem Klammerausdruck immer den Beitrag 1, einerlei ob man ihn zu φ oder χ oder ψ oder T_4 rechnet, und ein Punkt mit der Exponentendifferenz 1, der also gar kein singulärer Punkt ist, mag er auch aus dem φ oder dem χ oder dem ψ herstammen, liefert überhaupt keinen Beitrag.

Wir wollen aber jetzt die einzelnen singulären Punkte noch genauer discutieren. Es handelt sich z. B. um einen Wurzelpunkt a_i von $\varphi = 0$. Wir unterscheiden dann, ob er zu φ_1 oder φ_2 oder φ_3 gehört, d. h. ob seine Multiplicität in φ durch 3 nicht teilbar ist oder $= 3$ ist oder von 3 verschieden, doch durch 3 teilbar ist.

– 178. –

a.) Es sei $a_i - a_{2i}$, d. h. die Exponentendifferenz ein Bruch $\frac{a_{2i}}{3}$. Dann ist kein Zweifel, daß der Punkt in φ gehört und nicht etwa in χ_i, ψ oder in T_i. Also:

Der Bestandteil φ_1 von φ ist direkt durch die Partialbruchzerlegung gegeben.

b.) Es sei $a_i - a_{2i}$, d. h. die Exponentendifferenz $= 1$. Da keine logarithmischen Glieder auftreten dürfen, so kann a_{2i} überhaupt kein singulärer Punkt sein.

φ_2 tritt in den singulären Punkten überhaupt nicht hervor.

c. Es sei $a_i - a_{2i}$, d. h. die Exponentendifferenz eine ganze Zahl, die größer als 1 ist. Da wieder keine logarithmischen Glieder auftreten dürfen, hat man den Satz:

φ_3 liefert Nebenpunkte der Differentialgleichung.

Ganz das Entsprechende gilt von den einzelnen Teilen der ψ, χ_i, T_i, endlich liefert nur Nebenpunkte der Differentialgleichung.

d. 7. Juni 1894.] Seien $a_{2i}, b_{2i}, c_{2i}, d_i$ die Nebenpunkte, dann sind ihre Exponenten $\alpha_{2i}, \beta_{2i}, \gamma_{2i}, \delta_i$. Die Gesamtheit dieser Nebenpunkte und ihre Exponenten lassen sich aus der Differentialgleichung ablesen, ohne daß man freilich weiß,

– 179 –

welcher Punkt ein a_{3i}, welcher ein b_{3i} u.s.w. ist. Man kann daher jedenfalls das Produkt:
$$P \cdot \Pi(x-a_{3i})^{\alpha_{3i}'-1} \Pi(x-b_{3i})^{\beta_{3i}'-1} \Pi(x-c_{3i})^{\gamma_{3i}'-1} \Pi(x-d_i)^{\delta_i-1}$$
aus der Differentialgleichung heraus ablesen. Dieses Produkt P ist aber ein Teiler der Funktionaldeterminante T, welche ja die Faktoren $x-a_{3i}$, $x-b_{3i}$, $x-c_{3i}$, $x-d_i$ in den Potenzen $3\alpha_{3i}'-1$, $2\beta_{3i}'-1$, $5\gamma_{3i}'-1$, δ_i-1 enthält.

Nun sei irgend eine y-Differentialgleichung vorgelegt. Es ist zu entscheiden, ob dieselbe ikosaedrisch integrierbar ist. Eine erste notwendige Bedingung ist natürlich folgende:

Außer Nebenpunkten dürfen nur solche singulären Punkte vorkommen, deren Exponentendifferenzen Multipla von $\frac{1}{3}$, von $\frac{1}{2}$ oder von $\frac{1}{5}$ sind.

Dann können wir aus der Differentialgleichung die $\varphi_1, \chi_1, \psi_1$ unmittelbar ablesen. Da die Faktoren von φ_2 und φ_3 nämlich durch 3 teilbare Exponenten haben, ist $\varphi_2 \cdot \varphi_3$ die dritte Potenz eines Polynoms, ebenso $\chi_2 \cdot \chi_3$ die zweite, $\psi_2 \psi_3$ die fünfte Potenz je eines Polynoms, so daß wir ansetzen dürfen
$$\varphi = \varphi_1 \cdot \varphi'^3, \quad \chi = \chi_1 \cdot \chi'^2, \quad \psi = \psi_1 \cdot \psi'^5.$$
Dabei läßt sich der gemeinsame Gesamtgrad m von φ, χ, ψ, also auch der Grad von φ', χ', ψ' aus der Differentialgleichung ablesen. Wir

haben somit in φ', χ', ψ' je eine wohlbestimmte Anzahl unbekannter Coefficienten. Für diese unbekannten Coefficienten ergeben sich zuerst eine Reihe von Gleichungen, indem man φ, χ, ψ der Bedingung unterwirft, daß

$$\varphi + \chi + \psi = 0$$

sein muß, und eine zweite Reihe von Gleichungen durch die Bemerkung, daß die aus φ, ψ, χ zu bildende Functionaldeterminante T durch das aus der Differentialgleichung abzuleitende Product P teilbar sein muß. Hat man endlich die φ, ψ, χ mit allen diesen Bedingungen in Einklang gebracht, dann hat man dieselben in die allgemeine Ikosaedergleichung einzusetzen, und die so gewonnene Differentialgleichung mit der vorgelegten zu vergleichen.

Man sieht also, daß das ganze Problem darauf hinauskommt, eine endliche Anzahl unbekannter Coefficienten einer endlichen, wenn auch vielleicht sehr großen Zahl überschüssiger algebraischer Gleichungen zu unterwerfen. Die Lösbarkeit ist also gewiß durch eine endliche Anzahl algebraischer Operationen zu entscheiden. In Math. Ann. 12 habe ich einige Beispiele auf diesem Wege durchgerechnet, bei denen ich nur die Identität $\varphi + \chi + \psi = 0$ und die Teilbarkeit der T durch P zu benutzen brauchte.

Ich habe dieselben in der Wintervorlesung (Autographie 483-84) berührt. Im Allgemeinen ist jedoch die Rechnung unübersichtlich, sodass wir uns gern nach einer weiteren Vereinfachung umsehen werden.

Wir gehen zu dem Zwecke zur <u>homogenen Schreibweise</u> über. Die Normalform lautet:
$$(\Pi, \Phi)_2 + (\Pi, \chi)_1 + (\Pi, \psi)_0 = 0,$$
wobei $\Phi = \Pi(x-a_i)(x-b_i)(x-c_i)(x-d_i)$ ist.

Wir nennen zwei Zweige von Π, deren Quotient $= \eta$ ist, η_1, η_2, wie schon oben geschehen war.

Wir müssen jetzt einen in dieser Vorlesung noch nicht berührten, aber sehr nahe liegenden Gedanken formuliren.

Bilden wir nämlich aus η_1, η_2 die Ausdrücke
$$\eta_1^2, \; \eta_1 \eta_2, \; \eta_2^2,$$
so werden sich diese bei Umläufen der Variablen ternär-linear substituiren, also einer linearen homogenen Differentialgleichung dritter Ordnung genügen.

<u>Allgemein müssen die homogenen Functionen von η_1, η_2 von der Ordnung μ einer linearen homogenen Differentialgleichung der Ordnung $\mu + 1$</u>

genügen, welche sich aus der Differentialgleichung zweiter Ordnung für y_1, y_2 rational
berechnen läßt.
Daraus folgt:
Die Invarianten $H(y_1, y_2), T(y_1, y_2), f(y_1, y_2)$
als homogene ganze rationale Funktionen 20-ten,
30-ten, 12-ten Grades der y_1, y_2 genügen je einer
linearen homogenen Differentialgleichung mit
rationalen Coefficienten von der Ordnung 21, 31, 13.
Diese Differentialgleichungen seien mit

$$\Lambda_{21} = 0 \qquad \Lambda_{31} = 0 \qquad \Lambda_{13} = 0$$

bezeichnet. Sie sind aus der vorgelegten Gleichung ohne principielle Schwierigkeit zu berechnen.
Aber unsere y_1, y_2 sind ganze algebraische Functionen der x_1, x_2. Daher haben wir einfach mit
unbestimmten Coefficienten in den φ', χ', ψ'
anzusetzen.

$$H = \sqrt{y_1} \cdot \varphi', \quad T = \sqrt{y_1} \cdot \chi', \quad f = \sqrt{y_1} \cdot \psi'$$

und zuzusehen, ob man die Coefficienten so
bestimmen kann, daß die Gleichungen $\Lambda_{21} = 0$,
$\Lambda_{31} = 0, \Lambda_{13} = 0$ durch die angegebenen Werte
von H, T, f erfüllt werden. Ich sage:
Wenn unsere linearen Differentialgleichun-
gen durch solche Polynome φ', χ', ψ' befriedigt
werden, dann ist unsere Differentialgleichung

wirklich ikosaedrisch integrierbar, und man wird
$$\mathcal{H}^3 : \mathcal{T}^2 = 1728 f^5 \varphi, \varphi'^{13} : X, X'^{12} : \Psi, \Psi'^{15} = \varphi : X : \Psi$$
setzen können, nachdem man in die φ, X, Ψ noch geeignete Zahlenfaktoren aufgenommen hat.

Aber noch mehr. Ich behaupte:

Wenn nur die Gleichung $\Lambda_{13} = 0$ durch $\sqrt[5]{\varphi_1} \cdot \varphi'$ befriedigt wird, dann haben wir auch bereits sicher ikosaedrische Integrirbarkeit, und die Gleichungen Λ_{14} und $\Lambda_{31} = 0$ werden nur benutzt, um auch Ψ' und X' bequem auszurechnen.

Diese letzte Behauptung soll aber ausdrücklich voraussetzen, dass die vorgelegte Differentialgleichung nicht schon einem der 5 vorangehenden Typen unserer Tabelle angehöre.

Der Beweis ist einfach der folgende:

Wenn $\Lambda_{13} = 0$ eine Lösung von der Form $\sqrt[5]{\varphi_1} \cdot \varphi'$ besitzt, dann muss die Monodromiegruppe der η_1, η_2 so beschaffen sein, dass eine lineare Verbindung der $\eta_1'^{12}, \eta_1'^{11} \eta_2, \ldots \eta_1 \eta_2'^{11}, \eta_2'^{12}$ sich als $\sqrt[5]{\varphi_1} \cdot \varphi'$ darstellt. Diese Funktion verhält sich aber bei Umläufen der x nur multiplicativ, ist also eine Invariante der Monodromiegruppe.

Die Monodromiegruppe muss so beschaffen

sein, daß sie eine rationale ganze Invarian=
te 12 ten Grades besitzt. Daraus folgt, da wir die
Fälle 1, 2, 3, 4, 5 ausgeschlossen haben, daß
die Monodromiegruppe von η_1, η_2 direct die
Ikosaedergruppe sein muß, womit dann
die ikosaedrische Integrirbarkeit der vor=
gelegten Differentialgleichung außer Frage steht.
Im Falle wir ein Y' und weiterhin auch ein X'
und ein Y' bestimmen können, werden diese
bis auf einen numerischen Factor auch völ=
lig bestimmt sein, weil doch die vorge=
legte Differentialgleichung nur auf eine
Weise integriert werden kann.

In der Weise, wie wir erst den Fall 1) und jetzt
den Fall 6) behandelt haben, wird man alle die
11 Fälle der Reihe nach durchzugehen haben.
Wir wollen nur noch den Fall 11) ausführlicher
besprechen. Das gibt dann die Theorie der
„Lamé'schen Polynome."

Vorher will ich jedoch noch eine allgemei=
nere Betrachtung einschalten.

Was ich über die ikosaedrische Integrir=
barkeit als Beispiel der algebraischen Inte=
grirbarkeit, heute vorgetragen habe, ist in mehreren
Richtungen hin weiter entwickelt, als was

in der Litteratur vorliegt: In Math. Ann. 12 bleibe ich bei der inhomogenen, der y-Differentialgleichung stehen. Fuchs hat zwar die Differentialresolvente 13ter Ordnung, aber benutzt diese nur so, dass er fragt, ob sie durch die fünfte Wurzel aus einer rationalen Function befriedigt wird, — während es sich bei uns um eine rationale ganze Function $\sqrt[5]{y_1} \cdot y$ handelt, bei der wir den irrationalen Bestandteil $\sqrt[5]{y_1}$ von Hause aus kennen.

<u>Es wäre wünschenswert, dass diese ganze Behandlung einmal genauer ausgearbeitet und dabei gleich auf die Differentialgleichungen 3. Ordnung ausgedehnt würde.</u> Wir wollen hier das Problem der linearen Differentialgleichung 3. Ordnung in allgemeinen Umrissen formuliren.

Wie können wir das Problem der linearen Differentialgleichungen 2. Ordnung am kürzesten bezeichnen?

Es handelt sich um eine binäre Formenschar
$$\lambda_1 \pi_1 + \lambda_2 \pi_2,$$
ein Formenbüschel.

Aus welchen Stücken soll nun dies Büschel bestimmt werden?

Die Form π, ihre ersten und ihre zweiten Differentialquotienten in der linearen Differentialgleichung lassen sich sämtlich linear und homogen durch (durch) die drei zweiten Differentialquotienten $\pi^{(1,1)}$, $\pi^{(1,2)}$, $\pi^{(2,2)}$ ausdrücken, so daß die Differentialgleichung allgemein die Form haben wird
$$A\pi^{(1,1)} + B\pi^{(1,2)} + C\pi^{(2,2)} = 0.$$
Die Coefficienten dieser Differentialgleichung sind ihrem Verhältnisse nach durch die Determinanten der Matrix gegeben
$$\begin{vmatrix} \pi_1^{(1,1)}, & \pi_1^{(1,2)}, & \pi_1^{(2,2)} \\ \pi_2^{(1,1)}, & \pi_2^{(1,2)}, & \pi_2^{(2,2)} \end{vmatrix}.$$
Und diese Verhältnisse $A:B:C$ sollen dem Verhältnis dreier rationalen Funktionen gleich sein. Also:

Das binäre Problem läßt sich folgendermaßen formulieren: Für ein Büschel binärer Formen sind die einfachsten Combinanten, nämlich die Determinanten der obigen Matrix, ihrem Verhältnisse nach als rationale Formen gegeben. Man soll hieraus das Formenbüschel berechnen.

Das γ-Problem entsteht, wenn wir nicht

– 187 –

des Büschel selbst, sondern den Quotienten zweier Formen des Büschels als unbekannte Funktion betrachten.

[d. d. 5. Juni 1894.] Ganz entsprechend handelt es sich bei den linearen Differentialgleichungen 3. Ordnung um das ternäre Problem, ein „Formennetz" zu finden:

$$\lambda_1 \Pi_1 + \lambda_2 \Pi_2 + \lambda_3 \Pi_3,$$

von dem als einfachste Combinanten die Determinanten der Matrix

$$\begin{vmatrix} \Pi_1^{(111)}, & \Pi_1^{(112)}, & \Pi_1^{(122)}, & \Pi_1^{(222)} \\ \Pi_2^{(111)}, & \Pi_2^{(112)}, & \Pi_2^{(122)}, & \Pi_2^{(222)} \\ \Pi_3^{(111)}, & \Pi_3^{(112)}, & \Pi_3^{(122)}, & \Pi_3^{(222)} \end{vmatrix}$$

ihrem Verhältnisse nach als rationale Formen gegeben sind. Analog, wie man beim binären Problem statt Π_1, Π_2 selbst auch deren Verhältnis $\eta = \frac{\Pi_1}{\Pi_2}$ betrachten kann, so auch hier:

Bei der Behandlung dieser Differentialgleichungen wird man zunächst alle diejenigen Fälle zusammenfassen können, bei denen die Π_1, Π_2, Π_3 die nämlichen Verhältnisse aufweisen, oder, was dasselbe ist, nur um einen gemeinsamen Factor geändert sind.

Ich bringe diese Verallgemeinerung der binären formentheoretischen Auffassung besonders deswegen hier zur Sprache, weil ich dabei (in Übereinstimmung mit gewissen Ansätzen bei Horn und Fuhr) noch einen weiteren Wunsch habe.

Es dürfte nämlich zweckmäßig sein, bei dem ternären Problem statt der binären unabhängigen Veränderlichen x_1, x_2 gleich drei unabhängige Veränderliche x_1, x_2, x_3 einzuführen, so daß er sich also um die Bestimmung der Formen Π_1, Π_2, Π_3 durch die dreizeiligen Determinanten der Matrix von 10 Reihen handelt:

$$\begin{matrix} \Pi_1^{(111)} & \Pi_1^{(112)} & \Pi_1^{(113)} & \Pi_1^{(122)} & \Pi_1^{(123)} & \Pi_1^{(133)} & \Pi_1^{(222)} & \Pi_1^{(223)} & \Pi_1^{(233)} & \Pi_1^{(333)} \\ \Pi_2^{(111)} & \Pi_2^{(112)} & \Pi_2^{(113)} & \Pi_2^{(122)} & \Pi_2^{(123)} & \Pi_2^{(133)} & \Pi_2^{(222)} & \Pi_2^{(223)} & \Pi_2^{(233)} & \Pi_2^{(333)} \\ \Pi_3^{(111)} & \Pi_3^{(112)} & \Pi_3^{(113)} & \Pi_3^{(122)} & \Pi_3^{(123)} & \Pi_3^{(133)} & \Pi_3^{(222)} & \Pi_3^{(223)} & \Pi_3^{(233)} & \Pi_3^{(333)} \end{matrix}$$

Das wird dann ein System partieller Differentialgleichungen nach den zwei unabhängigen Verhältnissen $\frac{x_1}{x_3}, \frac{x_2}{x_3}$ sein.

Es scheint richtig, beim Übergang zum Formennetz auch die Zahl der unabhängigen homogenen Variablen auf 3 zu vermehren und also nicht bloß lineare Differentialgleichungen 3. Ordnung

mit einer unabhängigen Variablen zu studieren, war ein specieller Fall ist, sondern Systeme partieller Differentialgleichungen mit 2 unabhängigen Variablen.
Die gewöhnlichen linearen Differentialgleichungen 3. Ordnung erscheinen als ein specieller Fall.
Bei diesen ternären Problemen wird man nun wieder die Monodromiegruppe und die Rationalitätsgruppe zu unterscheiden haben. Erstere wird, den discontinuirlichen Umläufen der Variablen entsprechend, immer eine discontinuirliche Gruppe sein, letztere dagegen kann discontinuirlich oder continuirlich oder endlich gemischt sein, ist aber ihrem Wesen nach jedenfalls eine algebraische Gruppe. Da wird nun die erste Aufgabe sein, zunächst einmal sämtliche überhaupt möglichen algebraischen ternären Gruppen aufzuzählen. Was die discontinuirlichen dieser Gruppen betrifft, so ist das von C. Jordan und mir selbst schon geschehen. Die continuirlichen algebraischen Gruppen braucht man nur aus der vollständigen Aufzählung aller continuirlichen Gruppen bei Lie (in den Werken Lie-Scheffers und Lie-Engel) herauszusuchen; die gemischten Gruppen endlich sind noch

nicht aufgezählt, doch dürfte er keine Schwie=
rigkeit mehr bereiten, dieselben alle zu bilden. So
wird man eine natürlich etwas umfangrei=
chere Liste erhalten, welche der Liste der 12
Typen der y-Gruppe genau entspricht. Zu
jeder dieser aufgezählten Gruppen wird
man die einfachsten Invarianten aufstel=
len und sie rationalen Functionen der gege=
benen Grösse gleichsetzen. Von da aus berech=
ne man die Verhältnisse der 3-reihigen
Determinanten, der auf der vorigen Seite
aufgestellten Matrix. So bekommt man das
dem einzelnen Typus zugehörige ternäre Dif=
ferentialproblem in independenter Form.
Darauf wird man zusehen, wie man von einer
vorgelegten Differentialgleichung entscheidet,
welchem der einzelnen Typen sie angehört,
um so nicht nur blofs eine logische, sondern
wirklich mathematisch durchgeführte Clas=
sification unserer ternären Differential=
probleme zu haben.
Nach dieser kleinen Einschaltung kehren
wir wieder zur Betrachtung der y-Differen=
tialgleichung zurück, indem wir jetzt den Fall n)
besprechen, d. h. die Theorie der Lamé'schen

Polynome.

Wir geben sofort die homogene Formulierung: Es handelt sich um die Frage, ob man die Differentialgleichung
$$(\Pi, \Phi)_2 + (\Pi, \Psi^2)_1 + (\Pi, \Pi)_0 = 0$$
durch ein Polynom $E_\varkappa^\varkappa(x_1, x_2)$ befriedigen kann.

So oft ein solches Polynom als Particularlösung der Differentialgleichung existiert, dann nennen wir dies Polynom ein Lamé'sches Polynom.

Ob die allgemeine Lösung Π eine ganze Funktion ist, darauf kommt es bei dieser Fragestellung nicht an; das Wesentliche ist nur, daß der eine Exponent jedes singulären Punktes verschwindet.

Die singulären Punkte sind durch die Wurzelpunkte der Form $\Phi = (x-a)(x-b)\ldots(x-n)$ gegeben. Der eine Exponent jedes singulären Punktes ist $=0$, der andere durch die Formel
$$\alpha = 1 + \frac{2K-1}{n} - \frac{(n-2)\Psi(a)}{n(n-1)\Phi'(a)}$$
gegeben. Da in dieser Formel Ψ und Φ unhomogen geschrieben sind, könnte es scheinen, als ob dieselbe nicht symmetrisch von den homogenen Coordinaten der Stellen abhinge, was auch der Natur der Sache widerspricht. Aber man sieht leicht, daß man mit Hülfe

der im Punkte a geltenden Gleichung
$$a_1 \varphi_1(a_1, a_2) + a_2 \varphi_2(a_1, a_2) = 0$$
dieselbe Formel auch in den Gestalten:
$$\alpha = 1 + \frac{2k-2}{n} - \frac{(n-2)a_2 \psi}{n(n-1)\varphi_1},$$
$$\alpha = 1 + \frac{2k-2}{n} + \frac{(n-2)a_1 \psi}{n(n-1)\varphi_2},$$
oder auch mit Hülfe zweier willkürlichen Constanten c_1, c_2 in der symmetrischen Gestalt
$$\alpha = 1 + \frac{2k-2}{n} - \frac{(n-2)}{n(n-1)} \cdot \psi \cdot \frac{c_1 a_2 - c_2 a_1}{c_1 \varphi_1 + c_2 \varphi_2}$$
schreiben kann.

Wir wollen nun den Fall, daß $\alpha, \beta, \ldots \nu$ ganze Zahlen wären, als Ausnahmefall betrachten. Da in der Reihenentwicklung von $E_\kappa(\xi, \frac{1}{\xi})$ jedenfalls keine gebrochene Potenz vorkommt, haben wir:

So lange die $\alpha, \beta, \ldots \nu$ nicht zufälligerweise ganze positive Zahlen sind, gehört das Polynom E_κ in jedem singulären Punkt zum Exponenten 0.

Nun ist folgender die charakteristische Wendung in der Theorie der Laméschen Polynome: Man denkt sich die Formen φ und ψ, d. h. die singulären Punkte und ihre Exponenten gegeben, und fragt dann, ob man die Form χ, welche die von uns sogenannten accessorischen Parameter ent-

hält, so bestimmen kann, daß eine Particularlösung der Differentialgleichung ein Lamé'sches Polynom wird?

Die Lösung dieser Aufgabe stellt sich als ein
höheres algebraisches Problem heraus.

Ich will heute nur noch eine historische Bemerkung machen: Die geschilderte Fragestellung stammt aus der mathematischen
Physik, wo sie aber nicht in voller Allgemeinheit auftritt. Vielmehr:

Der gewöhnliche Fall der mathematischen
Physik ist dadurch charakterisiert, daß die
$n-1$ ersten Exponentendifferenzen $\alpha = \beta = \ldots$
$= \mu = \frac{1}{2}$ sind, worauf die letzte Exponentendifferenz $\nu = 2K + \frac{n-3}{2}$ wird.

[Do. d. 7. Juni 1894.] Es ist heute das algebraische
Problem näher zu formulieren, von dem, wie wir
in der letzten Stunde sagten, das Problem der
Lamé'schen Polynome abhängt.

Man setze das Polynom $E_K(x_1, x_2)$ vom Grade
K mit seinen $K+1$ unbestimmten Coefficienten in die Differentialgleichung
$$(\xi, \Phi)_2 + (\xi, \Psi)_1 + (\xi, X)_0 = 0$$
ein. Die entstehende ganze rationale Form
$(n+k-4)$ten Grades soll identisch verschwin-

den, d. h. ihre $n+k-3$ Coefficienten sollen verschwinden. Das giebt aber $n+k-3$ homogene lineare Gleichungen für die $k+1$ Unbekannten. Damit diese verträglich seien, müssen besondere Bedingungen für die Coefficienten der P, Ψ, X erfüllt sein: P und Ψ sehen wir als gegeben an; dann hat X als ganze rationale Form vom Grade $n-4$ gerade $n-3$ willkürliche Coefficienten, genau ebensoviel, als wir Bedingungen erfüllen müssen, um alle Gleichungen verträglich zu machen. Die Aufgabe ist also folgendermassen zu formulieren:

Die sämtlichen $n+k-3$ linearen Gleichungen sollen die Folge von nur k Gleichungen sein. Das hierdurch bedingte Verschwinden der $(k+1)$ reihigen Determinanten der aus den Coefficienten gebildeten Matrix liefert $n-3$ Bedingungen für die Coefficienten der P, Ψ, X, insbesondere, indem wir P und Ψ als gegeben ansehen, für die $n-3$ Coefficienten von X.

Die $n-3$ unbekannten Coefficienten von X treten linear, aber nicht homogen in allen einzelnen Gliedern der Matrix auf und können daher als Unbekannte angesehen werden, durch welche wir unsere $n-3$ Bedingungsgleichungen befriedigen.

Es ist dann die Frage, wie viele Lösungen das genannte Gleichungssystem besitzt, wie viele Lamé'schen Polynome von irgend einem bestimmten Grad also existieren:

Er hat diese Abzählung zuerst Heine in den Berliner Monatsberichten 1864 geleistet. Seine Entwickelungen sind sehr mühsam. Seitdem ist aber von Seiten der algebraischen Geometrie her die Technik in der Behandlung solcher Matrixgleichungen sehr entwickelt worden. Man findet die Frage nach der Anzahl der gemeinsamen Lösungssysteme einer Systems von Matrixgleichungen in allgemeinster Form beantwortet bei S. Roberts in Crelle's Journal 67, 1867. Der Gegenstand ist übrigens in Salmon-Fiedler, Raumgeometrie, in dem Kapitel von der allgemeinen Theorie der algebraischen Flächen ausführlich dargestellt. Ich kann hier nur das Resultat angeben, wie er sich bei unserm speciellen Problem herausstellt. Man findet:

Die Anzahl der verschiedenen Lösungs-

Systeme unseres Matrixgleichungssystems und also die Anzahl der verschiedenen Lamé'schen Polynome vom Grade K bei n singulären Punkten beträgt

$$\frac{(K+1)(K+2)\ldots(K+n-3)}{1\cdot 2\ldots(n-3)}$$

Z. B. im Falle $n=5$, $K=1$ handelt es sich um das Verschwinden einer Matrix mit 2 Horizontal- und 3 Vertikalreihen, deren einzelnen Glieder in den beiden gesuchten Coefficienten linear sind. Das bedeutet aber geometrisch den Schnitt einer Coordinatenebene mit einer Raumcurve 3. Ordnung. Man bekommt so 3 Lösungssysteme, in Übereinstimmung mit unserer Formel.

Soweit ist diese Theorie ganz allgemein, von algorithmischem Charakter. Mehr synthetischen Charakter haben die folgenden Betrachtungen, welche sich auf Realität und Lage der Wurzelpunkte der verschiedenen Lamé'schen Polynome E_k beziehen.

Wir fragen: Wie viele reelle Wurzeln besitzt ein Polynom E_k und wie verteilen sich dieselben auf die einzelnen durch die Verzweigungspunkte $a, b, \ldots m, n$ gebildeten Seg-

mente der reellen Zahlenaxe?
Wir knüpfen zuerst an den eigentlichen Lamé'schen Fall an, wo alle Exponentendifferenzen mit Ausnahme einer einzigen $= \frac{1}{2}$ sind. Den letzten Punkt, dessen Exponentendifferenz von $\frac{1}{2}$ verschieden ist, nämlich $= 2k + \frac{n-3}{2}$, pflegt man nach ∞ zu werfen. Wir haben also das Schema:

$$\frac{\frac{1}{2},0}{a} \quad \frac{\frac{1}{2},0}{b} \quad \cdots , \quad \frac{\frac{1}{2};0}{m} \quad \frac{2k\,\frac{n-3}{2},0}{n\,(=\infty)}$$

Dann wird behauptet:
Im vorliegenden Falle sind alle $\mathcal{E}_\rho$ reell und haben reelle Wurzeln, die durchaus in den Intervallen von a bis m liegen.

Wir wollen diese Intervalle, welche, wenn n ins Unendliche gelegt wird, ganz im Endlichen liegen, als die „innern Intervalle" bezeichnen. Der ausgesprochene Satz ist schon von Heine bewiesen. Ich habe denselben in Math. Ann. 18 in der Weise vervollständigt, daß ich die Verteilung der Wurzeln auf die einzelnen Intervalle für die verschiedenen $\mathcal{E}_K$ näher bestimmt habe.

Die nähere Untersuchung beginnt mit der Überlegung, daß die Zahl der $\mathcal{E}_K$ gerade mit

— 198. —

der Anzahl von Möglichkeiten übereinstimmt, K Punkte auf $n-2$ Intervalle zu verteilen; die Sache ist dann so, daß geradezu jeder einzelnen Verteilungsweise ein und nur ein E_κ entspricht.

Z. B. hat man für $n=4$ die K Punkte auf 2 innere Intervalle zu verteilen, was gerade $K+1$ Möglichkeiten gibt, genau so viel, als es Polynome E_κ gibt.

Dieser Theorem hat Stieltjes in Acta mathematica 6. 1884 erweitert und in einer ganz besonders anschaulichen Weise bewiesen.

Stieltjes sagt, das Theorem bleibt ungeändert bestehen, sobald $\alpha, \beta, \ldots \mu$ sämtlich <1 sind. Insbesondere dürfen $\alpha, \beta, \ldots \mu$ beliebige negative Zahlen sein.

Die hierin liegende Erweiterung ist nicht überraschend; ich sage:

Wenn ich das Realitätstheorem nur im Falle der mathematischen Physik kenne, so kann ich von da aus den verallgemeinerten Stieltjes'schen Satz sehr leicht durch Continuität ableiten. Folgendermaßen:

Da $\alpha<1, \beta<1, \ldots \mu<1$ sein soll, so muß das Polynom E_κ an jeder der Stellen $a, b, \ldots m$

— 199. —

gewiß zum Exponenten 0 gehören. Das heißt:
Keine Wurzel des Polynoms E_ξ fällt in einen der singulären Punkte $a, b, \ldots m$ hinein.
Ferner aber behaupte ich:
$E_\xi = 0$ kann niemals im Innern eines Intervalls eine mehrfache Wurzel haben.
Denn wäre das der Fall, so würde an der betreffenden Stelle nicht nur E, sondern auch E' verschwinden, folglich, da im Innern eines Intervalls der Coefficient Φ von E'' in der Differentialgleichung

$$\Phi \cdot E''{}_\xi + \underline{\quad} E'_\xi + \underline{\quad} E = 0$$

nicht verschwindet, müßte auch E'' und dann auch jede höhere Ableitung von E verschwinden, also E constans $= 0$ sein. Also:
Unsere Behauptung, daß E niemals eine Doppelwurzel im Innern eines Intervalls hat, folgt daraus, daß E einer linearen Differentialgleichung 2. Ordnung genügt.
Nun möge $\alpha, \beta, \ldots u$ sich langsam ändern, von den Werten ξ ausgehend. Alle Wurzeln eines Polynoms liegen getrennt in den innern Intervallen, sie werden sich langsam und stetig verschieben, doch so, daß nie einer der Punkte mit einem Punk-

te $a, b, \ldots m$ oder mit einem der andern Wurzelpunkte zusammenrückt.

Da wären nun zwei Möglichkeiten, wie sich Anzahl und Verteilungsweise der reellen Wurzelpunkte ändern könnten. Einmal könnte ein Polynom zwar reell bleiben, aber zwei Wurzelpunkte conjugiert complex werden; das ist von vornherein auszuschließen, weil die beiden Punkte dann erst zusammenrücken müßten. Andererseits könnte ein E_k^i überhaupt complexe Coefficienten bekommen; dann müßte aber ein anderes E_k^i die conjugiert complexen Coefficienten bekommen, und vorher müßten beide E_k^i identisch werden, was deswegen unmöglich ist, weil die Verteilungsweise der Wurzeln auf die reellen Intervalle von vornherein für alle E_k^i wesentlich verschieden war. Folglich müssen alle Wurzeln reell bleiben und für jedes E_k^i dieselbe Verteilungsweise auf die Intervalle beibehalten wie für $\alpha - \beta \ldots - (\mu - \tfrac{1}{2})$. —

Nun wollen wir zu dem allgemeinen Beweise von Stieltjes übergehen, der das betr. Theorem gleich nach seinem vollen Umfange beweist.

Die Differentialgleichung für $\mathcal{E}$ hat die Form (unabh. Var. z.)

$$\mathcal{E}'' + \left(\frac{1-\alpha}{z-a} + \cdots + \frac{1-\nu}{z-n}\right)\mathcal{E}' + (\ldots\ldots)\mathcal{E} = 0.$$

Ist z_i einer der k Wurzelpunkte von $\mathcal{E}$, so wird für einen solchen die Gleichung sich schreiben lassen

$$\left(\frac{\mathcal{E}''}{\mathcal{E}'}\right)_{z=z_i} + \left(\frac{1-\alpha}{z_i-a} + \cdots + \frac{1-\nu}{z_i-n}\right) = 0.$$

Nun ist
$$\mathcal{E} = (z-z_1)(z-z_2)\cdots(z-z_k).$$

Daraus berechnet man
$$\left(\frac{\mathcal{E}''}{\mathcal{E}'}\right)_{z=z_i} = \frac{2}{z_i-z_1} + \frac{2}{z_i-z_2} + \cdots + \frac{2}{z_i-z_k}; \quad i=1,2,\ldots k,$$

und man bekommt also den Satz:

<u>Die Wurzelpunkte z_i $(i=1,2,\ldots k)$ einer Lamé'schen Polynoms genügen den Gleichungen</u>

$$\underline{\frac{1}{z_i-z_1} + \frac{1}{z_i-z_2} + \cdots + \frac{1}{z_i-z_k} + \frac{\frac{1}{2}(1-\alpha)}{z_i-a} + \frac{\frac{1}{2}(1-\beta)}{z_i-b} + \cdots + \frac{\frac{1}{2}(1-\nu)}{z_i-n} = 0,}$$

<u>und umgekehrt, wenn man k Punkte $z_1, z_2, \ldots z_k$ hat, welche diesen Gleichungen genügen, dann bilden dieselben die Verschwindungsstellen eines Lamé'schen Polynoms.</u>

[Fr. d. 8. Juni 1894.] Die gestern gefundenen

— 202 —

Gleichungen für die Verschwindungsstellen eines Polynoms E_k' lassen nun nach Stieltjes eine sehr einfache mechanische Deutung zu. Ich werde Ihnen dieselbe hier in der Weise entwickeln, wie es Bôcher in seinem demnächst erscheinenden Buche „Die Reihenentwicklungen der Potentialtheorie" darstellt, nämlich unter Ausdehnung auf beliebig complexe z_i, resp. $a, b, \ldots n$.

Es sei z ein beweglicher Massenpunkt μ, z' ein fester Punkt mit der Masse μ' in einer z-Ebene. Bedeutet $r_{\mu\mu'}$ die gegenseitige Entfernung der beiden Massenpunkte, so stellt
$$U = \mu\mu' \log r_{\mu\mu'}$$
oder, was dasselbe ist
$$U = \mu\mu' R \log (z - z')$$
das „logarithmische Potential" der beiden Punkte aufeinander vor, und es ist $+ \frac{\partial U}{\partial r}$ eine in der Richtung des Radius vector $r_{\mu\mu'}$ wirkende Kraft, welche der eine Punkt auf den andern ausübt, eine Abstoßung, wenn μ und μ' gleiches, eine Anziehung, wenn sie ungleiches Vorzeichen haben.

Als Function des Punktes z wird U an der

Stelle $z = z'$ negativ logarithmisch unendlich, außerdem aber an der Stelle $z = \infty$ positiv logarithmisch unendlich, als wenn sich im Unendlichen ebenfalls ein Massenpunkt und zwar von der Masse $-\mu'$ befände.

Wenn wir diese Sonderstellung des unendlich fernen Punktes vermeiden wollen, so dürfen wir in der Theorie des logarithmischen Potentials auf einen beweglichen Punkt nur solche Massenaggregate wirken lassen, deren Summe $= 0$ ist.

Es seien nun n feste Punkte $a, b, \ldots n$, n je mit den Massen $\frac{1}{2}(1-\alpha), \frac{1}{2}(1-\beta)\ldots$ $\frac{1}{2}(1-\mu), \frac{1}{2}(1-\nu)$ gegeben, und es bedeuten z_i $(i = 1, 2, \ldots k)$ k bewegliche Punkte je mit der Masse 1. Das Gesamtpotential dieser Punkte auf einander ist dann durch die Summe vorgestellt:

$$\mathfrak{U} = \mathfrak{R}(U + iV) = \mathfrak{R}\left[\sum_i \sum_i \log(z_i - z_i') + \sum_i \frac{1}{2}(1-\alpha)\log(z_i - a)\right.$$
$$+ \sum_i \frac{1}{2}(1-\beta)\log(z_i - b) + \ldots + \sum_i \frac{1}{2}(1-\nu)\log(z_i - n)$$
$$\left. + \frac{1}{2}(1-\alpha)\cdot\frac{1}{2}(1-\beta)\log(a-b)\ldots + \frac{1}{2}(1-\mu)\cdot\frac{1}{2}(1-\nu)\log(m-n)\right]$$

Auf irgend einen der beweglichen Punkte z_i wirken hier die $k-1$ übrigen beweglichen Punkte je mit der Masse 1 sowie die Punkte $a, b, \ldots n$ je mit der Masse $\frac{1}{2}(1-\alpha), \frac{1}{2}(1-\beta)\ldots \frac{1}{2}(1-\nu)$, also

eine Massensumme
$$k - 1 + \Sigma \frac{\alpha}{2}(1-\alpha).$$
Wir treffen nun von Hause aus die Verabredung, daß für den beweglichen Punkt z_i das Unendlichferne keine Unstetigkeit ist, d. h. wir setzen
$$k - 1 + \Sigma \frac{\alpha}{2}(1-\alpha) = 0.$$
In der Tat stimmt diese Festsetzung genau damit überein, daß der Grad eines Lamé'schen Polynoms
$$k = \frac{\Sigma(\alpha-1)+2}{2}$$
ist.

Nun fragen wir, ob die k beweglichen Punkte so zwischen den n festen Punkten angeordnet werden können, daß sie sich im Gleichgewicht — einerlei ob in stabilem oder in labilem — befinden. Die auf einen Punkt $z_i = x_i + i y_i$ wirkende Kraft ist durch ihre Componenten $\frac{\partial U}{\partial x_i}$ und $\frac{\partial U}{\partial y_i}$ gegeben; beide müssen verschwinden, wenn der Punkt z_i im Gleichgewicht sein soll:
$$\frac{\partial U}{\partial x_i} = 0 \quad \frac{\partial U}{\partial y_i} = 0;$$
mit $\frac{\partial U}{\partial x_i}$ muß auch $\frac{\partial V}{\partial x_i} = -\frac{\partial U}{\partial y_i} = 0$ sein. Dann kann man beide reellen Gleichungen in die

eine complexe zusammenfassen:
$$\frac{\partial (u + iV)}{\partial x_i} = 0$$

oder, da $\frac{\partial}{\partial x_i} = \frac{\partial}{\partial (x_i + i y_i)} = \frac{\partial}{\partial z_i}$ ist:
$$\frac{\partial (u + iV)}{\partial z_i} = 0$$

Die $2k$ Bedingungen für das Gleichgewicht sind in den k complexen Gleichungen zusammengefaßt:

$$\frac{\partial (u+iV)}{\partial z_i} = \sum_{i'} \frac{1}{z_i - z_{i'}} + \frac{\frac{1}{2}(1-\alpha)}{z_i - a} + \frac{\frac{1}{2}(1-\beta)}{z_i - b} + \cdots + \frac{\frac{1}{2}(1-\nu)}{z_i - n} = 0,$$

$$i = 1, 2, \ldots k.$$

Diese Gleichungen sind aber genau die Gleichungen, denen die k ϑ-Stellen einer Lamé'schen Polynoms genügen. Also:

Die k ϑ-Stellen einer Lamé'schen Polynoms E_k sind direkt definiert als Gleichgewichtslage von k beweglichen Punkten, welche die Masse 1 besitzen, während in den festen Punkten $a, b, \ldots n$ die Massen $\frac{1}{2}(1-\alpha), \frac{1}{2}(1-\beta), \ldots \frac{1}{2}(1-\nu)$ angebracht sind.

Im Falle von Stieltjes ist
$\alpha < 1, \beta < 1, \ldots \mu < 1, \nu = 2k - 1 + \Sigma(1-\alpha) > 1;$
folglich sind die Massen in den Punkten $a, b, \ldots n$ sämtlich positiv. Also:

Der einzelne Punkt z_i erfährt im Falle von Stieltjes nicht nur seitens der andern Punkte z_i Abstoßung, sondern auch seitens der $n-1$ festen Punkte $a, b, \ldots m$, während er allerdings vom Punkte n stark angezogen wird.

Nun beschränken wir die Lage der festen und der beweglichen Massenpunkte auf die reelle Axe. Wir denken uns die k beweglichen Massenpunkte irgend wie in die Intervalle zwischen den Punkten $a, b, \ldots m$ hingestreut. Dieselben werden sich dann irgendwie in eine Gleichgewichtslage anordnen müssen, und zwar muß jeder der $\frac{(k+1)\ldots(k+n-3)}{1\ldots(n-2)}$ verschiedenen möglichen Verteilungsweisen der k Punkte auf die $n-2$ Intervalle mindestens eine Gleichgewichtslage entsprechen. Denn bei den Bewegungen, die sich nach der Ausstreuung einstellen, kann kein Punkt über eine Intervallgrenze hinweggehen, weil er von dem betreffenden Punkte $a, b, \ldots m$ vorher unendlich stark abgestoßen würde. Ebensowenig, wie einer der Punkte z_i an einen Punkt $a, b, \ldots m$ heranrücken kann, ebensowenig können zwei derselben zusammenrücken. Wir haben also den Satz:

Wie immer wir die k Punkte als reelle Punkte auf die $n-2$ innern Intervalle verteilen mögen, ganz gewiß gibt es dieser Verteilungsweise entsprechend mindestens eine Gleichgewichtslage der Punkte und also ein entsprechendes Lamé'sches Polynom E_k.

Nun gibt es gerade ebensoviele verschiedene Verteilungsweisen der Punkte, als es Polynome gibt. Jeder Verteilungsweise, haben wir gesehen, entspricht mindestens ein Polynom; also läßt sich schließen, daß jeder Verteilungsweise auch gerade nur ein einziges Polynom entspricht.

Andere Gleichgewichtslagen der k Punkte in der z-Ebene, als auf der reellen Axe kann es daher auch nicht geben, da ja schon die Zahl aller Polynome mit den gefundenen Gleichgewichtslagen auf der reellen Axe erschöpft ist. Also:

Alle Polynome E_k sind reell und liefern $=0$ gesetzt k reelle Wurzeln, welche auf die $n-2$ innern Intervalle so verteilt sind, daß das einzelne E_k durch die Art und Weise der Verteilung seiner Wurzeln auf die $n-2$ Intervalle charakterisiert ist.

Bôcher hat diesen Satz und den Beweis

von Stieltjes in folgender Weise für den Fall
verallgemeinert, <u>daß die singulären Punkte
a, b, ... m, n allgemeine Lage in der com,
plexen Zahlenebene haben</u>:

Es sei der Punkt n ins Unendliche geworfen.
Alle übrigen, im Endlichen gelegenen Punkte
schließe man in ein geradliniges Polygon
ohne überstumpfe Winkel
ein. Dann gilt der Satz:
<u>Die Wurzeln ξ_i der säm,
lichen zugehörigen Lamé'
schen Polynome sind in
unserem geradlinigen
Polygon enthalten.</u>

Denn, wenn Punkte z_i außerhalb der Poly,
gons lägen, so könnte man wenigstens
durch einen dieser Punkte eine solche gerade
Linie ziehen, daß nicht nur alle Punkte
a, b, ... m, sondern auch alle übrigen Punkte
z_i, d. h. alle auf den betreffenden Punkt ab,
stoßend wirkenden Punkte auf ein und der,
selben Seite der Geraden liegen. Dann kann
der betr. Punkt aber auf keinen Fall im
Gleichgewicht sein, sondern er muß nach
der andern Seite hin abgestoßen werden.

— 299 —

Construieren wir das Bôcher'sche Polygon in dem Falle, wo die Punkte $a, b, \ldots m$ sämtlich auf der reellen Axe liegen, so reduciert sich dasselbe auf einen unendlich

$$\underline{\quad a \quad b \quad c \quad \cdots \quad m \quad}$$

schmalen, nur die Segmente der reellen Axe von a bis m einschließenden Flächenstreifen. Daraus folgt unmittelbar, daß alle Wurzeln von $\xi_k = 0$ auf diesen $n-2$ Segmenten der reellen Axe liegen müssen.

Eine unmittelbare Folge der Bôcher'schen Sätze ist, daß die sämtlichen Wurzeln z_i im Falle reeller $a, b, \ldots m$ zwischen a und m auf der reellen Axe liegen. Es bleibt bloß übrig, kennt, wie sich die Punkte z_i auf die verschiedenen Intervalle von a bis m verteilen. —

Wenn bei Beschränkung auf reelle z die Punktsysteme z_i der Stieltjes'schen Fälle sich notwendig im stabilen Gleichgewicht befinden, so wird das Gleichgewicht sofort labil, sobald wir den Punkten z_i freie Beweglichkeit in der z-Ebene gestatten. Denn man braucht nur durch denjenigen der Punkte z_i, der nach einer kleinen Verrückkung in das complexe Gebiet hinein am weitesten von der reellen Axe entfernt ist, eine parallele Gerade zur reellen Axe zu construieren, um zu sehen, dass dann alle abstossenden Punkte auf derselben Seite dieser Geraden, wie die reelle Axe sich befinden, und dass also der Punkt notwendig noch weiter von der reellen Axe fortgetrieben wird. Soviel über den Stieltjes'schen Gedankengang mit der Bôcher'schen Erweiterung.

[v. d. 12. Juni 1894.] Wir wollen heute den in der vorigen Stunde besprochenen allgemeinen Stieltjes'schen Satz speciell für $n=3$, d. h. für die hypergeometrische Function genauer überlegen und insbesondere sehen, wie man denselben vermittelst der Methode der conformen Abbildung bestätigt.

Sind $\alpha, \alpha'; \beta, \beta'; \gamma, \gamma'$ die Exponenten der drei singulären Punkte a, b, c, so muss, wenn ein Polynom $E_k(x)$ zu der Differentialgleichung als Particularlösung existieren soll:

$$\alpha + \beta + \gamma = 2k+1$$

sein. Die Anzahl der E_k ist einfach $= 1$. In der Tat drückt man E_k leicht durch eine abbrechende hypergeometrische Reihe aus,

nämlich, wenn wir sogleich homogen machen:
$\xi_k(x_1, x_2) = (x_1 - cx_2)^k \cdot F(k+1-\alpha-\beta, -k, 1-\alpha, \frac{x-a}{x-c} \cdot \frac{b-c}{b-a})$

Der Satz von Stieltjes behauptet nun, daß für $\alpha < 1$, $\beta < 1$ das vorstehende Polynom, d. h. die abbrechende hypergeometrische Reihe zwischen $x = a$ und $x = b$ gerade k reelle Wurzeln besitzt.

Andererseits haben wir im vorigen Semester aus der conformen Abbildung folgenden Satz über die Anzahl der reellen Wurzeln einer hypergeometrischen Reihe in ihrem Intervall abgeleitet (S. 441 der Autogr.)

Die Anzahl der 0-Stellen der einzelnen hypergeometrischen Reihe im Intervall ist:
$$E\left(\frac{(\gamma) - |\alpha| - |\beta| + 1}{2}\right) + \varepsilon,$$

wo $\varepsilon = 0$ oder $= 1$ zu wählen ist, und zwar so, daß die Gesamtzahl der Wurzeln gerade oder ungerade ist, je nachdem die F-Reihe bei 1 positiv oder negativ ist.

Daß die so zu bestimmende Zahl gerade $= k$ wird, das wäre im Einzelne auszuführen.

Wir aber wollen an dieser Stelle statt dessen das Resultat von Stieltjes lieber durch Betrachtung der conformen Abbildung ableiten, einerseits, weil wir die Formel der vorigen Semesters selbst erst aus der conformen Abbildung abgeleitet haben, andererseits, um zu sehen, ob wir nicht mit der Methode der conformen Abbildung wenigstens im Falle $n = 3$ noch über das Stieltjes'sche hinausgehende Resultate gewinnen können.

η stellt sich in Form eines Integrals dar:
$$\eta = \int \frac{(x-a)^{\alpha-1}(x-b)^{\beta-1}(x-c)^{\gamma-1}(x, dx)}{E_K(x_1, x_2)^2}$$

Die positive Halbebene x wird durch dieses Integral auf ein geradliniges Dreieck mit den Winkeln $\alpha \pi, \beta \pi, \gamma \pi$ abgebildet, wobei negative Winkel so zu verstehen sind, dass die betreffende Ecke im Unendlichen liegt. Denn für $\alpha < 0$ wird η bei $x = a$ unendlich.

Aber diese eventuell bei $x = a, b, c$ liegenden Unendlichkeitspunkte von η collidieren nicht mit denjenigen ∞-Punkten von η, welche von den 0-Stellen der $E(x_1, x_2)$ herrühren, da ja diese durchaus von a, b, c getrennt liegen. Wenn eine 0-Stelle von E auf der reellen Axe liegt, sagen wir zwischen a und b, so muss η auf der diesem Segment entsprechenden

Dreiecksseite ∞ werden, die Seite sich also durch's Unendlichferne hindurchziehen.

Wenn dagegen E eine complexe 0-Stelle hat, so tritt diese immer mit ihrer conjugierten zusammen auf, da ja für $n-3$ bei reellen α, β, γ die Differentialgleichung immer reell ist; von jedem Paar conjugiert-complexer Wurzeln liegt aber immer eine in der positiven Halbebene, d. h. y wird ihr entsprechend einmal in der Dreiecksfläche unendlich, oder anders ausgedrückt, die Dreiecksfläche zieht sich einmal durch's Unendliche. Also:

<u>Aus der Anzahl der Seitendurchgänge unseres Dreiecks bezw. aus der Anzahl der Flächendurchgänge erfahren wir die Anzahl der reellen Wurzeln von E_k im einzelnen Intervall und die Anzahl der complexen Wurzeln überhaupt.</u>

Im vorigen Semester haben wir uns mit dem allgemeinen Kreisbogendreieck beschäftigt, und vom geradlinigen Dreieck nur nebenbei gesprochen. Wir fragten damals, wie oft eine Seite sich überschlage; diese Frage, auf eine geradlinige Seite bezogen, ist von der jetzigen, wie oft die Seite sich durch's ∞ zieht,

— 214. —

etwas verschieden. Denn die Anzahl der Durchgänge durch ∞ kann ev. um 1 größer sein als die Zahl der Überschlagungen der Seite. Also:

Die hier vorliegende Fragestellung, wie oft die einzelne Seite des Dreiecks durch den ∞-Punkt der y-Ebene läuft, ist der Fragestellung des Wintersemesters, wie oft sich die einzelne Seite überschlägt, d. h. über jeden beliebigen ihrer Punkte hinläuft, außerordentlich benachbart, aber doch nicht mit ihr identisch.

Wir wollen nun durch wirkliches Zeichnen der geradlinigen Dreiecke den Stieltjes'schen Satz beweisen.

1. Wir gehen aus von dem Dreieck
$$\alpha = \tfrac{\pi}{2}, \quad \beta = \tfrac{\pi}{2}, \quad \gamma = 2k\pi,$$
welches für $k = 1$ folgendes Aussehen zeigt,

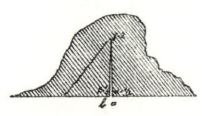

während man sich für $k > 1$ noch längs der geschlängelten Linie $k-1$ Halbebenen polaranghängt zu denken hat.

Man sieht aus der Figur, daß für $k = 1$ die Seite ab sich einmal durch ∞ zieht und für $k > 1$ noch $k-1$

mal mehr, d. h. allgemein k mal. Also:
<u>Alle Wurzeln von E_k sind reell und liegen
im Intervall von a bis b.</u>

Nun wollen wir uns die Figur continuirlich abgeändert denken, und zwar, indem wir dabei die Größe des Winkels $\beta = \frac{\pi}{2}$ festhalten und α einmal von $\frac{\pi}{4}$ bis zu seiner Grenze 1 wachsen lassen, dann von $\frac{\pi}{4}$ durch 0 zu negativen Werten abnehmen lassen.

2.) $\alpha = \frac{\pi}{4}, \beta = \frac{\pi}{2}, \gamma = 2k \cdot \frac{\pi}{4}$

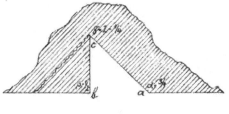

Man sieht, wenn der Schenkel ca des Winkels γ allmählich nach rechts gedreht wird, daß die Seite ab so lange nicht aufhört, einmal, bezw. bei $k-1$ polar angehängten Halbebenen k mal durch ∞ zu ziehen, als $\gamma > 1\frac{\pi}{2}$, $\alpha < 1$ bleibt. Das ist genau die Stieltjes'sche Grenze.

Unsere Figur behält ihren Charakter bis zu dem Moment, in welchem $\alpha = 1$ wird, wo andere Verhältnisse eintreten, die noch näher untersucht werden sollen.

3.) Wir lassen nun β von $\frac{\pi}{2}$ an continuierlich

abnehmen. Zuerst:
$\alpha = \tfrac{\pi}{4}, \beta = \tfrac{\pi}{2}, \gamma = 2k + \tfrac{\pi}{4}$
Die Figur hat für
$k = 1$ das Aussehen
nebenstehenden Drei-
ecks; für $k > 1$ hat

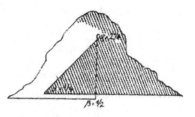

man nur noch $k-1$ Halbebenen einzuhängen, wodurch $k-1$ Seitendurchgänge hinzu-
kommen. Wir sehen, daß an den Durchgängen
durch ∞ nichts geändert ist. Da übrigens das
Verhältnis des Falles $k > 1$ zum Falle $k = 1$
immer wieder dasselbe einfache ist, soll in
den folgenden Figuren immer nur der
Fall $k = 1$ berücksichtigt werden.

4.) $\alpha = 0, \beta = \tfrac{\pi}{2}, \gamma = 2k + \tfrac{\pi}{2}$
Die Seite ab geht auch
jetzt gerade noch ein-
mal durchs Unendliche,
wie es sein soll. Daß
a in's Unendliche ge-
rückt ist, darf dabei
nicht mitgezählt wer-
den.

5.) $\alpha = -\tfrac{\pi}{4}, \beta = \tfrac{\pi}{2}, \gamma = 2k + \tfrac{3\pi}{4}$
Wir können jetzt den

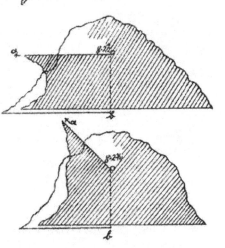

Schenkel ca beliebig immer weiter drehen, ohne daß sich an der Seite ab oder bc etwas ändert. Es hängen sich dabei, so oft man um π oder 2π weiter gedreht hat, an die Dreiecksseite ca Halbebenen und Vollebenen lateral an, das ist die ganze Änderung.

Wir sehen also:

Die hiermit erreichte Gestalt des Dreiecks ändert sich nun, wenn α weiter ins Negative wächst, was die Seiten $a\,b$, ba angeht, garnicht, nur der Schenkel ca dreht sich im Sinne des Uhrzeigers fortschreitend um c herum, wobei er die Membran des Dreiecks hinter sich her zieht.

Damit ist der Satz von Stieltjes, wenigstens in Bezug auf die Änderung von α vollständig bestätigt. Ganz Entsprechendes findet man, wenn man nun auch noch β in unsern Figuren variiert.

Wie ist's nun aber, wenn wir α über die Grenze 1 hinaus wachsen lassen? Ich will heute nur noch kurz das Resultat angeben, welches durch folgende schematische Figuren zu übersehen ist, bei denen ich $k = 5$ nehme.

1.) $\alpha < 1, \beta < 1.$
2.) $\alpha = 1, \beta < 1.$
3.) $1 < \alpha < 2.$
4.) $\alpha = 2.$
5.) $2 < \alpha < 3.$
6.) $\alpha = 3.$
7.) $3 < \alpha < 4.$

Für $\alpha = 1$ rückt einer der vorher im Intervall ab gelegenen Wurzelpunkte nach a selbst hinein und für $\alpha > 1$ darüber hinaus in das Intervall ac. Für $\alpha = 2$ wird dieser Punkt wieder an a herangezogen, zugleich mit einem der übrigen Punkte, und für $\alpha > 2$ werden diese beiden Wurzelpunkte complex. Darauf wiederholt sich dasselbe Spiel mit den $k-2$ noch reell gebliebenen und im Intervall ab gelegenen Wurzeln, bis schließlich alle Wurzeln complex sind oder nur eine einzige reelle übrig bleibt.

Daß alle Wurzeln complex werden, tritt ein, wenn k eine gerade Zahl ist und α zwischen k und $k + \frac{1}{2}$ liegt; dann liegt aber wegen $\beta = \frac{\alpha}{2}$ auch β zwischen k und $k + \frac{1}{2}$, die beiden Punkte α und β sind also gleichberechtigt. Läßt man nun a weiter wachsen, immer bei festgehaltenem Werte von β, so nimmt dafür γ ab, und wird kleiner als k. Es übernimmt daher jetzt das Intervall cb dieselbe Rolle wie vorher das Intervall ab, und es treten nach und nach alle die complexen Wurzelpunkte von E_k in das Intervall cb hinein, in dem nur die Figuren der vorigen Seite in umgekehrter Reihenfolge und mit Vertauschung von a und c zu durchlaufen sind. Schließlich, wenn $a > 2k - \frac{1}{2}$, also $\gamma < 1$ geworden ist, sind wieder alle Wurzelpunkte reell, und wir haben wieder den Stieltjes'schen Fall, nur mit cb als innerem Segment. Ähnlich wie für geradzahlige k verläuft die Sache bei ungeradem k; nur bleibt ein Punkt reell und wandert statt durchs Complexe hindurch direct durch das Intervall ac hindurch aus ba nach bc hinein.

[Do. d. 14. Juni 1894.] Zur Illustration mögen die Figuren für $k = 2$ sämtlich gezeichnet werden. Um die Gleichberechtigung der Intervalle ba und bc bei

— 220 —

ver hervortreten zu lassen, will ich die reelle Zahlenare durch einen Kreis ersetzen, auf dem die Punkte a b c in gleichem Abstand verteilt sind.

Zum Beweise für die Richtigkeit der Figuren für die Verteilung der Wurzeln von E_k sollen ihnen zugleich die entsprechenden geradlinigen Dreiecke mit den Winkeln α, β, γ gegenübergestellt werden. Man sieht dann, daß in der Tat jedem Seitendurchgang durch ∞ eine reelle Wurzel in dem betr. Intervall entspricht, jedem Flächendurchgang ein Paar complexer Wurzeln.

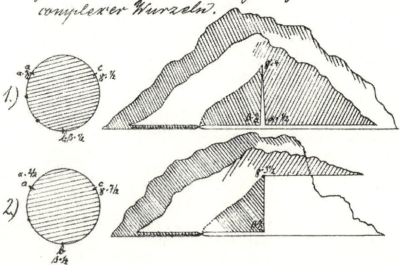

— 221. —

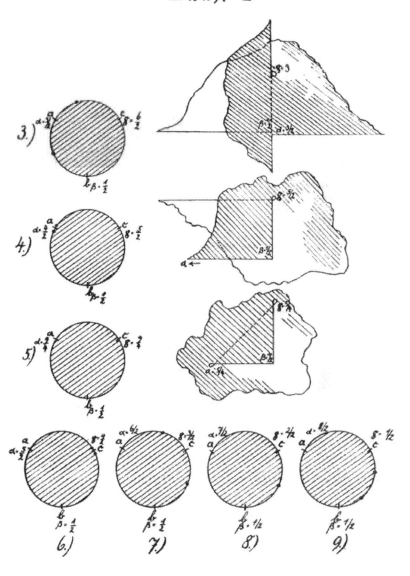

– 222. –

Die Dreiecke zu den Fällen 6) 7) 8) 9) brauche ich nicht zu zeichnen, da sie einfach die Spiegelbilder der Dreiecke 4) 3) 2) 1) sind.
 Nun noch einige Bemerkungen zu den einzelnen Zeichnungen.
Ad 1. Die Figur 1) haben wir construiert, indem wir zuerst ein Dreieck mit den Winkeln $\alpha = \frac{\pi}{2}$, $\beta = \frac{\pi}{2}$, $\gamma = 2$ construierten, und an dieses von der Ecke γ aus längs der Verzweigungsschnitte ξ eine Halbebene polar anhängten. Man könnte fragen, warum wir nicht lieber von dem Dreieck $\alpha = \frac{\pi}{2}$, $\beta = \frac{\pi}{2}$, $\gamma = 0$ ausgegangen sind und an dieses 2 Halbebenen polar angehängt haben. Wenn wir dies versuchen würden, indem wir von dem gewöhnlichen Dreieck mit den Winkeln $(\frac{\pi}{2}, \frac{\pi}{2}, 0)$ ausgehen, so sehen wir, daß wir durch polare Anhängung einer Halbebene nicht ein Dreieck, sondern zwei zum Teil übereinander bezw. durcheinandergeschobene Zweiecke erhalten, die garnicht miteinander zusammenhängen. Also:

Wir dürfen nicht von dem gewöhnlichen Dreieck $(\frac{\pi}{2}, \frac{\pi}{2}, 0)$ ausgehen, weil dieser gar keine polare Anhängung verträgt.

Wenn wir wirklich von einem Dreieck $\frac{\pi}{2}, \frac{\pi}{2}, 0$ ausgehen wollen, so dürfen wir nicht von dem oben gezeichneten Dreieck ausgehen, sondern von einem ausgearteten unendlich schmalen Dreieck von endlicher Höhe. Hier hat es dann in der Tat keine Schwierigkeit, eine Halbebene polar anzuhängen, wodurch wir un, ser Ausgangsdreieck $\frac{\pi}{2}, \frac{\pi}{2}, 2$ bekommen. Also sagen wir noch als Ergänzung zur vorigen Bemerkung:

Immer können wir mit dem Falle $\gamma = 0$ beginnen, wenn wir uns nicht scheuen, das Dreieck $(\frac{\pi}{2}, \frac{\pi}{2}, 0)$ in ausgearteter Form zu zeichnen.

Ad 2. Die eine Ecke a ist ins Unendliche gerückt und hat logarithmischen Charakter bekommen. Dasselbe sehen wir bei der Figur. 4.) In beiden Fällen sind Wurzelpunkte von ζ_k, bei 2) einer, bei 4) zwei mit a zusammengefallen. Wir sehen:

Unsere singulären Punkte erhalten bei

ganzzahliger Exponentendifferenz nur dann
einen logarithmischen Charakter, wenn eine
oder mehrere Wurzeln von ξ in den singulären Punkt hineinrücken. (vergl. hierzu die
allgemeine Regel auf pag. 72, 428 der Winterautographie).

Ad 3. Das Dreieck $(\tfrac{1}{2}, \tfrac{1}{2}, \tfrac{1}{2})$ erhält man am
einfachsten, indem man
an das nebenstehende
Dreieck $(\tfrac{1}{2}, \tfrac{1}{2}, 2)$ längs
ca eine Halbebene late-
ral anhängt.

Ad 4. Bei der Betrachtung der Dreiecke sehen
wir:
Bei dem Dreieck 4) wird das Unendliche nur
von der Ecke a selbst erreicht, und es sind
also in der Tat beide Wurzeln von ξ_k nach
a gefallen, wobei übrigens, wie schon oben
bemerkt, ein logarithmisches Glied in der Reihenentwicklung von y auftritt.

Ad 5. Wir sehen hier an der Figur:
Keine Seite des Dreiecks zieht sich mehr
durchs Unendliche, wohl aber die Fläche
des Dreiecks, dem Umstande entsprechend,
daß $\xi_k - 0$ jetzt zwei complexe Wurzeln be-

besitzt, in jeder Halbebene eine.

Alle unsere Figuren zusammen geben uns jetzt den Satz:

Indem unsere Dreiecke jeweils die richtigen Winkel α, β, γ haben und mit ihren Seiten bezw. mit ihren Flächen genau so durchs Unendliche ziehen, wie es der angegebenen Lage der Wurzeln von $E_k = 0$ entspricht, so wird durch die Gestalt der Dreiecke unsere Angabe über die Lage der Wurzeln von $E_k = 0$ bewiesen.

Überblicken wir unsere Figuren noch einmal im Ganzen, so müssen wir gestehen, dass dieselben trotz der Einfachheit der Voraussetzungen $\beta = \frac{1}{2}$ und $k = 2$ doch verhältnismässig sehr compliciert sind.

In der Tat geschah das Heranziehen der Dreiecke mehr im Hinblick auf spätere Entwicklungen, wo die Methode der conformen Abbildung die einzige ist, die uns bleibt, als weil es im vorliegenden hypergeometrischen Falle oder überhaupt bei den Laméschen Polynomen nötig wäre.

Mit rein algebraischen Mitteln ist die Frage der Wurzelverteilung bei der im Endlichen abbrechenden hypergeometrischen Reihe von Stieltjes in Comptes rendus 100. 1885 und von Hilbert in Crelle's Journ. 103. 1888 behandelt worden.

Wir aber wollen morgen sehen, daß wir unsere Theoreme direct durch Betrachtung der logarithmirten Potentials unseres Punktsystems erweisen. Derartige Betrachtungen hat bereits früher in meinem Seminare Hr. van Vleck angestellt.

[Fr. d. 15. Juni 1894.] Die ϑ-Punkte z_i $(i=1,2\ldots k)$ einer Polynoms E_k genügen, wie wir gesehen haben, den k Gleichungen:

$$\frac{1}{z_i-z_1}+\cdots+\frac{1}{z_i-z_k}+\frac{\frac{1}{2}(1-\alpha)}{z_i-a}+\frac{\frac{1}{2}(1-\beta)}{z_i-b}+\frac{\frac{1}{2}(1-\gamma)}{z_i-c}=0.$$
$$(i=1,2\ldots k).$$

Der Stieltjes'sche Fall liegt vor, wenn $\alpha < 1$ und $\beta < 1$ ist, d. h. wenn $\frac{1}{2}(1-\alpha)$ und $\frac{1}{2}(1-\beta)$ beide positiv sind, wobei dann $\frac{1}{2}(1-\gamma)$ nothwendig negativ ist. Die Schlußweise war dann folgende:

$$c \longleftarrow \overset{}{\underset{a}{|}}\;\overset{}{\underset{z_1}{\cdot}}\;\overset{}{\underset{z_2}{\cdot}}\;\overset{}{\underset{z_3}{\cdot}}\;\overset{}{\underset{z_4}{\cdot}}\;\overset{}{\underset{b}{|}}$$

Wir haben a mit der positiven Masse $\frac{1}{2}(1-\alpha)$, b mit der positiven Masse $\frac{1}{2}(1-\beta)$, c mit

— 227. —

der negativen Masse $\frac{1}{k}(1-\alpha)$ geladen zu denken. Wenn wir nun die Punkte $z_1, z_2, \ldots, z_k$ räumlich mit der positiven Ladung 1 versehen irgendwie in das Intervall ab eingestreut denken, so müssen sie notwendig, da sie sowohl von den Enden des Intervalls wie untereinander abgestoßen werden, eine Gleichgewichtslage innerhalb des Intervalls annehmen. Jede Gleichgewichtslage entspricht aber gerade der Wurzelverteilung einer E_k, und da es in unserm Falle $n=3$ nur ein E_k gibt, so ist gerade dieses durch unsere Gleichgewichtslage elektrischer Punkte gegeben, hat also notwendig seine Wurzeln räumlich im Intervall ab.

Nun werde $\alpha=1$, sodaß also der Punkt a seine abstoßende Wirkung auf die Punkte $z_1, z_2, \ldots, z_k$ verliert; dann hindert nichts mehr, daß ein Punkt z_i an den Punkt a heran oder darüber hinaus rückt.

Wir werden versuchen, ob wir nicht den für die z_i geltenden Gleichungen Genüge leisten können, indem wir einen der Punkte z_i, nämlich z_1, nach a selbst legen.

Es sei $\frac{1}{k}(1-\alpha)$ vorerst nur eine sehr kleine positive Größe δ. Wir setzen $z_1 = a + \varepsilon$ und

– 228 –

sehen zu, ob wir für ein z_1 welches mit ε in einer noch zu bestimmenden Weise verschwindet, den Gleichungen genügen können. Die erste auf z_1 bezügliche Gleichung wird dann lauten

$$\frac{1}{a-z_2} + \frac{1}{a-z_3} + \ldots + \frac{1}{a-z_k} + \lim \frac{\varepsilon}{z} + \frac{\frac{z}{\varepsilon}(1-\beta)}{a-b} + \frac{\frac{z}{\varepsilon}(1-\gamma)}{a-c} + (\varepsilon) = 0,$$

wobei (ε) eine Größe bedeutet, die mit ε wenigstens in der ersten Potenz verschwindet. Wir sehen, daß wir der ersten Gleichung tatsächlich durch ein verschwindender ε genügen können, wenn wir nur den Punkt z_1 für $\lim \frac{z}{\varepsilon}(1-\alpha) = 0$ mit solcher Geschwindigkeit nach a hineinrücken lassen, daß

$$\lim \frac{\varepsilon}{z} = -\frac{1}{a-z_2} - \frac{1}{a-z_3} - \ldots - \frac{1}{a-z_k} - \frac{\frac{z}{\varepsilon}(1-\beta)}{a-b} - \frac{\frac{z}{\varepsilon}(1-\gamma)}{a-c}$$

ist. Also:
<u>Die erste Gleichung bleibt richtig, wenn wir nur für $\lim \alpha = 1$ den Punkt z_1 mit einer bestimmten Geschwindigkeit in den Punkt a hineinrücken lassen.</u>

Die übrigen Gleichungen gehen nun für $\lim \alpha = 1$, $\lim z_1 = a$ in die folgenden über:

$$\frac{1}{z_i-z_2} + \frac{1}{z_i-z_3} + \ldots + \frac{1}{z_i-z_k} + \frac{1}{z_i-a} + \frac{\frac{z}{\varepsilon}(1-\beta)}{z_i-b} + \frac{\frac{z}{\varepsilon}(1-\gamma)}{z_i-c} = 0$$

— 229. —

Diese $k-1$ Gleichungen für die übrigen Wurzelpunkte von E_k sind aber nichts anderes als die Gleichungen für die Wurzelpunkte des E_{k-1} im Falle $\alpha = -1$, $\beta = \beta$, $\gamma = \gamma$. Dies ist aber wieder ein Stieltjes'scher Fall; also liegen die $z_2, z_3, \ldots z_k$ tatsächlich sämtlich im Intervall ab. Wir haben also das folgende Resultat, welches in der Lagebestimmung der nicht nach a gerückten Wurzelpunkte über die Angaben der vorigen Stunde hinausgeht:

<u>Wird $\alpha = 1$, so rückt ein Wurzelpunkt der E_k nach a, und die übrigen $k-1$ bleiben im Intervall ab und bilden dort die 0-Stellen desjenigen E_{k-1}, welches dem Werte $\alpha = 1$ entspricht.</u>

Wird nun $\alpha > 1$, so entsteht im Punkt a eine schwache Anziehung. Der Punkt z_1 wird eine labile Gleichgewichtslage in dem Intervall ac finden, dessen beiden Enden anziehend auf ihn wirken, er wird aber immer noch mehr in der Nähe von a bleiben, da dieser Punkt eine geringere Masse als c hat. Der Punkt z_2 wird im Intervall ab jetzt näher an a heranrücken, da die abstoßende Wirkung der Punkte z_1 einerseits durch dessen Verschiebung

nach links, andrer-
seits durch die schwache Anziehung des Punktes a verringert ist. Immer aber wird die Abstoßung des Punktes z_1 die Anziehung des
Punktes a noch in genügendem Maße über-
wiegen, um ein vollständiges Heranrücken
von z_2 an a zu verhindern.

Nun werde $\alpha = 2$, die Masse des Punktes a also $= -\frac{1}{2}$. Da wird die Anziehung des Punktes a auf den Punkt z_2 so groß, daß auch
die Nähe des Punktes z_1 nicht mehr verhindern kann, daß z_2 nach a heranrückt; dadurch wird aber auch die von a auf z_1 aus-
geübte Anziehung so verringern, daß z_1
ebenfalls ganz an a herangehen muß, um
nicht von dem   Punkte
c weggerissen zu werden. In der Tat werden
wir unserm Gleichungssystem für $\lim \alpha = 2$
Genüge leisten können, indem wir z_1 und
z_2 in gewisser Weise gleichzeitig in a
hineinrücken lassen.

Es werde $\alpha = 2$, also $\frac{1}{2}(1-\alpha) = -\frac{1}{2}$ gesetzt;
dann lauten die ersten beiden Gleichungen,
wenn man z_1 und z_2 beide nahe an a

annimmt, etwa $z_1 = a - \varepsilon_1$, $z_2 = a + \varepsilon_2$, und wenn man kleine Größen von der Ordnung ε_1 bezw. ε_2 vernachlässigt:

$$\frac{1}{a-z_3} + \ldots + \frac{1}{a-z_k} + \left(-\frac{1}{\varepsilon_1+\varepsilon_2} + \frac{1}{2\varepsilon_1}\right) + \frac{\frac{1}{2}(1-\beta)}{a-b} + \frac{\frac{1}{2}(1-\gamma)}{a-c} = 0,$$

$$\frac{1}{a-z_3} + \ldots + \frac{1}{a-z_k} + \left(+\frac{1}{\varepsilon_1+\varepsilon_2} - \frac{1}{2\varepsilon_2}\right) + \frac{\frac{1}{2}(1-\beta)}{a-b} + \frac{\frac{1}{2}(1-\gamma)}{a-c} = 0.$$

Hieraus ergiebt sich, daß bis auf Größen höherer Ordnung, zu deren Bestimmung als Funktion der Exponenten α man auch die vernachlässigten Glieder berücksichtigen müßte,

$$\varepsilon_1 = \varepsilon_2$$

zu setzen ist. Also:

<u>Die Punkte z_1 und z_2 sollen von den beiden Seiten her mit gleicher Geschwindigkeit in den Punkt a einrücken.</u>

Die weiteren Gleichungen lauten dann:

$$\frac{1}{z_i-z_3} + \ldots + \frac{1}{z_i-z_k} + \frac{1}{z_i-a} + \frac{\frac{1}{2}(1-\beta)}{z_i-b} + \frac{\frac{1}{2}(1-\gamma)}{z_i-c} = 0,$$

$$(i = 3, 4, \ldots k).$$

Das ist aber nichts anderes als das Gleichungssystem für die 0-Stellen des P_{k-2} im speziellen Falle $\alpha = -2$, $\beta = \beta$, $\gamma = \gamma$.

Folglich haben wir den Satz:

– 232 –

Wird $\alpha = 2$, so bekommen wir eine Gleichgewichtslage, wenn wir zwei Wurzeln in den Punkt a hineinlegen und die übrigen $k-2$ im mittleren Intervall so arrangieren, wie es der Annahme $\alpha = -2$, $\beta = \beta$, $\gamma = \gamma$ nach Stieltjes entspricht.

Für $\alpha = 3, 4, \ldots$ hat man die genau entsprechenden Überlegungen anzustellen; man findet, daß für $\alpha = 3$ 3 Punkte, für $\alpha = 4$ 4 Punkte u.s.w. im Punkte a zusammenrücken und zwar so, daß sie in der complexen Ebene die Ecken eines regulären Polygons mit dem Centrum a bilden. Die restierenden $k-3$, $k-4$, … Punkte, bilden jedermal die Gleichgewichtslage für $\alpha = 3$, $\beta = \beta$, $\gamma = \gamma$ resp. $\alpha = -4$, $\beta = \beta$, $\gamma = \gamma$, etc. Auf solche Weise finden unsere obigen Angaben sämtlich ihre Bestätigung resp. Verallgemeinerung.

[15/6.94.] Wendet man das Verfahren der letzten Stunde in der Weise an, daß man nicht nur α, sondern nachher auch β von einem echten Bruch bis zu einem beliebigen Werte anwachsen läßt, so findet man, wenn man mit γ den größten Winkel bezeichnet, für die Anzahl der Wurzeln in den einzelnen Intervallen folgende Werte:

Wenn $\gamma \geq \alpha + \beta - 1$ ist:
im Intervall ab $k - E(\alpha) - E(\beta)$,
"   " ac 0 oder 1, je nachdem $E(\alpha)$ gerade oder ungerade ist,
"   " bc 0 " 1, "   " $E(\beta)$ " " ",

dagegen für $\gamma < \alpha + \beta - 1$:
im Intervall ab 0 oder 1, je nachdem $k+E(\alpha)+E(\beta)$ " " "
"   " ac 0 " 1, "   " $k+E(\alpha)+E(\gamma)$ " " "
"   " bc 0 " 1, "   " $k+E(\beta)+E(\gamma)$ " " "

Ist eine der Zahlen, etwa $\alpha, < 0$ und $\beta < \gamma$, so hat man
im Intervall ab $k - E(\beta)$,
"   " ac 0 ,
"   " bc 0 oder 1, je nachdem $E(\beta)$
gerade oder ungerade ist.

Diese Angaben gelten für nicht ganzzahlige α, β, γ. Ist dagegen eine der Zahlen α, β, γ eine positive ganze Zahl, so können sich in der betreffenden Ecke so viele Wurzeln vereinigen als der Exponent angibt. Wir verfolgen das nicht genauer.

Wir stellen aber folgende Frage: Wenn wir die Anzahl $\wp$ der Wurzeln eines Polynoms E in einem Intervall, etwa in ab, kennen, wenn wir ferner die Winkel α und β kennen, kön-

können wir dann den Grad k des Polynoms und den dritten Exponenten γ angeben?

Wenn wir von dem Falle absehen, wo einer der beiden gegebenen oder beide Winkel negativ sind, so zeigt ein Blick auf unsere Tabelle:

Wenn die Anzahl der Wurzeln im Intervall ab größer als 1 ist, dann kann man bestimmt sagen, welchen Wert k bezw. γ besitzt, nämlich $k = \rho + \Sigma(\alpha) + \Sigma(\beta)$, $\gamma = 2\rho + 1 + 2\Sigma(\alpha) + 2\Sigma(\beta) - \alpha - \beta$. Wenn aber ρ auf 1 oder 0 herabsinkt, dann sind allgemein zu reden mehrere Werte von k bezw. γ zulässig.

Ein geradliniges Dreieck ist daher durch eine Seite und die beiden anliegenden Winkel im Allgemeinen nur dann eindeutig bestimmt, wenn die Seite mindestens 2 mal durchs Unendliche zieht.

Dies noch als Ergänzung zur vorigen Stunde. Heute wollen wir in entsprechender Weise den Fall von 4 Punkten a, b, c, d mit den Exponentendifferenzen $\alpha, \beta, \gamma, \delta$ behandeln.

Der Stieltjes'sche Fall liegt vor, wenn etwa $\alpha < 1, \beta < 1, \gamma < 1$, also $\delta = 2k + 2 - \alpha - \beta - \gamma$ im Allgemeinen > 1 ist, wenigstens für $k \geq 1$. Dann liegen alle Wurzeln

— 235. —

k Wurzeln, auf $k+1$ Weisen verteilt

$$\overset{a}{|}\quad\overset{\alpha}{|}\quad\overset{\beta}{|}\quad\overset{b}{|}$$

der $k+1$ existierenden Polynome in den beiden Intervallen $a\beta$ und βb, und zwar so, daß jeder möglichen Verteilungsweise ein Polynom entspricht. Nun wollen wir von dem Stieltjes'schen Fall auf folgende Weise zu allgemeinen Fällen aufsteigen: Wir halten einmal β und γ fest, und lassen α wachsen unter gleichzeitiger Abnahme des δ, oder wir halten α und β fest und lassen γ wachsen. Beides wird natürlich ganz entsprechende Resultate ergeben, nur mit Vertauschung von α und γ, so daß wir nur die eine Art der Änderung ausführlich zu betrachten brauchen. Dagegen ganz anders geartet wird die Veränderung der Polynome sein, wenn wir α und γ festhalten, und β wachsen lassen.

Heute mögen β und γ festgehalten werden, und α möge nach und nach von einem echten Bruch als Anfangswert beginnend über $1, 2, 3,$ u. s. w. hinaus zunehmen, natürlich unter entsprechender Abnahme des δ.

Es zeigt sich, daß für $\alpha = 1$ von denjenigen

Polynomen, welche noch Wurzelpunkte im Intervall ab haben, ein Wurzelpunkt nach a rückt, daß dagegen das eine Polynom, dessen Wurzelpunkte sämtlich in bc liegen, qualitativ ganz ungeändert bleibt. Dieses Polynom bleibt auch weiterhin ungeändert. Für $\alpha > 1$ rückt der in a liegende Wurzelpunkt, der übrigen k Polynome über a hinaus in das Intervall da. Für $\alpha = 2$ bleibt nun wieder außer dem schon vorhin ungeändert gebliebenen Polynom ein weiterer Polynom ungeändert, nämlich dasjenige, welches in ab keine Wurzelpunkte hat; bei den übrigen k-1 Polynomen wird der in da liegende Wurzelpunkt und ein Wurzelpunkt aus dem Intervall ab nach a herangezogen, und für $\alpha > 2$ werden beide imaginär. Allgemein spaltet sich jedesmal, wenn α eine ganze Zahl wird, ein weiteres Polynom ab, um weiterhin, was die Anordnung seiner Wurzeln betrifft, sich nicht mehr zu ändern, und bei den übrigen Polynomen werden α Wurzeln entweder eine aus ab, die übrigen aus dem Complexen, oder eine aus da, eine aus ab, die übrigen aus dem Complexen in a zusammengezogen. So geht es, bis $\alpha = k$, $\delta = k+1$ geworden ist. Dann wird $\alpha = k+1$, $\delta = k$, und es kehrt sich derselbe Vorgang in der Weise um, daß nun wieder alle Wurzeln durch d hindurchgehend nach und nach in das Intervall cd hineinwandern, welches jetzt mit bc zusammen „inneres Intervall" geworden ist, wie es erst ab mit bc war. Schließlich kommt man wieder zum Stieltjes'schen Fall zurück, nur daß dann alle Wurzeln in bc und cd liegen, statt wie zuerst in ab und bc. Von da ab bleibt die Anordnung ganz ungeändert.

Man bekommt so der Reihe nach folgende schematischen Figuren von $\alpha < 1$ bis $\alpha = k$:

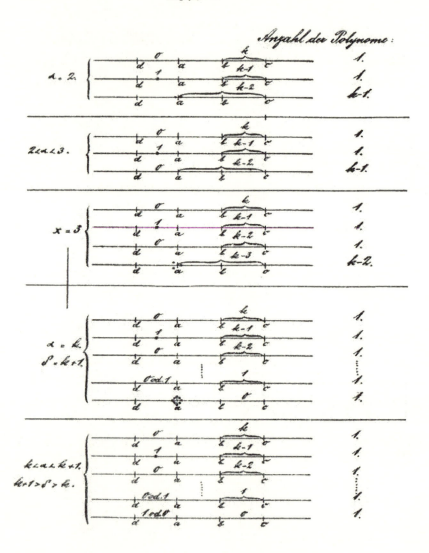

Die aus den Intervallen verschwindenden Wurzeln werden jedesmal paarweise conjugiert imaginär; wir haben also den Satz:

<u>Wenn α wächst, aber β und γ ungeändert bleiben, so bleiben alle Polynome $\mathcal{E}_\kappa$ reell, behalten aber nicht mehr lauter reelle Wurzeln. Ist insbesondere α eine ganze Zahl kleiner als $k+1$, so gibt es $k+1-\alpha$ Polynome, welche den Punkt a zur α-fachen Wurzel haben, und α Polynome, welche den Punkt a überhaupt nicht zur Wurzel haben.</u>

Statt α könnten wir gerade so gut γ wachsen lassen. Was geschieht nun aber, wenn wir α und γ gleichzeitig wachsen lassen?

Wir wollen nur den Fall betrachten, daß $\alpha + \gamma \leq k$ bleibt, (also $\leq k+1$ wegen $\beta < 1$). Lassen wir α und γ zunächst nur bis $\mathcal{E}(\alpha)$, $\mathcal{E}(\beta)$ wachsen, so bekommt man folgende Tabelle, aus der die Tabelle für α, γ selbst durch Auflösung der in a bezw. c liegenden vielfachen Punkte hervorgeht.

		Anzahl:
$\mathcal{E}(\alpha)$ $k-\mathcal{E}(\alpha)-\mathcal{E}(\beta)$ $\mathcal{E}(\beta)$		$k-\mathcal{E}(\alpha)-\mathcal{E}(\beta)+1$
$\mathcal{E}(\alpha)$ $k-\mathcal{E}(\alpha)$	α	
$\mathcal{E}(\alpha)$ $k-\mathcal{E}(\alpha)-1$	1	
$\mathcal{E}(\alpha)$ $k-\mathcal{E}(\alpha)-2$	σ	

— 240. —

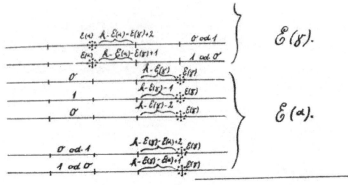

Gesamtzahl: $k+1$.

Also:

Ändern sich α und γ gleichzeitig, bleibt aber $\alpha + \gamma \leq k$, so lassen sich $k+1$ reelle Polynome mit bestimmter Wurzelverteilung sofort nachweisen.

Den Fall $\alpha + \gamma > k$ wollen wir bei Seite lassen. Wir gehen nun dazu über, die Änderung der Polynome unter der Voraussetzung zu betrachten, daß α und γ festgehalten, dagegen β vergrößert, δ entsprechend verkleinert werde. Man wird von vornherein sagen können:

Wenn wir α und γ innerhalb der Stieltjesschen Grenzen festhalten und β wachsen lassen, so werden die bisherigen Theoreme soweit sie allgemeine algebraische Verhältnisse betreffen, jedenfalls wiederkehren müssen; die Theoreme aber, welche sich auf die Realität der Polynome und ihrer Wurzeln beziehen, können möglicherweise eine Modification erfahren.

Zu den Theoremen der ersten Art, welche von der Aufeinanderfolge der 4 Punkte $\alpha, \beta, \gamma, \delta$ unabhängig sein müssen, gehört z. B. der Satz, der sich einfach von α auf β überträgt, daß, wenn β eine ganze Zahl $< k+1$ ist, immer $k+1-\beta$ Polynome den Punkt b als β-fachen 0-Punkt haben, die übrigen β Polynome aber daselbst überhaupt nicht verschwinden.

[Vi. d. 19. Juni 1894.] Er möge z. B. $\alpha < 1$, $\gamma < 1$, dagegen $\beta = 1$ sein. Dann muß nach dem letzten Satz der vorigen Stunde ein E_k existieren, welcher in b nicht verschwindet, und die übrigen k Polynome E_k müssen in b je eine einfache 0-Stelle haben.

Gehen wir auf die Stieltjes'sche mechanische Deutung zurück, so würden wir also für das aus gerechnete, in b nicht verschwindende Polynom in a die positive Masse $\frac{1-\alpha}{2}$, in c die positive Masse $\frac{1-\gamma}{2}$ und in b die Masse $\frac{1-\beta}{2}$, d. h. keine Masse anzubringen haben. Der

Punkt b ist also für das ausgezeichnete Polynom gar kein singulärer Punkt, und es liegt also nur der schon besprochene Fall dreier singulären Punkte a, c, d mit Exponenten $\alpha < 1$, $\gamma < 1$, $\delta = 2k + 1 - \alpha - \gamma$ vor. Da dies ein Stieltjes'scher Fall ist, so können wir sofort den Satz aussprechen.

<u>Das isolierte Polynom E_k hat in dem Intervall a bis c k Wurzeln, welche sich irgendwie auf die Teilintervalle ab, bc verteilen.</u>
Offenbar können wir über die Verteilung derselben auf ab, bc gar nichts bestimmtes aussagen, da ja die Lage der Wurzeln von der Lage des Punktes b, der in ihren Bestimmungsgleichungen gar nicht vorkommt, ganz unabhängig ist und also b nachträglich noch zwischen zwei ganz beliebigen Wurzeln angenommen werden kann.

Es mögen allgemein etwa i Wurzeln des isolierten Polynoms in bc, k–i Wurzeln in ab liegen; i kann je nach dem Werte des Doppelverhältnisses der 4 Punkte a, b, c, d jeden Wert von 0 bis k bedeuten; wir nehmen es, der Bestimmtheit halber, > 0.

– 243. –

Von den k übrigen Polynomen wissen wir, daß sie eine Wurzel in b haben. Es ist also nur noch die Gleichgewichtslage von $k-1$ Punkten mit der Masse 1 zwischen folgenden festen Punkten zu bestimmen: a mit der positiven Masse $\frac{1-\alpha}{2}$, b mit der positiven Masse 1 – wegen der von vornherein dort anzunehmenden festen Wurzelpunktes –, c mit der positiven Masse $\frac{1-\gamma}{2}$ und d mit der negativen Masse $-\left(k+1-\frac{\alpha+\gamma}{2}\right)$. Das ist aber nichts anderes als die Bestimmung der Wurzelpunkte einer E_{K-1}, wenn die Exponenten $\alpha = \alpha$, $\beta = -1$, $\gamma = \gamma$, $\delta = 2k+3-\alpha-\gamma$ sind, d. h. in einem Stieltjes'schen Falle. Wir bekommen also noch k Polynome, welche alle eine Wurzel in b haben, während die $k-1$ übrigen Wurzeln auf alle möglichen Weisen auf die Intervalle ab, bc verteilt sind.

Vergleicht man die so gewonnenen Systeme der $k+1$ Polynome E_k des Falles $\beta = 1$ mit den entsprechenden Polynomen des Falles $\beta \pm 1$, (folgende Seite), so sieht man, daß das $(i+1)$ te Polynom mit der Verteilung $k-i$, i ungeändert geblieben ist, daß bei den vorhergehenden

— 244. —

immer eine Wurzel aus dem Intervall ab nach b gerückt ist, bei den nachfolgenden dagegen eine Wurzel aus bc nach b gefallen ist. Läßt man dann diese Wurzel noch über b hinaus bei den ersten Polynomen ins Intervall bc; bei den letzten ins Intervall ab hineinwandern, so bekommt man die Schemata für $\beta > 1$. In folgenden Figuren sind die so entstehenden Wurzelverteilungen für $\beta < 1, \beta = 1, \beta > 1$ nebeneinander dargestellt.

	$\beta < 1$				$\beta = 1$				$1 < \beta < 2$		
	k	σ			$k-1$	σ			$k-1$	1	
d a	b	c		d a	b	c		d a	b	c	
	$k-1$	1			$k-2$	1			$k-2$	2	
	$k-i+1$	$i-1$			$k-i$	$i-1$			$k-i$	i	
	$k-i$	i			$k-i$	i			$k-i$	i	
	$k-i-1$	$i+1$			$k-i-1$	i			$k-i$	i	
	1	$k-1$			1	$k-2$			2	$k-2$	
	σ	k			σ	$k-1$			1	$k-1$	

Wir sehen hieraus:
Sobald β den Wert 1 überschreitet, finden sich nur noch $k-1$ Verteilungsweisen der Wurzeln

vor und darunter eine Verteilungsweise $k$mal (nämlich $k-i, i$).

Indem jetzt δ Polynome $\mathcal{E}_k$ von derselben Wurzelverteilung vorliegen, ist die Möglichkeit gegeben, daß zwei Polynome zusammen fallen und imaginär werden, womit ein neuer Moment in die Sache hineinkommt, dessen Tragweite wir nicht zu überblicken vermögen.

Wir wollen dies daher nicht weiter verfolgen, sondern wollen vielmehr die gemachten Angaben durch die Betrachtung der zugehörigen Vierecke bestätigen. Wir betrachten vor allem die Fälle von Stieltjes.

Es möge zuerst $\alpha = \beta = \gamma = \frac{1}{2}, \delta = 2k + \frac{1}{2}$ rein. Wir erhalten das Viereck aus dem Viereck $\alpha = \beta = \gamma = \delta = \frac{1}{2}$, d.h. aus einem gewöhnlichen Rechteck durch polare Anhängung von k Halbebenen an die Ecke δ: und zwar kann man jede dieser Halbebenen entweder durch die Gerade $\alpha\beta$ begrenzen —, wodurch ein Wurzelpunkt der $\mathcal{E}$ im Intervall $a\,b$ entsteht — oder durch die Gerade $\beta\gamma$ — wodurch wir einen Wurzelpunkt

— 246. —

im Intervall b c erhalten. Es sind das gerade $k+1$ Möglichkeiten, jede einem Polynom E_k entsprechend. Also:

Die Polygone, welche den $k+1$ verschiedenen E_k entsprechen, die es gibt, ergeben sich jeder aus einem gewöhnlichen Rechteck $\alpha = \beta = \gamma = \delta = \frac{\pi}{2}$, indem wir von der Ecke δ aus k Halbebenen polar einhängen, wobei uns freisteht, beliebig viele dieser Halbebenen durch die vertikale Kante $\alpha\beta$ beziehungsweise durch die horizontale Kante $\beta\gamma$ begrenzen zu lassen, was gerade $k+1$ Möglichkeiten sind.

Lassen wir nun α, β, γ jeder um einen kleinen Betrag wachsen, so bleibt der Charakter der Figur vorerst derselbe. Die Anhängungen von Halbebenen sind in derselben Reihenfolge vorzunehmen. Aber es ist nicht mehr nötig, daß jedes Viereck mit $k>0$ aus einem Viereck $k=0$ durch solche polare Anhängungen abzuleiten ist. Es kann z. B. ein Viereck $k=1$ eventuell auch die Gestalt der in nebenstehender

Figur gezeichneten Vierecks haben, welches nur aus einem überschlagenen Viereck abzuleiten wäre. Dann wird es nur notwendig, statt von dem Viereck $k=0$ von dem Viereck $k=1$ mit seinen schon mannigfacheren Gestalten auszugehen, um die höheren Vierecke durch polare Einhängung von Halbebenen abzuleiten. Immer sieht man aber, daß der Proceß der Einhängung keine Schwierigkeiten bietet.

Im Beispiel $\alpha = \beta = \gamma = \frac{2}{3}$ bekommen wir für $k=0$ ein Viereck mit logarithmischer Ecke im Unendlichen. An dieses können wir von der Ecke δ aus überhaupt keine Halbebenen einhängen. Wir müssen also auch in diesem Falle die Vierecke für $k=1$ selbständig construiren, um von ihnen aus dann zu den höheren Vierecken aufzusteigen. Die Sache gestaltet sich folgendermaßen:

Für $k=1$ liegen zwei Wurzelverteilungen vor, nämlich $(1, 0)$ und $(0, 1)$. Diesen beiden entsprechen folgende beiden Vierecke:

Wollen wir nun aber von diesen beiden
Vierecken aus ein solches für $k+1$ herstel=
len, so zeigt sich, daß zwar der Einhän=
gung von Halbebenen nach $\alpha\beta$ hinüber
wie nach $\beta\gamma$ hinüber nichts im Wege steht;
aber es tritt folgende Schwierigkeit ein: Wol=
len wir das Viereck construieren, welches
einer Wurzelverteilung (k_1, k_2) entspricht,
so wissen wir nicht, ob wir dasselbe aus ei=
nem Viereck der Typus 1) durch Einhängung
von $k_1 - 1$ Halbebenen nach $\alpha\beta$ und von
k_2 Halbebenen nach $\beta\gamma$ hinüber oder aus
einem Viereck der Typus 2) durch Einhän=
gung von k_1 Halbebenen nach $\alpha\beta$ und
von $k_2 - 1$ Halbebenen nach $\beta\gamma$ herstellen
sollen. Nur wenn $k_2 = 0$ ist, wissen wir,
daß wir vom Typus 1) auszugehen haben,

und, wenn $k_\nu = 0$ ist, dass der Typus 2) zu benutzen ist. Diese Unbestimmtheit der Gestalt hat folgenden Grund.

Unsere 4-Ecke sind durch die Angabe ihrer Winkel und die Anzahl der Durchgänge durch ∞ doch nur insoweit definiert, als die Verzweigungsstellen a, b, c, d auf der x-Axe gegeben sind. Betrachten wir diese letzteren selbst als veränderlich, so kommt noch ein reeller Parameter in die Figuren hinein, das Doppelverhältnis der a, b, c, d. Von dem Werte dieses Doppelverhältnisses wird es abhängen, ob bei dem einzelnen E_κ das Stück $\gamma \delta$ länger oder kürzer als $\alpha \delta$ ist, ob also das entsprechende Polygon dem einen unserer beiden Typen zuzuordnen ist oder dem andern.

Wenn wir die Winkel innerhalb der stillschweigenden Grenze noch weiter wachsen lassen, werden die Gestalten der Vierecke noch mannigfaltiger. Wir werden das nicht weiter verfolgen. Ich will nur noch angeben, welchen Charakter die Figuren für negative Winkel bekommen. Er zeigt sich:

Indem wir α, β, γ abnehmen und negativ

— 250. —

werden lassen, vereinfachen sich unsere Figuren.

Es sei z.B. $\beta = \gamma = \frac{1}{2}$, und α nehme ab. Man bekommt dann etwa folgende Figuren:

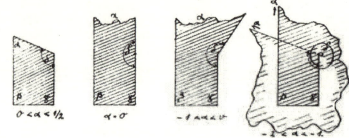

Die polare Einhängung (von δ aus) ist in jeder dieser Figuren sowohl nach $\alpha\beta$ wie nach $\beta\gamma$ möglich, und die Anzahl der Einhängungen nach jeder dieser Seiten liefert die Anzahl der Wurzelpunkte im Intervall ab bezw. bc. Hieran wird offenbar nichts geändert, wenn man α beliebig weit ins Negative wachsen läßt, d.h. den Schenkel $\delta\alpha$ der letzten Figur immer weiter dreht. Die Einfachheit der Figur liegt da in, daß hierbei die Ecken α, δ selbst ganz ungeändert bleiben.

Es mögen noch das Viereck $\alpha = \beta = \gamma = 0, \delta = 2$ und ein Viereck mit durchaus negativen Winkeln Platz finden (folg. Seite). Bei beiden

ist Anhängung von Halbebenen sowohl nach
αβ wie βγ unbeschränkt gestattet.

Hier tritt die erwähnte Einfachheit in noch
höherem Grade hervor. Man kann nämlich
bei diesen Polygonen alle Seiten beliebig weiter drehen,
alle Winkel
beliebig nach
der negativen
Seite vergrößern,
ohne daß die
Ecken (von de-
nen 3 im Un-
endlichen lie-
gen) ihre La-
ge ändern.

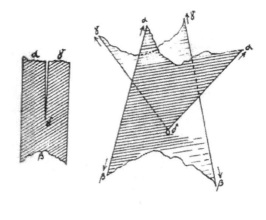

[Do. d. 21. Juni 1894.] Es sollen nur noch die Vier-
eckfiguren für den Fall angegeben werden, daß
$\beta = 1/2$, $\delta = \frac{7}{2} + \mathcal{E}(\alpha)$, $\gamma = \frac{7}{2} + \mathcal{E}(\gamma)$, also $\delta = 2k + \frac{7}{2} - \mathcal{E}(\alpha) - \mathcal{E}(\gamma)$
ist. Dabei nehmen wir $\delta > \alpha + \beta$ an.

Zunächst als Schemata für die Wurzelverteilungen folgen aus den Figuren auf S. 239 die
folgenden:

— 252. —

$$\text{(III)}\ d=\infty \quad \underset{a}{\mid}\ \overset{\varepsilon-2\varepsilon(\frac{\tau}{2})}{} \quad \underset{b}{\mid}\ \overset{\sigma}{} \quad \underset{c}{\mid}\ \overset{k-\varepsilon(\gamma)-}{}\ \overset{\varepsilon(\gamma)-2\varepsilon(\frac{\gamma}{2})}{} \quad \mid d=\infty \qquad \varepsilon(\alpha)\ \text{Falle (für }\tau=q+\ldots\\ \varepsilon(\gamma)=1)$$

Die Zahl der Wurzeln in den äußeren Inter‑
vallen und cd ist 0 oder 1, z. B. in ad der
Figur I gleich 0, wenn $\varepsilon(\alpha)$ eine gerade Zahl ist,
$=1$, wenn $\varepsilon(\alpha)$ eine ungerade Zahl ist, in Über‑
einstimmung mit dem Werte der Ausdrucks
$\varepsilon(\alpha)-2\varepsilon(\frac{\alpha}{2})$. Die Zahl der complexen Wurzeln ist
in II): $2(\varepsilon(\frac{\tau}{2})+\varepsilon(\frac{\tau}{2}))$, in III): $2(\varepsilon(\frac{\tau}{2})+\varepsilon(\frac{\sigma}{2}))$, in
III₁) $2(\varepsilon(\frac{\tau}{2})+\varepsilon(\frac{\tau}{2}))$.

Das Viereck zu I) entsteht aus einem gewöhn‑
lichen Rechteck, indem man
an $\alpha\delta\ \varepsilon(\alpha)$ Halbebenen, an
$\gamma\delta\ \varepsilon(\gamma)$ Halbebenen lateral
anhängt, und indem man
darauf von δ aus nach $\alpha\beta$
und $\beta\gamma$ in jeder möglichen Vertei‑
lung auf diese beiden Seiten zusammen $k-\varepsilon(\alpha)-\varepsilon(\gamma)$
 Halbebenen polar anhängt.

Bei I (und analog bei III, wo nur die Rolle
von α und γ vertauscht ist) sind 2 Fälle zu
unterscheiden, nämlich ob
a) $\varepsilon(\gamma)+\sigma$ eine gerade Zahl oder b) $\varepsilon(\gamma)+\sigma$
eine ungerade Zahl ist.
Im Falle a) erhält man das Viereck aus einem

— 253. —

gewöhnlichen Rechteck, indem man zuerst an die Seite $(\alpha\delta')$ $\mathcal{E}(\alpha)$, an die Seite $(\beta\delta')$ σ Halbebene lateral, dann von δ' nach $\alpha\beta$: $k-\mathcal{E}(\alpha)-\frac{\mathcal{E}(\gamma)+\sigma}{2}$ Halbebenen, u. von γ nach $\alpha\beta$ $\frac{\mathcal{E}(\gamma)-\sigma}{2}$ Halbebenen polar anhängt.

Im Falle b) jedoch muss man von einem Viereck mit den Winkeln $\frac{1}{2}, \frac{1}{2}, \frac{1}{2}, \frac{3}{2}$ ausgehen, und an $\alpha\delta'\mathcal{E}(\alpha)$, an $\gamma\delta'\sigma$ Halbebenen lateral, dann von δ' nach $\alpha\beta$ $k-\mathcal{E}(\alpha)-\frac{\mathcal{E}(\gamma+\sigma+1)}{2}$ und von γ

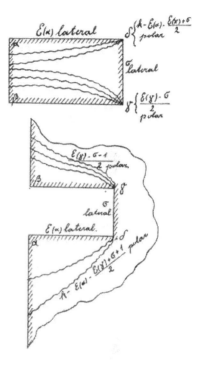

nach $\alpha\beta$ $\frac{\mathcal{E}(\gamma)-\sigma-1}{2}$ Halbebenen polar anhängen.

Mit diesen Figuren will ich abschliessen, was ich überhaupt über die Lamé'schen Polynome sagen wollte. Nur noch eine kurze Bemerkung über die Verallgemeinerung der Lamé'schen Fragestellung auf Differentialgleichungen höherer Ordnung finde

— 254. —

hier Platz.

Wir waren ja von der homogenen Differentialgleichung
$$(\overline{\Pi},\overset{..}{\varphi})_2 + (\overline{\Pi},\overset{n-2}{\Psi})_1 + (\overline{\Pi}\overset{..}{\chi})_0 = 0$$
ausgegangen, indem wir fragten, wie man die Coefficienten in χ bestimmen müsse, damit man für Π ein Polynom $E_k(x_1, x_2)$ setzen kann.

Wir bekamen ein ganz bestimmtes algebraisches Problem, über welches wir eine Reihe allgemeiner Sätze aufstellen konnten; sobald wir aber auf Realitätsfragen eingingen, bekamen unsere Untersuchungen jenen synthetischen Charakter, bei dem man Fall von Fall zu unterscheiden hat.

Nun denken wir uns die entsprechende Differentialgleichung m^{ter} Ordnung:
$$(\overline{\Pi},\overset{..}{\varphi})_m + (\overline{\Pi},\overset{n-2}{\Psi})_{m-1} + \ldots + (\overline{\Pi},\overset{..}{\omega})_0 = 0.$$
Da würden wir in analoger Weise fragen können, ob wir etwa die Coefficienten von ω so bestimmen können, dass man der Differentialgleichung durch ein Polynom $E_k(x_1, x_2)$ Genüge leisten kann. Diese Frage ist in der Tat bereits behandelt, nämlich in noch etwas specialisierter Form von <u>Hilbert in Math. Ann. 28. 1886</u>: „Über einen

allgemeinen Gesichtspunkt für invariantentheoretische Untersuchungen im binären Formengebiet" und dann in der schon erwähnten Arbeit von Walsch. All'das sind algebraische Untersuchungen von algorithmischem Charakter.

Die verallgemeinerte Fragestellung hat nach Hilbert und Walsch bei zahlreichen Fragen der Invariantentheorie und der projectiven Geometrie ihre gute Bedeutung. Man möchte wissen, ob man hier ebensolche Realitätsbetrachtungen anknüpfen kann wie im Falle $m=2$ geschehen ist.

Damit schließen wir überhaupt diesen ersten Teil unserer Vorlesung, in welchem wir wesentlich im Anschluß an den Begriff der Rationalitätsgruppe algebraische Fragen besprechen wollten.

Nunmehr im zweiten Teile werden wir unser Augenmerk auf die Monodromiegruppe richten, wobei wir überall zu speciellen Fragestellungen von durchaus synthetischem Charakter gelangen werden.

III. Eigentlich – transcendente Untersuchungen.

A. Das Oscillationstheorem.
(Gestalt des einzelnen Polygons).

Wir fragen allgemein, ob wir der Monodromiegruppe solche Eigenschaften auferlegen können, dass die Differentialgleichung dadurch bestimmt ist. Insbesondere bei den jetzt folgenden Betrachtungen handelt es sich um gestaltliche Eigentümlichkeiten des <u>einzelnen</u> Polygons, – etwa wie oft eine Seite sich überschlägt, –, während wir erst in einem weiteren Abschnitt mit Eigenschaften der ganzen Polygonnetzes uns beschäftigen werden, welches durch analytische Wiederholung der einzelnen Polygons entsteht, also z. B. verlangen werden, dass das Polygonnetz die Ebene nur einfach überdeckt.

Was nun das Oscillationstheorem betrifft, so ist dasselbe aus gewissen <u>physikalischen Betrachtungen</u> hervorgegangen, über die ich hier kurz referieren will.

Es sei ϱ die Dichte, s die Spannung einer transversal schwingenden Saite. Dieselbe sei längs der x-Axe ausgespannt, und der Ausschlag an einer Stelle sei q, t sei die Zeit. Dann ist die Gestalt der Saite zu einer Zeit t bekanntlich durch die Differential-gleichung:

$$\rho \frac{\partial^2 q}{\partial t^2} = s \cdot \frac{\partial^2 q}{\partial x^2}$$

bestimmt. Man betrachte nun insbesondere stehende harmonische Schwingungen, d.h. solche, wo alle Punkte der Saite gleichzeitig und gleichphasig je eine harmonische Schwingung ausführen. q ist dann das Produkt aus einer Funktion y von x allein und aus $\sin$ oder $\cos \frac{2\pi t}{T}$, unter T die Dauer der harmonischen Schwingung verstanden:

$$q(x,t) = y(x) \cdot \genfrac{}{}{0pt}{}{\sin}{\cos}\left(\frac{2\pi t}{T}\right).$$

Die Differentialgleichung für $q(x,t)$ verwandelt sich dann in eine gewöhnliche lineare Differentialgleichung für $y(x)$:

$$s \cdot \frac{d^2 y}{dx^2} + \left(\frac{2\pi}{T}\right)^2 \rho \cdot y = 0,$$

oder, indem wir den Coeffizienten von y zu einer Constanten K zusammenfassen:

$$s \cdot y'' + K y = 0.$$

Diese Gleichung gibt unmittelbar die Gestalt der Saite zur Zeit des grössten Ausschlags. Die Gestalt zu einer beliebigen Zeit erhält

— 258. —

nun, indem man alle Ordinaten der Curve im Verhältnis 1 : $\frac{\sin}{\cos}\left(\frac{2\pi t}{s}\right)$ verkleinert bezw. im Zeichen wechselt.

ϱ und s sind hier Constanten, welche von vornherein fest angenommen sind, K ist ein ebenfalls constanter Parameter, dem man aber zunächst beliebige Werte geben kann.

Zwei particuläre Lösungen der Differentialgleichung lauten:

$$y_1 = \sin\sqrt{\tfrac{K}{s}}\cdot x\,;\quad y_2 = \cos\sqrt{\tfrac{K}{s}}\cdot x.$$

Die 0-Punkte der ersten Lösung liegen an den Stellen $x = 2r\cdot\sqrt{\tfrac{s}{K}}\cdot\tfrac{\pi}{2}$, diejenigen der zweiten Lösung dagegen an $x = (2r+1)\sqrt{\tfrac{s}{K}}\cdot\tfrac{\pi}{2}$,

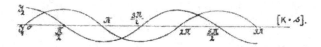

wobei uns das Gesetz entgegentritt, daß die 0-Punkte der verschiedenen Particularlösungen y_1, y_2 auf der x-Axe gerade alternieren.

Der Abstand zwischen zwei aufeinander folgenden Knotenpunkten, die halbe Wellenlänge, hat den Wert

$$\frac{x}{2} = \sqrt{\tfrac{s}{K}}\cdot\pi.$$

Die Wellenlänge ist also noch eine veränderliche

Größe, welcher wir durch Annahme der Parameters jeden beliebigen Wert erteilen können. Dabei gilt jedoch unsere Saite als beiderseits unbegrenzt. Wie sich das ändert, wenn die Saite begrenzt, an den Enden befestigt ist, werden wir morgen sehen.

[v. d. 22. Juni 1894.] Wir denken uns die Saite begrenzt; l sei ihre Länge, $x=0$ und $x=l$ seien ihre Enden. Dann sind folgendes die wichtigsten in der mathematischen Physik vorkommenden Grenzbedingungen: Es soll für $x=0$ und für $x=l$

1.) $y = 0$,　　2.) $\frac{dy}{dx} = 0$,　　3.) $y + p\frac{dy}{dx} = 0$ sein,

wobei in 3.) p eine positive Constante und dt eine von der Saite nach außen gerichtete Differentiation $\pm\, dx$ bedeutet. Indem die erste, zweite oder dritte dieser Bedingungen für $x=0$ und unabhängig davon für $x=l$ vorgeschrieben sein kann, sehen wir im ganzen 9 Fälle zu unterscheiden. Es fragt sich, wie man den Parameter K bestimmen muß, um im einzelnen Falle stehende Schwingungen zu bekommen:

Ich sage, es gibt in jedem Falle eine Anzahl wohlbestimmter Parameter, wie

– 260. –

$k_0, k_1, k_2, \ldots$ welche dadurch individualisiert sind, daß im Innern der Strecke $0, 1, 2, \ldots$ Schwingungsknoten, d. h. Null-Punkte der Funktion y liegen.

Mit andern Worten, die unsern Grenzbedingungen genügenden Lösungen sind noch in unendlicher Zahl vorhanden, aber so, daß jede von ihnen durch Angabe einer gewissen ganzen Zahl characterisiert werden kann. Dieser Satz mit allen seinen daran anschließenden Erweiterungen ist es, den ich als das _Oscillationstheorem_ bezeichne.

Wir wollen uns der Einfachheit halber bei den folgenden Erläuterungen an den beiden Enden der Saite immer die gleichen Grenzbedingungen denken, so daß wir nur 3 Fälle zu unterscheiden haben.

Im Falle 1) und 2) ist der Satz dann leicht zu beweisen.

1.) Soll für $x = 0$ y verschwinden, so muß man $y = \sin \sqrt{\frac{k}{s}} x$ ansetzen. Die 0-Stellen dieser Lösung liegen bei $x = \pi \sqrt{\frac{s}{k}}, 2\pi \sqrt{\frac{s}{k}}, 3\pi \sqrt{\frac{s}{k}}, \ldots$ $x = l$ soll eine 0-Stelle sein; also ist $l = r \pi \sqrt{\frac{s}{k}}$ zu setzen oder $k = \frac{r^2 \pi^2 s}{l^2}$.

Die Lösung hat dann $(r-1)$ 0-Stellen im Intervalle,

so daß man der Reihe nach $\tau = 1, 2, 3, \ldots$ zu setzen hat, um $K_0, K_1, K_2, \ldots$ zu erhalten.

2) Im Falle $y' = 0$ hat man ganz ähnlich
$$y = \cos \sqrt{\tfrac{K}{S}}\, x, \qquad K = \frac{\tau^2 \pi^2 \sigma}{\ell^2}$$
zu setzen, erhält aber τ (statt $\tau-1$) 0-Stellen im Intervall, sodaß die Reihe der Werte τ mit 0 beginnt.

Die Saite hat in den beiden Fällen 1) und 2) etwa folgende Gestalt:

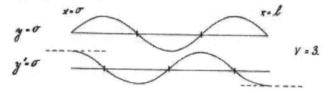

Die Lösungen für $\tau = 1, 2, 3, \ldots$ unterscheiden sich dadurch, daß die Saite entweder als Ganzes schwingt oder sich in mehrere stehende Schwingungen teilt, daß sie also je nachdem den Grundton und seine harmonischen Obertöne gibt.

3) Im Falle $y + \rho \frac{dy}{dx} = 0$ ist die Bestimmung der Constanten schwieriger. Man hat zu setzen
$$y = \sin \sqrt{\tfrac{K}{S}}\, (x - \xi),$$
(was gerade so gut ist, als wenn wir eine lineare Funktion von $\sin$ und von $\cos \sqrt{\tfrac{K}{S}}\cdot x$ angesetzt hätten). Jetzt sind die beiden Zahlen K und ξ

simultan so zu bestimmen, daß den Bedingungen Genüge geleistet wird, während man bei 1) und 2) den Wert von ξ bereits kannte. Das führt aber auf transcendente Gleichungen, die nur durch Näherung zu lösen sind (vergl. Riemann-Hattendorf S. 158 ff sowie meine Vorlesung über partielle Differentialgleichungen Teil II).

Der dritte Fall unterscheidet sich von den Fällen 1) und 2) dadurch, daß man die unendlich vielen Werte $K_0, K_1, K_2, \ldots$, welche den aufeinanderfolgenden Oscillationszahlen entsprechen sollen, nicht a priori in rationaler Form angeben kann, sondern nur durch Stetigkeitsbetrachtungen ihre Existenz dartun kann. Analytisch sind dieselben zusammen mit dem zugehörigen ξ durch die beiden transcendenten Gleichungen gegeben, welche aussagen, daß an den beiden Enden der Saite die Grenzbedingungen erfüllt sind. Geometrisch bedeutet die Grenzbedingung des Falles 3), daß die Tangente im Endpunkte eine Neigung proportional dem Ausschlag besitzt. Physikalisch kann man sich an einer Saite den Fall 1) dadurch realisiert denken, daß man die Saite an den Enden genau festhält, den Fall 3) dagegen, indem man die Enden nur so befestigt, daß sie den Schwingungen der Saite etwas nachgeben. Der Fall 2) dürfte dagegen an einer Saite nur schwierig zu realisieren sein, leicht dagegen, indem man einen elastischen Stab mit freien Enden in Longitudinalschwingungen versetzt.

Die Existenz der discreten Lösungen $K_0, K_1, K_2, \ldots$ bedeutet in allen Fällen, daß die Saite außer ihrem Grundton noch eine unbegrenzte Reihe von Obertönen geben kann; in den Fällen 1) und 2) sind diese Obertöne zum Grundton genau harmonisch, im Falle 3) dagegen nicht, was sich mathematisch dadurch ausspricht, daß man die Werte K_0, K_1, K_2 in den Fällen 1) und 2) in einfachster Weise sofort angeben, in 3) aber nur durch Näherung berechnen kann.

Diese Theorie ist nun ohne weiteres auf <u>nicht homogene Saiten</u> zu übertragen. ρ und σ seien Funktionen von x, q der Ausschlag als Funktion von x und t. Dann lautet die partielle

Differentialgleichung:
$$\rho \cdot \frac{\partial^2 y}{\partial t^2} = \frac{\partial}{\partial x}\left(s \frac{\partial y}{\partial x}\right).$$

Setzen wir, wie oben, $q = y \; {\sin \atop \cos}\left(\frac{2\pi t}{T}\right)$, so wird
$$\frac{d}{dx}\left(s \frac{dy}{dx}\right) + \rho \left(\frac{2\pi}{T}\right)^2 y = 0,$$

oder indem wir den mit einem willkürlichen Parameter multiplizierten Coefficienten von y mit $k \cdot \varphi(x)$ bezeichnen:
$$s\, y'' + s'\, y' + k \cdot \varphi(x) \cdot y = 0.$$

Nun ist die Saite so, dass der Charakter der Lösungen im grossen und ganzen derselbe ist wie bei der homogenen Saite. Insbesondere:

Das erste, was wir bemerken, ist, dass jede Lösung y unserer Differentialgleichung einen oscillatorischen Charakter hat.

Zwei Lösungen y, welche derselben Differentialgleichung genügen, haben alternirende 0-Stellen.

Wenn k wächst, und wir halten einen 0-Punkt der y-Curve fest, so schieben sich alle folgenden 0-Punkte auf den ersten zu. Daraufhin gilt auch das Oscillationstheorem für eine begrenzte Saite von der Länge

l, bei der wir irgend welche von unsern Grenzbedingungen vorschreiben.

Diese Sätze betr. die unhomogenen Saiten sind in den berühmten Arbeiten von Sturm und Liouville in Bd. I und II von Liouville's Journal 1836-38 zum ersten Male ausgesprochen und mathematisch bewiesen. Leider hat Sturm, der ursprünglich dabei von physikalischen Betrachtungen ausging, das in seiner Arbeit ganz zurücktreten lassen.*) Der Erfolg der verschiedenen Lösungen $y_0, y_1, y_2, \ldots$ der Differentialgleichung entsprechen in der Akustik, wie wir schon andeuteten, die sämtlichen Obertöne der Saite. Von da kommt man — da sich akustisch jeder Ton der Saite aus dem Grundton und den Obertönen zusammensetzt — von selbst zu dem Satze, dass sich eine willkürliche Funktion in dem Intervall der Saite in der Gestalt entwickeln lassen muss:

$$\sum_{r=0}^{r=\infty} a_r y_r ,$$

wie bei constantem ρ und s in eine Fourier'sche Reihe.

Mit dem Beweise dieser Entwickelbarkeit, der

---

*) Die physikalischen Betrachtungen brauchten nicht gerade vom Problem

Convergenz der Reihen, der Berechnung ihrer Coefficienten haben sich Sturm und Liouville besonders eingehend beschäftigt, (was ja in der gegenwärtigen Vorlesung durchaus zurücktreten muss).

Ich habe zu erwähnen, dass man die hier vorliegenden Fragen in neuerer Zeit wieder aufgenommen hat. Man kann die Behauptungen von Sturm und Liouville sofort auf die allgemeine Differentialgleichung
$$Ly'' + My' + Ny = 0$$
übertragen, falls im Intervall $\frac{M}{L}$ immer endlich und $\frac{N}{L}$ immer positiv ist. Picard denkt sich nun N als ganze Funktion eines Parameters κ und fragt insbesondere, wie er die ausgezeichneten Werte $\kappa_0, \kappa_1, \kappa_2, \ldots$, deren Existenz durch das Oscillationstheorem verlangt wird, durch ein convergentes Verfahren wirklich im gegebenen Fall berechnen und dadurch in ihrer Existenz sicher stellen kann. (Comptes Rendus 1893–94).

In der Tat genügen die Existenzbeweise, wie sie Sturm und Liouville führen, keineswegs den heutigen Anforderungen der Strenge. Man wird verlangen, alle die von ihnen

---
der Saitenschwingungen auszugehen; bei Sturm stand das Problem der Wärmeleitung im Vordergrunde.

— 267. —

gegebenen Entwicklungen in neuer Weise abzuleiten.

[v. d. 25. Juni 1894.] Wir dagegen werden vielmehr den Standpunkt einnehmen, daß wir auf die formal-strenge mathematische Begründung der Sätze weniger Gewicht legen, als daß wir uns die physikalische und geometrische Anschauung speciell der Oscillationstheorems so lebendig vor Augen führen, daß wir vermittelst desselben neue theoretische Sätze gewinnen, es vielleicht weiterbilden und so das Gebiet der mathematischen Erkenntnis erweitern. Die strenge logisch-lückenlose Begründung derselben ist zwar notwendig; aber die überlasse ich andern. Die Naturen sind eben verschieden: was dem einen, dem visuell veranlagten, eine unwidersprechliche, zwingende Anschauung ist, das sieht oder fühlt der auditiv veranlagte nicht; er muß die Bilder erst durch anschauungslose abstracte Begriffe oder vielmehr durch die sprachlichen Symbole solcher Begriffe ersetzen, um dieselben durch logische, d. h. sprachliche Verknüpfungen umzuformen.

Aber jeder einzelne darf doch gewiß auf diejenige Art, die seiner Natur entspricht, und mit der er am meisten leisten wird, seinen Teil zur Förderung des Ganzen beitragen. Wenn wir der Mathematik neue Gedankenkreise, neue Probleme und Fragestellungen, neue Beweisansätze erobern, so ist das gewiß nicht weniger verdienstlich als die detaillierte Durcharbeitung einzelner Gebiete. —

Ich werde dabei zumeist eine gegen früher abgeänderte physikalische Deutung zu Grunde legen.

Die Differentialgleichung der unhomogenen schwingenden Saite lautete
$$s\,y'' + s'y' + \rho\left(\frac{2\pi}{T}\right)^2 y = 0$$
Wir wollen dieselbe durch Einführung einer andern unabhängigen Variablen t so umformen, daß das Glied mit y' wegfällt; wir können dann, indem wir t als die Zeit deuten, die Differentialgleichung als Bewegungsgleichung eines elastisch schwingenden Punktes ansehen, wobei die elastische Kraft nur mit der Zeit variabel ist.

Wir setzen

$$A = \int \frac{dx}{s}$$

und bekommen dann

$$\frac{d^2y}{dt^2} = -\rho \cdot s \left(\frac{2\pi}{T}\right)^2 \cdot y - K \cdot \psi(x) \cdot y,$$

worin K als ein veränderlicher positiver Parameter anzusehen ist. Dies drückt in der Tat, wenn $\psi(x)$ an einer Stelle x, d. h. zu der entsprechenden Zeit t einen positiven Wert hat, aus, daß der Punkt y mit einer Kraft an seine Ruhelage $y=0$ herangezogen wird, welche seiner Entfernung von der Ruhelage proportional ist. Diesen Charakter, den einer elastischen Schwingung, wird die Bewegung so lange behalten, als $\psi(x)$ positiv ist. Vergrößert man den Parameter K, so wird der Elasticitätscoefficient vergrößert, die Schwingungen werden also notwendig beschleunigt, ihre Anzahl in einem gegebenen Zeitintervall vergrößert. Die Grenzbedingungen sind Bedingungen für Elongation und Geschwindigkeit des Punktes am Anfang und am Ende der Zeitintervalls. Das Oscillationstheorem besagt: es ist möglich, durch geeignete Wahl des Parameters K die attractive Kraft so zu temperieren, daß unser Punkt bei Erfüllung gewisser Anfangs- und Endbedingungen in gegebener Zeit eine bestimmte Anzahl von Malen durch die Ruhelage hindurchgeht.

Verallgemeinerung des Oscillationstheorems.

Das so formulierte Theorem habe ich nun in Math. Ann. 18: „Über Körper, welche von confocalen Flächen zweiten Grades begrenzt sind" 1881 in zwei Richtungen zu verallgemeinern gesucht.

Erstens ging ich von einer Differentialgleichung mit zwei willkürlichen Parametern κ, λ aus:

$$y'' = - \psi(x; \kappa, \lambda) \cdot y$$

und betrachtete demgemäß auf der t-Axe zwei Segmente gleichzeitig.

Die Frage habe ich so gestellt, ob man über die beiden Parameter κ und λ so verfügen kann, daß in zwei verschiedenen Segmenten zwei beliebig vorgegebene Oscillationsbedingungen erfüllt werden.

Dabei läßt es sich nicht vermeiden, daß wir Functionen $\psi(x, k, \lambda)$ einführen, welche im einzelnen Intervall das Zeichen wechseln, so daß für den beweglichen Punkt, auf eine repulsive eine attractive Periode folgt, oder umgekehrt.

Es wird dann, wenn wir etwa t als Abcisse, den Ausschlag y als Ordinate gezeichnet denken, die Curve an den Stellen mit negativem Werte von ψ gegen die t-Axe convex, an den Stellen mit positivem Werte von ψ dagegen concav sein. Die Oscillationen kommen dadurch zu Stande, daß die attractive Kraft die Wirkung der repulsiven im ganzen überwiegt. Es fragt sich natürlich, ob unter so veränderten Umständen die früheren Betrachtungen noch in Geltung bleiben.

Zweitens aber will ich gleich die Aufmerksamkeit auf den andern Punkt richten:

Es war bislang immer vorausgesetzt, daß der Elasticitätscoefficient in dem Zeitintervall nie unendlich werde. Gehen wir aber von irgend einer linearen Differentialgleichung mit den auf der reellen Axe gelegenen singulären Punkten $a, b, c, \ldots$ aus, so wird jeder Coefficient von y, also der Elasticitätscoefficient, in der Nähe dieser Punkte unendlich gross.

<u>Es ist dann die Frage, ob man die Segmente, von denen die Oscillationseigenschaft verlangt wird, bis an die singulären Punkte heran dehnen kann.</u>

Ich will jetzt in der Weise verfahren, dass ich mich an die besondere in Math. Ann. 18 besprochene Gleichung anschliesse.

Es handelt sich dort um 4 singuläre Punkte, von denen drei je die Exponentendifferenz $\frac{1}{2}$ haben, während die Exponentendifferenz des vierten Punktes, den man etwa nach ∞ legen mag, einen beliebigen Wert $\delta = 2K + \frac{1}{2}$ haben soll, unter K einen — nicht notwendig ganzzahligen — Parameter verstanden.

Wenn K insbesondere eine ganze Zahl sein soll — wie bei den Lamé'schen Polynomen der vorigen Woche — dann wollen wir es mit k bezeichnen.

– 273. –

In Bd. 18 der Annalen hatte ich übrigens zunächst ein anderes Ziel als jetzt, im Auge:

Die damalige Aufstellung des Oscillationstheorems war nicht als ein Beitrag zur Lehre von den linearen Differentialgleichungen mit einer Veränderlichen gemeint, sondern als ein Hülfsmittel, um Normal-Functionen zu finden, nach denen ich in der Potentialtheorie willkürliche Funktionen in Reihen entwickeln könnte.

Speciell handelte es sich damals darum, für einen von 6 confocalen Flächen 2. Grades begrenzten Körper die Randwertaufgabe der Potentialtheorie zu lösen, d. h. zu gegebenen Oberflächenwerten ein im Innern des Körpers stetig verlaufendes Potential zu construiren.

Dies ist der Ansatz von 1881. In der Vorlesung über Lamé'sche Funktionen von 1889-90 habe ich die Betrachtung noch etwas verallgemeinert. Es erwies sich zweckmäßig, statt confocaler Flächen 2. Grades ein allgemeineres Orthogonalsystem zu Grunde zu legen, von dem die conforalen Flächen 2. Grades nur eine Auswartung sind, nämlich ein System confocaler Cycliden ist, d.h. von Flächen vierten Grades, welche den unendlich fernen Kugelkreis doppelt enthalten. Der Name „Cycliden" stammt von Dupin, hat bei ihm aber noch eine speciellere Bedeutung. Nämlich:

Unter den allgemeinen Cycliden ist die Dupin'sche Cyclide speciell dadurch ausgezeichnet, daß sie 4 Doppelpunkte im Endlichen enthält.

Bei den confocalen Cycliden treten an die Stelle der eben besprochenen 4 singulären Punkte mit 3 Exponentendifferenzen $\frac{1}{2}$ und der einen willkürlichen Exponentendifferenz $2K+\frac{1}{2}$ fünf singuläre Punkte, sämtlich mit den Exponentendifferenzen $\frac{1}{2}$.

$$\underset{\lambda:\frac{1}{2}}{\overset{a}{\mid}} \quad \underset{\mu:\frac{1}{2}}{\overset{b}{\mid}} \quad \underset{\nu:\frac{1}{2}}{\overset{c}{\mid}} \quad \underset{\varrho:\frac{1}{2}}{\overset{d'}{\mid}} \quad \underset{\sigma:\frac{1}{2}}{\overset{d''}{\mid}}$$

Die zugehörige Differentialgleichung nenne ich die „verallgemeinerte Lamé'sche Gleichung"; die besondere Lamé'sche Gleichung entsteht aus ihr, wenn die zwei Punkte d' und d'' zusammenrücken. Daß dann in der Tat eine beliebige Exponentendifferenz herauskommt, das haben wir zu

Anfang dieses Semesters gesehen. Des Näheren liegt die Sache so:

Die verallgemeinerte Lamé'sche Differentialgleichung hat nur feste Exponentendifferenzen, dazu aber zwei willkürliche accessorische Parameter K, λ. Die gewöhnliche Lamé'sche Gleichung dagegen hat nur einen accessorischen Parameter λ, dafür aber hängt die eine Exponentendifferenz $\delta = 2K + \frac{1}{2}$ von einem willkürlichen Parameter K ab. In jedem Falle hat man also 2 willkürliche Parameter zur Verfügung.

<u>Ich habe nun versucht, auch für diese verallgemeinerte Lamé'sche Gleichung das Oscillationstheorem mit zwei Intervallen durchzuführen.</u>

Es bietet sich dabei die Aufgabe, das Oscillationstheorem für alle diejenigen Fälle zu untersuchen, die aus der verallgemeinerten Lamé'schen Gleichung durch irgend welches Zusammenrücken von singulären Punkten entstehen können.

Diese Theorie ist von <u>Bôcher</u> in seiner Preisarbeit von 1891 behandelt. In grösserer Ausführlichkeit wird man dieselbe in dem gerade im Erscheinen begriffenen Buche von Bôcher: „Über die Reihenentwicklungen der

Potentialtheorie" auseinandergesetzt finden.
[V. d. 26. Juni 1894.] Wir wollen die gewöhnliche Lamé'sche Differentialgleichung in unhomogener Gestalt so normieren, daß bei den im Endlichen gelegenen singulären Punkten a,b,c je die Exponenten $\frac{1}{2}, 0$, bei $d = \infty$ folglich, da die Summe aller Exponenten $n-2 = 2$ sein muß, die Exponenten $+\kappa+\frac{1}{2}, -\kappa$ vorliegen. Sie lautet dann:

$$\frac{d^2y}{dx^2} + \frac{dy}{dx}\left(\frac{\frac{1}{2}}{x-a} + \frac{\frac{1}{2}}{x-b} + \frac{\frac{1}{2}}{x-c}\right) + \frac{y}{(x-a)(x-b)(x-c)}\left\{-\kappa(\kappa+\tfrac{1}{2})x + \lambda\right\} = 0.$$

Wir setzen nun, um das Glied $\frac{dy}{dx}$ wegzuschaffen:

$$t = \int_0^x \frac{dx}{2\sqrt{(x-a)(x-b)(x-c)}}, \quad x = p(t),$$

wo also $p(t)$ eine doppeltperiodische Funktion von t ist, welche von der Weierstraß'schen Funktion $\wp(t)$ nur unwesentlich verschieden ist. Die Differentialgleichung geht über in

$$\frac{d^2y}{dt^2} = (2\kappa(2\kappa+1)x - 4\lambda)y = (Ax+B)y = (A p(t)+B)y.$$

Unsere Lamé'sche Differentialgleichung hat hier die Gestalt einer linearen Differentialgleichung mit doppeltperiodischen Coefficienten angenommen, und das ist diejenige Form der Gleichung, welche beispielsweise Her-

mite in seinen berühmten Untersuchungen
zu Grunde gelegt hat, wie man bei Halphen
vergleichen möge.

Wir hier lassen zunächst die allgemeinen
funktionentheoretischen Betrachtungen bei Seite.
Unsere Aufgabe ist es, uns den Verlauf der Lösungen im Reellen recht klar zu machen.
Zuerst müssen wir den Zusammenhang der
Argumente x und t uns deutlich vor Augen führen. Lassen wir x die ganze reelle Zahlenaxe
durchlaufen, so beschreibt t die Umgrenzung
eines Rechteckes, des vierten Teils eines Periodenparallelogramms von $\wp(t)$:

Wir sehen aus den Figuren, daß dt in den
Intervallen ab und $c\infty$ reell, in den Intervallen
bc und ∞a dagegen rein imaginär ist. Wenn
wir also eine Variable mit reellen Inkrementen haben wollen, um unsere mechanische
Deutung anwenden zu können, so können wir in
den Intervallen ab und $c\infty$ die Größe t
selbst brauchen, in bc und ∞a aber müssen

wir $t'=it$ als Variable einführen, wodurch $\frac{d^2z}{dt^2}$ rein Zeichen wechselt.

Nun kommt es ja bei unserer mechanischen Deutung darauf an, ob $(Ax+B)$ positiv ist oder negativ, und zwar wird in den Intervallen ab und $c\infty$ Attraction im ersten Fall, im zweiten Fall Repulsion, dagegen in den Intervallen bc und ∞a bei positivem $(Ax+B)$ Repulsion, bei negativem Attraction zu finden sein.

Denken wir uns über der x-Axe als Abscisse $Ax+B$ als Ordinate aufgetragen, so erhalten wir eine Gerade $y = Ax+B$, welche die x-Axe in zwei Gebiete scheidet, so dass in dem einen $Ax+B$ positiv, in dem andern $Ax+B$ negativ ist. Sie wird dabei irgend einer der 4 von den Verzweigungspunkten begrenzten Intervalle der x-Axe in zwei Teile spalten:

Also:
Die ganze x-Axe ist in 5 Stücke zerlegt, und diese zeigen von $d\cdot\infty$ beginnend bis zu $d\cdot+\infty$ alternierend attractives und repulsives Verhalten.

— 279. —

Wollen wir die entsprechende Construction über der reellen t-Axe ausführen, indem wir $A\varphi(t) + B$ senkrecht dazu auftragen, so müssen wir bedenken, dass, während t die reelle Axe von 0 über ω, 2ω, 3ω, u. s. w. durchläuft, dass dann der Punkt x immer nur zwischen a und b hin und hergeht. Die der Hülfsgeraden $Ax + B$ entsprechende Curve $A\varphi(t) + B$ ist also periodisch und wird etwa folgendes Aussehen haben:

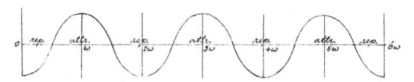

Das Bild der Hülfsgeraden über der t-Axe ist eine periodische Curve, welche übrigens nur dasjenige Stück der Hülfsgeraden (und dieses unendlich oft) wiedergibt, das zwischen $x=a$ und $x=b$ liegt.

Die Tangente dieser Curve in den Punkten 0, ω, 2ω, ... ist horizontal, da $\frac{d(A\varphi(t)+B)}{dt} = A \cdot 2\sqrt{(x-a)(x-b)(x-c)}$ für $x=a$ und $x=b$ verschwindet.

Nun lassen Sie uns noch eine allgemeine Verabredung treffen. Es fragt sich, wie wir die Stärke der Oscillation zweier verschiedenen Functionen in einem Intervall vergleichen wollen, wenn auch unvollständige Oscillationen am Ende des Intervalls vorkommen.

Es möge etwa ein positiver fester Wert von $\frac{y'}{y}$ am Anfangspunkt $t=0$ der Intervalls vorgeschrieben sein (im besondern Fall der Wert 0 oder ∞). Wir bedenken nun, daß $\frac{y'}{y}$ überall im Intervall, sobald attractives Verhalten vorliegt, monoton abnimmt (außer in den Nullpunkten von y, wo es von $+\infty$ nach $-\infty$ springt). Denn aus

$$\frac{d^2y}{dt^2} = -\psi(t;A,B)y, \qquad \psi > 0$$

folgt

$$\frac{d}{dt}\left(\frac{y'}{y}\right) = \frac{y''}{y} - \left(\frac{y'}{y}\right)^2 = -\psi - \left(\frac{y'}{y}\right)^2 < 0.$$

Während jeder Halboscillation geht so $\frac{y'}{y}$ von $+\infty$ bis nach $-\infty$.

Eine unvollständige Halboscillation werden wir also mit einem um so größeren Bruchteil mitzuzählen haben, je tiefer während derselben $\frac{y'}{y}$ von $+\infty$ an herabsinkt.

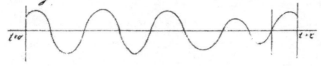

Jedesmal, wenn $\frac{x'}{y}$ von $+\infty$ bis $-\infty$ läuft, haben wir eine 1, jedesmal, wo dieser Intervall nicht vollständig durchlaufen wird, einen um so größeren echten Bruch anzusetzen, ein je größerer Teil einer Halboscillation durchlaufen wird, und zu summieren, d. h. wir müssen eine Funktion suchen, welche während der Oscillationen beständig wächst, und zwar bei jeder Halboscillation um eine Einheit. Eine diesen Bedingungen genügende Funktion ist,
$$-\frac{1}{\pi} \operatorname{arctg} \frac{x'}{y}.$$

Der Zuwachs dieser Funktion von $t=0$ bis $t=\tau$ wird also als Maß für die Stärke der Oscillation im Intervall $t=0$ bis $t=\tau$ dienen können. Also:

Zwei Curven, welche bei $t=0$ mit demselben vorgeschriebenen Wert von $\frac{x'}{y}$ beginnen, werden hinsichtlich der Stärke ihrer Oscillationen im Segment verglichen, indem man für beide Curven den Ausdruck
$$\left[-\frac{1}{\pi} \operatorname{arctg} \frac{x'}{y}\right]_{t=0}^{t=\tau}$$
bildet.

Eine genauere Discussion der oben gegebenen Ausdrucks
$$\frac{d}{dt}\left(\frac{y'}{y}\right) = -\gamma - \left(\frac{y'}{y}\right)^2$$
ergiebt den Satz, der physikalisch unmittelbar klar ist:

Wenn das γ im ganzen Intervall wächst, die Kraft *) also durchweg vergrößert wird, so wächst bei unserer Integralcurve, die für $t = 0$ mit dem vorgeschriebenen Werte $\frac{y'}{y}$ beginnt, die Stärke der Oscillation.

Es sei nun in dem Intervall ab ein Segment $s = (0, \tau)$ gegeben. Das Oscillationstheorem besagt, dass man die Constanten A und B so bestimmen, d. h. der Hülfsgeraden $Ax + B$ eine solche Richtung und Lage geben kann, dass in dem Segmente eine ganz bestimmte vorgegebene Stärke der Oscillation entwickelt wird, also wenn $\frac{y'}{y}$ bei $t = 0$ vorgegeben ist, dass in dem Segment eine bestimmte Zahl von 0-Stellen liegt, und dass $\frac{y'}{y}$ bei $t = \tau$ wieder einen vorgeschriebenen Wert hat.

---

*)¹ Man vergl. die Entwickelungen von Sturm. l. c.

*)² Es möge hier und im Folgenden diese eigentlich ungenaue kurze Ausdrucksweise gestattet sein, wo es sich auch nicht um die Kraft selbst handelt – diese wäre $(Ax + B) \cdot y$ –, sondern nur um den Coefficienten $(Ax + B)$, den Elasticitätscoefficienten.

Da das nur eine Bedingung für die Lage der Geraden ist, so gibt es natürlich noch ∞^1 Geraden, welche der Bedingung genügen, in dem einen Segment denselben Oscillationszustand hervorzurufen. Wir fragen dann:

<u>Wie sieht die Enveloppe aller derjenigen Hülfsgeraden aus, welche in unserem Segmente eine bestimmte Oscillationsbedingung befriedigen lassen?</u>

[Do. d. 28. Juni 1894.] Wir denken uns in der (x, y)-Ebene durch die Endpunkte der Segments zwei zur x-Axe senkrechte gerade Linien gezogen; diese begrenzen dann in der x, y-Ebene einen Streifen, dessen Breite durch die Länge des Segments gegeben ist.

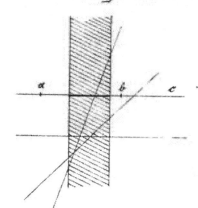

Damit durch die Differentialgleichung

$$\frac{d^2 z}{dt^2} = (Ax + B) \cdot y$$

überhaupt Oscillationen in dem Segment hervorgerufen werden, muss $(Ax+B)$ wenigstens in einem Teile des Segments negativ sein, d. h. die Gerade $y = Ax + B$ muss notwendig den unterhalb der x-Axe liegenden Teil des Streifens durchsetzen.

Setzen wir z. B. $A=0$, verlangen also, daß die Gerade der x-Axe parallel ist, so kann man B auf elementarem Wege – denn es handelt sich dann nach Einführung von t als unabhängiger Variabler, nur um Sinusschwingungen – so als negative Größe bestimmen, daß gerade die vorgegebene Oscillationszahl herauskommt, und zwar nur auf eine Weise. Was ferner die übrigen möglichen Lagen der Hülfsgeraden bei vorgegebener Oscillationszahl betrifft, so ist der Satz auszusprechen:

<u>Zwei verschiedene Hülfsgeraden, welche dieselbe Oscillationseigenschaft liefern, müssen sich innerhalb des verticalen Streifens schneiden.</u>
Denn wenn sie sich innerhalb des Streifens nicht schnitten, wäre bei der einen von ihnen $(Ax+B)$ im ganzen Intervall größer, die anziehende Kraft also durchweg kleiner als bei der andern, was auch eine Verschiedenheit der Oscillationszahlen zur notwendigen Folge haben müßte. Damit ist der Satz bewiesen.

Wählen wir für A irgend einen bestimmten Wert – wie oben den Wert 0 – so ist damit die Richtung der Hülfsgeraden gegeben. Wenn

wir nun die Hülfsgerade noch mit sich
selbst parallel verschie‑
ben, etwa von der Lage I
in nebenstehender Figur
nach unten zu, so wird
dabei die anziehende
Kraft im ganzen Inter‑
vall gleichzeitig verstärkt,
ebenso also auch die Oscil‑
lationszahl stetig vergrö‑
ßert bis zu jedem belie‑
big großen Werte hin,

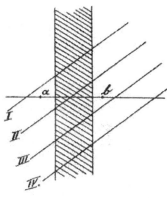

so daß dabei die vorgegebene Oscillationszahl
einmal und nur einmal erreicht wird. Wir
haben also den Satz:
<u>Die Richtung der Hülfsgeraden kann eine
beliebige sein; dann ist aber die Lage der Hülfs‑
geraden durch die Forderung der vorgegebenen
Oscillationseigenschaft eindeutig bestimmt.</u>
   In der Tat können ja nicht zwei parallele
Geraden zu derselben Oscillationseigenschaft
gehören, da sich zwei solche Geraden
nicht im Streifen schneiden würden, entge‑
gen dem vorhin ausgesprochenen Satze.
   Denken wir uns nun bei vorgegebener

Oscillationsbedingung alle möglichen zugehö=
rigen Hülfsgeraden construirt, so ist das eine
einfach unendliche Schar von Geraden,
welche eine gewisse Curve einhüllen. Irgend
ein Punkt dieser Hüllcurve ist der Schnittpunkt
zweier unendlich benachbarten Geraden, muß also,
wie der Schnittpunkt irgend zweier Geraden
der Schar überhaupt, in=
nerhalb der verticalen
Streifens liegen.
Die Hüllencurve hat eine
solche Gestalt, daß alle ihre
Punkte in dem verticalen
Streifen liegen und zu je=
der Richtung eine einzige
parallele Tangente vorhan=
den ist.
Die Hüllcurve kann
keine andere Gestalt ha=
ben als die in nebenste=
hender Figur angegebe=
ne, bei welcher die
Ränder des Streifens
Asymptoten sind.

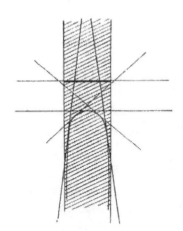

Man könnte im Zweifel sein, ob die Curve nicht vielleicht die nebenstehende Gestalt haben muss, welche ja mit den obigen Angaben über die Anzahl der Tangenten von gegebener Richtung ebensogut verträglich wäre. Aber man kann zeigen, dass von jedem Punkte der Strecke $\alpha\beta$ mindestens 2 Tangenten an die fragliche Hüllcurve existieren, dass also das Segment $\alpha\beta$ von der Hüllcurve nicht geschnitten werden kann.

In der Tat, lassen wir eine Gerade sich um den beliebigen Punkt γ der Segmentes $\alpha\beta$ drehen, etwa indem sie sich bei α nach unten senkt, so wird man auf der Teilstrecke $\alpha\gamma$ Anziehung, auf der Teilstrecke $\gamma\beta$ Abstossung haben, und zwar werden mit zunehmender Neigung der Hülfsgeraden beide, die Anziehung wie die Abstossung, auf der ganzen Strecke dem Tangens der Neigung proportional vergrössert. Dabei wird die Oscillationszahl auf der Strecke $\alpha\gamma$

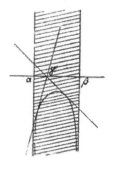

vergrößert, auf der Strecke $\gamma\beta$, nach der negativen Seite hin, verkleinert. Nun ist aber physikalisch klar, daß man die Oscillationszahl auf einer Strecke $\alpha\gamma$, wo nur Anziehung herrscht, durch Verstärkung der Anziehung beliebig vergrößern kann, daß dagegen die Oscillationszahl auf der Strecke $\gamma\beta$, wo nur Abstoßung herrscht, nie bis auf -1 heruntersinken kann, wie sehr man die Abstoßung auch verstärken mag. Daraus folgt, daß man durch stetige Drehung der Hülfsgeraden um den Punkt γ der Oscillationszahl auf der ganzen Strecke $\alpha\beta$ jeden beliebig großen Wert erteilen kann, also auch mindestens einmal den vorgegebenen Wert. Ein Zweifel bleibt höchstens, wenn die vorgegebene Oscillationszahl kleiner als $O_0 = \frac{1}{\pi} \operatorname{arctg} \frac{c \cdot \tau}{1 + c^2 + c\tau}$ ist, wobei c den Wert $\frac{y'}{y}$ am Anfang des Segments und τ die Länge des Segments in t gemessen bedeutet.
Im Allgemeinen also, d. h. wenn die vorgegebene Oscillationszahl nicht kleiner als die eben angegebene Größe O_0 ist, insbesondere stets, wenn die Oscillationszahl ≥ 1 sein soll, gibt es mindestens eine Lage der Hülfsgeraden durch γ mit positivem Werte von

— 284. —

x, für welche sie zur Tangente wird. Genau ebenso findet man mindestens eine Lage mit negativem A, wo also von α bis γ Abstoßung, von γ bis β Anziehung herrscht; damit ist unsere Behauptung bewiesen.

Wenn die vorgegebene Oscillationszahl $< \nu_0$ ist, dann kann man allerdings nicht mehr von allen Punkten der Segmenter Tangenten an die Hüllcurve legen. Dann aber läßt sich zeigen, daß die horizontale Tangente der Hüllcurve oberhalb der x-Axe verläuft, daß also die Curve im wesentlichen ebenso

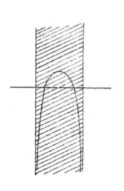

wie vorhin liegen muß, nur mit dem Unterschied, daß sie ihren Scheitel jetzt über die Abscissenaxe erhebt. Die später an die Gestalt der Hüllcurve anzuknüpfenden Folgerungen werden durch diese Modification in keiner Weise berührt.

Daß die Curve die Begrenzungsgeraden des Streifens tatsächlich zu Asymptoten haben muß und dieselben nicht etwa schon im

— 290. —

Endlichen erreicht, wie in nebenstehender Figur, sieht man leicht, wenn man in dieser Figur von einem Punkte γ der Segmentes, welcher dem Endpunkte sehr nahe liegt, die nach vorn abwärts gerichtete Tangente an die Curve zieht. Da diese

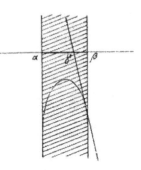

Gerade über dem Segmentteil $\alpha\gamma$ sich sehr hoch erhebt, unter das Segmentteil $\gamma\beta$ aber nur bis zu einer endlichen Tiefe hinabsinkt, so entspricht sie dem physikalischen Falle, dass längs $\alpha\gamma$ eine anfangs sehr grosse abstossende Kraft wirkt, längs der verschwindend kleinen Segmentstücke $\gamma\beta$ aber nur eine endlich bleibende anziehende Kraft. Eine endlich bleibende Kraft kann aber in einem unendlich kleinen Zeitintervall gewiss keine Oscillationen von gegebener, nicht verschwindender Grösse hervorrufen, zumal auch noch der Punkt infolge der abstossenden Kraft längs $\alpha\gamma$ bei Beginn des Intervalls $\gamma\beta$ einen sehr grossen Wert von x' besitzt. Also muss, wenn $\gamma\beta$ unendlich klein genommen wird, längs

— 291 —

$\gamma\beta$ die anziehende Kraft unendlich groß werden, d. h. die Tangente muß unendlich tief hinunterreichen, die Begrenzungsgerade des Streifens also als Tangente der Curve betrachtet ihren Berührungspunkt im Unendlichfernen haben, d. h. Asymptote sein.

Die Hüllcurve erstreckt sich nach unten, wie gezeichnet, wenn das Segment in ab oder in cd liegt. Wenn dagegen das Segment in da oder in bc liegt, so tritt Attraction dann ein, wenn die Hülfsgerade oberhalb der x-Axe verläuft, und die Figur ist also in der Weise umzukehren, daß die Hüllcurve in der oberen Hälfte des Streifens verläuft.

Nun mögen zwei Segmente betrachtet werden, welche nicht übereinandergreifen. Dieselben können sonst aber beliebig in ein- und demselben oder in verschiedenen Intervallen liegen. Nur beispielsweise soll das eine in ab, das andere in bc gezeichnet werden. Nun sei für jedes der beiden Segmente, unabhängig vom andern, eine Oscillationsbe-

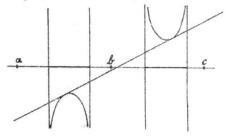

dingung vorgegeben. Man denke sich dann über jedem der beiden Segmente die der betreffenden Oscillationsbedingung entsprechende Hüllcurve construiert.

Unsere beiden Hüllcurven haben dann, sobald die Segmente überhaupt getrennt liegen, notwendig eine und nur eine gemeinsame Tangente, wie die Figur zeigt.

Denn hätten sie zwei gemeinsame Tangenten, so müßten sich dieselben sowohl in dem Vertikalstreifen über dem einen Segment wie in demjenigen über dem andern Segment schneiden, was unmöglich ist.

Damit haben wir das Oscillationstheorem erreicht:

Schreiben wir für zwei Segmente der x-Axe, welche kein Stück miteinander gemein haben, und welche in verschiedenen oder in demselben Intervall liegen können, zwei beliebige Oscillationsbedingungen vor, so können wir dementsprechend die Parameter A und B der Lamé'schen Gleichung auf eine und nur auf eine Weise bestimmen.

Der Beweis ist, wie Sie sehen, so eingekleidet, daß wir A und B als Coordinaten

— 293. —

einer geraden Linie deuten. Es fragt sich, wie die Betrachtung sich ändert, wenn man A und B als Punktcoordinaten deutet und die einzelnen Schritte durch strenge mathematische Schlüsse begründet. Näheres darüber findet man in dem Buche von <u>Pockels</u> über $\Delta u + k^2 u = 0$ S. 117 – 120. Wir werden das erweiterte Oscillationstheorem in dem Umfang unserer jetzigen Betrachtung fortan als bewiesen ansehen.

Jetzt werden wir die <u>Segmente bis an die singulären Punkte a, b, c, d heranziehen</u>. Es möge z. B. ein Segment von a bis b reichen, d. h. mit dem Intervall $a\,b$ identisch sein.

Es fragt sich, was wir an die Stelle der Grenzbedingungen, dass $\frac{y'}{y}$ an den Enden des Segments vorgeschriebene Werte haben soll, jetzt zu setzen haben.

An einer gewöhnlichen Stelle, etwa $x = 0$, gibt es zwei „Fundamentallösungen" von der Form

$$y_1 = +x + c_2 x^2 + c_3 x^3 + \ldots ,$$
$$y_2 = 1 + + c_2' x^2 + c_3' x^3 + \ldots ,$$

und die allgemeine Lösung setzt sich aus diesen in der Gestalt zusammen:

$$y = \alpha y_1 + \tau y_2 = \tau + \alpha x + c_2'' x^2 + c_3'' x^3 + \ldots$$

— 294. —

Dann ist an der Stelle $x = 0$:
$$y' = \alpha, \quad y = \gamma, \quad \frac{y'}{y} = \frac{\alpha}{\gamma}.$$

Die Grenzbedingung der Physik, welche $\frac{y'}{y}$ als gegeben ansieht, kann auch so formuliert werden: wir geben das Verhältnis $\alpha : \gamma$ derjenigen Constanten, mit deren Hülfe sich die Lösung y aus den beiden zum Punkt $x = 0$ gehörigen Fundamentallösungen y_1, y_2 zusammensetzt.

Dies überträgt sich nun sofort auf den Fall, wo der Anfangs- oder Endpunkt des Segments ein singulärer Punkt ist.

Z. B. bei a existieren zwei Fundamentallösungen
$$y_1 = (x-a)^{\frac{1}{2}}(1 + c_1(x-a) + c_2(x-a)^2 + \ldots),$$
$$y_2 = \phantom{(x-a)^{\frac{1}{2}}}(1 + c_1'(x-a) + c_2'(x-a)^2 + \ldots).$$

Die beiden Lösungen verlaufen etwa nach Art der folgenden beiden Curven, die erste so, dass sie nur rechts von a reell ist

und bei a selbst mit verticaler Tangente umbiegt, die zweite aber so, dass sie die Gerade $x=a$ unter irgend einem Winkel schneidet, und zwar in der Höhe $y=1$. Wenn man y_1 mit i multipliciert, so ist sie nur links von a statt rechts reell, indem ein anderer Teil der Lösung y_1 in reelle Erscheinung tritt.

Die allgemeine Lösung
$y = \mu y_1 + \nu y_2$
zeigt einen Verlauf wie nebenstehende Curve, bei reellem μ nur rechts, bei rein imaginärem μ nur links vom Punkte a in reelle Erscheinung tretend. Wählen wir μ immer kleiner, so wird die Umbiegung der Curve an der Geraden $x=a$ immer schärfer, indem zugleich die beiden von der Umbiegung auslaufenden Curvenzweige immer näher aneinander hinlaufen, bis sie schliesslich für $\mu=0$ ganz zusammenfallen zu einem einzigen Curvenstück, welches an der Geraden $x=a$ einfach abbrechen würde, wenn sich nicht als Fortsetzung links ein plötzlich aus dem Imaginären heraustretender Curvenzweig einstellte. Also:

<u>Die typische Gestalt der allgemeinen Curve</u>

y schließt nicht nur die Curve y_1, sondern auch die Curve y_2 als einen Grenzfall ein, wobei die Curve y_2 als doppeltzählend auftritt und eben darum eine reelle Fortsetzung über $x=a$ hinaus gestattet.

Die Grenzbedingung läßt sich nun so aussprechen:

Die specielle Curve y, welche im Innern des Segments eine bestimmte Anzahl mal durch 0 gehen soll, soll an der Grenze a zu einem bestimmten Quotienten $\frac{u}{v}$ gehören, wo u, v die Faktoren sind, mit deren Hülfe sich y aus den beiden Fundamentallösungen y_1, y_2 zusammensetzt.

Es handelt sich bei dieser Übertragung der Grenzbedingungen auf die ausgearteten Segmente nicht nur um eine Analogie, sondern um ein genaues Entsprechen, wie sich sofort ergiebt, wenn wir die Variable t einführen.

Nämlich die Differentialgleichung mit t hat bei $x=a$, d. h. bei $t=0$ überhaupt keinen singulären Punkt. Da sich nun $x-a$ wie t^2 verhält, multipliciert mit einer Potenzreihe nach t, so wird y_1 und y_2 in t die Ge-

statt haben
$$y_1 = \lambda \cdot \mathfrak{p}_1(t), \quad y_2 = \mathfrak{p}_2(t),$$
d.h. y_1 und y_2 sind auch in Bezug auf λ Fundamentallösungen, nämlich Fundamentallösungen der nicht singulären Punkte $t=0$. Wir sehen also:

<u>Wir können unser Oscillationstheorem auch auf den Fall anwenden, wo sich unsere Segmente bis an die singulären Punkte heranziehen, nur müssen wir uns $\frac{y'}{y}$ in den singulären Punkten dabei so gegeben denken, dass wir λ als unabhängige Variable dabei meinen.</u>

[Fr. d. 29. Juni 1894.] Wir wollen heute zusehen, wie man vom Oscillationstheorem aus, bezogen auf zwei benachbarte Intervalle ab, bc, zu den Lamé'schen Polynomen zurückgelangt, indem wir damit in unseren jetzigen Betrachtungen eine Neubestätigung der früher ganz anders gefundenen Sätze finden.

Die beiden Segmente seien also geradezu die beiden Intervalle ab und bc. Es sollen in ab m 0-Stellen, in bc n Nullstellen je einer Lösung y vorhanden sein, und zwar soll die Lösung y des Intervalls ab in a und b sich verhalten wie $(x-a)^{\frac{1}{2}} \cdot \mathfrak{p}(x-a)$ bezw. wie $(x-b)^{\frac{1}{2}} \cdot \mathfrak{p}(x-b)$, die

– 298 –

Lösung des Intervalls bc bei $x=b$ wie $(x-b)^{\varepsilon'}\mathfrak{P}_b$ bei $x=c$ wie $(x-c)^{\varepsilon''}\mathfrak{P}_c(x-c)$, wobei $\varepsilon, \varepsilon', \varepsilon''$ jeder den Wert 0 oder 1 haben kann; d. h. es sind für $\frac{y'}{y}$ im Sinne der letzten Sätze der vorigen Stunde in den Segmentgrenzen die Werte 0 oder ∞ vorgeschrieben.

In unserer Festsetzung liegt die particuläre Verabredung, dass im Punkte b von linker Seite her und von rechter Seite her jedesmal dieselbe Randbedingung erfüllt sein soll.

Wenn, wie hier die Lösung y der Intervalls ab und die Lösung y der Intervalls bc, in einem Punkte b beide wie die erste oder beide wie die zweite Fundamentallösung der Punktes sich verhalten sollen, so können sie sich nur um einen constanten Factor unterscheiden. Also:

Infolge unserer Verabredung betr. den Punkt b werden die in den beiden Segmenten zu betrachtenden Particularlösungen jetzt dieselben sein, soweit sie überhaupt bestimmt sind, nämlich bis auf einen constanten Factor.

Wenn $\varepsilon' = 0$ ist, so zieht die Lösung y als ein und dieselbe reelle analytische Curve von a über b nach c.

— 299. —

Wenn dagegen $\varepsilon' = 1$ ist, so ist die Lösung nur in dem einen Intervall, etwa ab, durch eine reelle Curve darstellbar und wird erst nach Multiplication mit i in bc reell, dafür aber in ab imaginär. Die Oscillationsbedingung wird jedoch durch eine solche Multiplication mit einer, wenn auch imaginären Constanten nicht berührt, so dass wir die Curve y links von b getrost durch die Curve y_i rechts von b fortsetzen dürfen.

Wir setzen nun
$$y = (x-a)^{\frac{\varepsilon}{2}}(x-b)^{\frac{\varepsilon'}{2}}(x-c)^{\frac{\varepsilon''}{2}} P(x),$$
unter $P(x)$ eine Function von noch zu bestimmendem Character verstanden.

Man sieht, dass $P(x)$ im Endlichen sich überall unverzweigt und wie eine ganze Function verhält. Im Unendlichen muss es daher auch notwendig unverzweigt sein. Die Zeichnung der Hüllcurven über ab und bc zeigt, dass die Hülfsgerade $Ax + B$ jedenfalls nicht vertical, A also jedenfalls von endlichem Werte ist. Dann ist aber

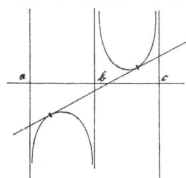

der Punkt $x = \infty$ für die Differentialgleichung ein regulärer singulärer Punkt mit den Exponenten $-K$ und $K + \tfrac{1}{2}$, wo $2K(2K+1) = \mathscr{K}$ ist. y muss sich daher im Unendlichen wie eine Potenz $x^{\varkappa}$ verhalten, wobei der Exponent k durch die Gleichung
$$2K(2K+1) = \mathscr{K}$$
bestimmt ist.

Da nun $P(x)$ für $x = \infty$ unverzweigt sein muss, so muss
$$k = K - \frac{\varepsilon + \varepsilon' + \varepsilon''}{2}$$
eine ganze Zahl und $P(x)$ ein Polynom vom Grade k sein.

Die Particularlösung y_1, welche bei einem beliebigen unserer 8 Bedingungssysteme in Betracht kommt, ist analytisch in der Form darstellbar:
$$y = (x-a)^{\tfrac{\varepsilon}{2}} (x-b)^{\tfrac{\varepsilon'}{2}} (x-c)^{\tfrac{\varepsilon''}{2}} P(x),$$
wo $P(x)$ ein rationaler Polynom ist, welches sich sofort als Lamé'scher Polynom erweisen wird.

In der vorigen Woche haben wir die Lamé'schen Polynome in der Weise eingeführt, dass wir ihren Grad k gaben und dann zeigten, dass alle k Wurzeln reell auf die beiden Intervalle ab und bc verteilt liegen. Jetzt umgekehrt geben wir die Anzahl $m+n$ der reellen Wurzeln von $P(x)$ nebst ihrer Verteilungsweise m, n auf die beiden Intervalle ab, bc, und wir zeigen nun, dass $m+n$ der Grad des Polynoms ist, dass also unser Polynom weder im Reellen noch im Complexen irgend welche andern Wurzeln hat, als durch unsere Oscillationsforderungen von vornherein vorgeschrieben sind.

In der Tat sieht man leicht mit Bezugnahme auf unsere früheren Betrachtungen über Lamé'sche Polynome, dass $P(x)$ ein solches sein muss, und zwar ein solches in den Stieltjes'schen Grenzen, dessen k Wurzeln alle reell und zwischen a und c gelegen sind, so dass also $k = m+n$ sein muss. Denn wenn y bei a, b, c die Exponenten $\frac{\varepsilon}{2}, 0; \frac{\varepsilon'}{2}, 0; \frac{\varepsilon''}{2}, 0$ besitzt, so muss auch P einer linearen Differentialgleichung genügen, und zwar mit den Exponenten $\frac{1-\varepsilon}{2}, \frac{-\varepsilon}{2}; \frac{1-\varepsilon'}{2}, \frac{-\varepsilon'}{2}; \frac{1-\varepsilon''}{2}, \frac{-\varepsilon''}{2}$ bei a, b, c; d. h. mit den Exponenten $\pm\frac{1}{2}, 0; \pm\frac{1}{2}, 0; \pm\frac{1}{2}, 0$, wo + oder − zu nehmen ist, je nachdem $\varepsilon, \varepsilon', \varepsilon''$ gleich 0 oder -1 ist.

$P(x)$ ist also ein Polynom, welches einer Differentialgleichung genügt, die an den Stellen

a, b, c die Exponenten $\pm \frac{1}{2}$ und 0 besitzt.

Die Lamé'schen Polynome, auf welche wir hier kommen, liegen alle innerhalb der Stieltjes'schen Grenzen, und es gelten für sie also in der Tat die Realitätsverhältnisse, auf die wir uns soeben bezogen haben.

Wir wollen nun aber den ganzen Zusammenhang von Neuem ableiten, ohne Zuhülfenahme der Stieltjes'schen Betrachtungen, nur aus dem Oscillationstheoreme heraus. Wir bekommen so zugleich eine Controle der früheren Überlegungen, besonders wenn wir auch hier versuchen, über die Stieltjes'sche Grenze hinauszugehen.

Es handelt sich, wie gesagt, insbesondere darum, daß $P(x)$ keine anderen Wurzeln haben soll als die durch die Oscillationseigenschaft von vornherein gegebenen. In dieser Hinsicht sage ich zunächst:

Die Hülfsgerade muß im Intervall ab notwendig ganz oder teilweise negative, in bc ganz oder teilweise positive Ordinaten haben; sie muß daher notwendig in a und links von a durchweg unterhalb, in c und rechts von c oberhalb der x Axe liegen, also muß ∞,

– 303. –

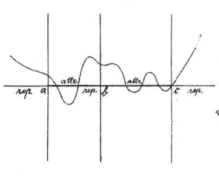

wohl in da wie in cd. repulsives Verhalten herrschen, sodaß es in diesen Intervallen keine Wurzeln mehr geben kann. (Die Zeichnung ist so zu verstehen, daß die Curve zwischen ab und cd so gezeichnet ist, wie sie sich in der t-Ebene, zwischen bc und da, so wie sie sich in der t'=it-Ebene darstellt).

Daß unser P in den beiden äußeren Intervallen cd, da keine 0-Stellen mehr hat, geht ohne weiteres daraus hervor, daß dort A·r+B > 0 bezw. < 0 ist, sodaß repulsives Verhalten in den betreffenden Intervallen der Zeit t statt hat.

Nun muß man aber auch noch nachweisen, daß P(x) keine complexen Wurzeln hat:

Um zu sehen, daß P(x) im Complexen keine Wurzeln mehr besitzt, suche ich das Polygon zu construieren, welches dem Quotienten zweier Particularlösungen unserer Differentialgleichung entspricht, und wünsche zu zeigen, daß wir mit Notwendigkeit auf diejenige Gestalt der Polygone kommen, die wir früher ausgehend vom Realitätstheoreme der Lamé'schen Polynome bereits aufgestellt haben.

[Ko. d. 2. Juli 1894.] Wir bilden also den Quotienten

$$\eta = \frac{y_2}{y_1},$$

wobei wir für y_1 gerade die Partikularlösung nehmen:

$$y_1 = (x-a)^{\varrho_0}(x-b)^{\varrho_1}(x-c)^{\varrho_2} \cdot P(x).$$

η bildet die Halbebene auf ein Kreisbogenpolygon ab. Wir behaupten:

Unser Kreisbogenpolygon ist in diesem Fall ein geradliniges Polygon.

Die Behauptung folgt einfach daraus, daß

$$\eta = \int \frac{dx}{(x-a)^{2\varrho_0}(x-b)^{2\varrho_1}(x-c)^{2\varrho_2} \cdot y_1^{\,2}}, \quad \text{d.h. im vorliegenden Falle}$$

$$\eta = \int \frac{dx}{(x-a)^{2\varrho_0+\frac{1}{2}}(x-b)^{2\varrho_1+\frac{1}{2}}(x-c)^{2\varrho_2+\frac{1}{2}} P(x)^2},$$

das Integral einer multiplikativen Funktion ist.

Zugleich erkennen wir aus dieser Formel den Satz: Die Winkel des geradlinigen Polygons, welche den Punkten a, b, c entsprechen, sind rechte Winkel und liegen im Endlichen oder im Unendlichen, je nachdem der betreffende

$\varepsilon, \varepsilon', \varepsilon''$ gleich 0 oder 1 ist.

Um die Natur der vierten, dem Punkte d der x-Ebene entsprechenden Ecke zu erkennen, führen wir homogene Schreibweise ein, indem wir $x = \frac{x_1}{x_2}$ setzen. Wir bekommen dann, wenn k der unbekannte Grad des Polynoms $P(x)$ ist, den Ausdruck:

$$\eta = -\int \frac{x_2^{2k+\varepsilon+\varepsilon'+\varepsilon''-\frac{4}{2}}(x',dx)}{(xa)^{\varepsilon+\frac{1}{2}}(xb)^{\varepsilon'+\frac{1}{2}}(xc)^{\varepsilon''+\frac{1}{2}} P_k(x_1,x_2)^2}.$$

Daraus liest man ab, daß der vierte Winkel des Polygons

$$\delta = \pi(2k + \varepsilon + \varepsilon' + \varepsilon'' + \tfrac{1}{2})$$

sein muß. Also:

<u>Der Grad k unseres Polynoms bestimmt sich nach der vorstehenden Formel durch Betrachtung der Größe des vierten Winkels im Viereck.</u>

Wenn uns also die geometrische Figur des Polygons einen bestimmten Wert des vierten Winkels ergiebt, so kann uns dieser zur Bestimmung des Grades von k dienen.

Ich wünsche aber diese Betrachtung noch von der benutzten Integralformel unabhängig zu machen; d.h. ich will den Satz, daß unser

Polygon geradlinig ist, direct ableiten, und ebenso den Satz, daß jede Ecke im Endlichen oder im Unendlichen liegt, je nachdem das betreffende $\varepsilon = 0$ oder $= 1$ ist.

Unser
$$y_1 = (x-a)^{\frac{\varepsilon}{2}} (x-b)^{\frac{\varepsilon'}{2}} (x-c)^{\frac{\varepsilon''}{2}} P_k(x)$$
ist offenbar gleichzeitig für jeden der drei Punkte a, b, c Fundamentallösung, nämlich die zum Exponenten 0 oder $\frac{1}{2}$ gehörige, je nachdem das betreffende $\varepsilon = 0$ oder $= 1$ ist.

Nun wollen wir überhaupt einmal folgenden Fall untersuchen: Eine reelle lineare Differentialgleichung mit beliebig vielen singulären Punkten habe in zwei auf der reellen Axe aufeinanderfolgenden Punkten a, b je die Exponenten $\frac{1}{2}$ und 0. Es existiere eine Lösung y_1 der Differentialgleichung, welche gleichzeitig für jeden der beiden Punkte Fundamentallösung ist, und welche in dem Intervall $a\, b$ m-mal verschwindet. Das ergiebt im ganzen 4 Möglichkeiten, je nachdem Exponenten, zu welchem y_1 in jedem der beiden Punkte gehört; es gehöre y_1 in a zum Exponenten $\frac{\varepsilon}{2}$, in b zum Exponenten $\frac{\varepsilon'}{2}$, wo ε und ε' jeder = 0 oder = 1 sein kann.

Wir betrachten dann das Abbild, welches der Quotient y irgend zweier partikulären Lösungen der Differentialgleichung von dem Segment ab sowie von den angrenzenden Stücken der Nachbarsegmente der reellen x-Axe entwirft. Die Segmente der reellen Axe werden natürlich, da es sich um eine reelle Differentialgleichung handelt, auf Kreisstücke abgebildet, die auf gewissen Kreislinien liegen. Es ist nun zu behaupten:

<u>Die drei Kreislinien, auf denen unsere drei Kreisbogen liegen, schneiden sich in einem Punkte, und zwar fällt mit diesem Schnittpunkte das Bild von a bezw. das Bild von b dann und nur dann zusammen, wenn ε bezw. $\varepsilon' = 1$ ist.</u>

Man erhält so, je nachdem beide ε oder nur ein ε oder kein $\varepsilon = 1$ ist, etwa folgende drei Figuren:

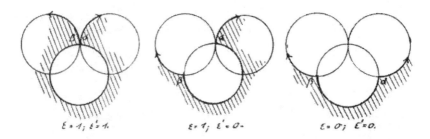

$\varepsilon = 1; \varepsilon' = 1.$ $\varepsilon = 1; \varepsilon' = 0.$ $\varepsilon = 0; \varepsilon' = 0.$

Dabei hat man sich jedoch die Seite $a\beta$, was in den Figuren nicht angedeutet ist, noch einmal um den ganzen Kreis herumlaufend zu denken.

Setzen wir speciell $y = \frac{y_2}{y_1}$, unter y die ausgezeichnete Lösung verstanden, so fällt der Schnittpunkt der drei Kreislinien ins Unendliche, und man hat also den Satz:

Die drei aufeinanderfolgenden Seiten unseres Polygons werden sich als gerade Linien darstellen, und die Ecken $a\,b$ werden im Endlichen liegen oder im Unendlichen, je nachdem das zugehörige ε bezw. $\varepsilon' = 0$ oder $= 1$ ist.

Sie sehen, was ich behaupte, ist genau in dem enthalten, was oben bewiesen ist, aber in der Form allgemeiner, da nur zwei Ecken in Rücksicht gezogen werden.

— 309. —

Der Beweis ist am einfachsten, wenn $\varepsilon \cdot \varepsilon' = 1$ ist.

Nämlich $\frac{y_2}{y_1}$ fängt bei a mit dem Wert ∞ an — da $y_1 = 0$ ist —, geht noch m-mal durchs Unendliche und hört in b wieder mit dem Wert ∞ auf. Die Ecken α und β liegen also in der Tat in demselben Punkt der y-Ebene, nämlich, wenn man $y = \frac{y_2}{y_1}$ wählt, im Punkte ∞. Also:

Der erste Fall erledigt sich ohne weiteres, wenn man beachtet, daß $\frac{y_2}{y_1}$ von ∞ bis ∞ läuft, wenn x von a bis b geht.

Im zweiten Falle $\varepsilon = 1, \varepsilon' = 0$ wird $y = \frac{y_2}{y_1}$ bei geeigneter Wahl der Lösung y_2 auf der reellen Axe von $-\infty$ nach einem endlichen Punkte β laufen — dazwischen natürlich noch m-mal durch ∞ — wenn man x von a nach b laufen läßt.

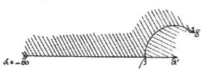

Das folgende an b anstoßende Segmentstück wird sich dann als ein rechtwinklig an die gerade Linie $-\infty \beta$ angesetztes Kreisbogenstück darstellen. Und denke man sich einerseits das y-Polygon an $\beta\gamma$ an,,

— 310. —

derersseits die positive
x-Halbebene an b v
gespiegelt. Man sieht
dann, daß das untere
Ufer des Segments ab dem Spiegelbild der
Strecke $-\infty\beta$, d. h. der Strecke $\beta\alpha'$ entsprechen muß,
wo α' den Mittelpunkt der Kreislinie $\beta\gamma$ bedeu,
tet. Der Punkt y wandert also von $-\infty$ nach β
und von da nach α', wenn x von a längs des
oberen Ufers von ab nach b und dann längs des
unteren Ufers nach a zurückläuft. Nun denke
man sich über dem
Segment ab die Curve
y gezeichnet. Wegen $\varepsilon = 0$
hat dieselbe in $x = b$ über
haupt keinen singulären Punkt, wird also einfach
wieder von b nach a zurück durchlaufen, wenn
der Punkt x von b nach a zurückläuft. y muß also
mit dem Werte 0, $y = \frac{y_1}{y_2}$ folglich mit dem Werte ∞
endigen, wenn x wieder von b nach a zurück-
kommt. Das heißt aber, daß der Punkt α', der
Mittelpunkt der Kreislinie $\beta\gamma$, im Unendli„
chen liegt, daß also die Kreislinie $\beta\gamma$ eine gera„
de Linie ist, was zu beweisen war.
 Im dritten Falle $\varepsilon = \varepsilon' = 0$ verläßt uns auch

— 311. —

das Symmetrieprinzip, und wir müssen
zu dem allgemeineren Prinzip der analyti„
schen Fortsetzung greifen.

Da wegen $\varepsilon = \varepsilon' = 0$ für y_1 weder a noch b ein singu„
lärer Punkt ist, so reproduciert sich y_1, wenn x
einen geschlossenen Umlauf um beide Punkte a
und b ausführt. Irgend eine andere Partiku„
larlösung y_2 dagegen wird sowohl bei Umlauf
um a wie bei Umlauf um b je eine lineare
Substitution erfahren, und zwar wegen des
Exponenten $\tfrac{1}{2}$ von der Form $y_2' = -y_2 + c\, y_1$.
  Bei gleichzeitigem Umlauf um a und b be„
kommt man also
$$y_2' = y_2 + c\, y_1 \}$$
$$y_1' = y_1$$
folglich $y' = y + c$.
  Im dritten Falle bemerken wir zunächst,
daß dem Umlauf um $a\,b$ die parabolische
Substitution $y' = y + c$ entspricht.
  Nun möge $y = \tfrac{y_2}{y_1}$ so gewählt sein, daß die
beiden von a auslaufenden Segmente der x-Axe

— 312. —

sich auf zwei rechtwinklig zueinander stehende

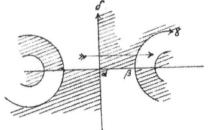

gerade Linien $\alpha\beta$, $\alpha\delta$ abbilden (was keine Particularisation ist). $\beta\gamma$ wird sich dann im allgemeinen auf einen Kreisbogen $\beta\gamma$ abbilden, welcher in γ rechtwinklig an $\alpha\beta$ ansetzt. Nun spiegeln wir die positive x-Halbebene an $a d$ und an $b c$ hintereinander. Von dem einen Spiegelbild zum andern gelangt man dann durch eine Umkreisung beider Punkte a und b. Wenn man also in der y-Ebene in entsprechender Weise erst an der Geraden $\alpha\delta$, dann am Kreise $\beta\gamma$ spiegelt (vergl. den der Figur beigesetzten Pfeil), so wird das erste Spiegelbild durch eine blosse Parallelverschiebung $\gamma' = \gamma + C$ in das zweite übergehen müssen. Dies ist aber nicht anders möglich, als indem nicht nur die Kante $\alpha\delta$, sondern auch die Kante $\beta\gamma$ eine gerade Linie ist, was behauptet wurde. —

Hiermit ist unser allgemeiner Satz vollständig bewiesen. Wendet man denselben im Falle von 4 singulären Punkten mit einer

— 313. —

den drei Punkten a, b, c gemeinsamen Fundamentallösung $y_1 = (x-a)^{\frac{\varepsilon}{2}}(x-b)^{\frac{\varepsilon'}{2}}(x-c)^{\frac{\varepsilon''}{2}} P(x)$ zweimal an, so ergibt sich, dass alle 4 Seiten des y-4Ecks als gerade Linien gewählt werden können, und dass die den Punkten a, b, c entsprechenden Winkel α, β, γ rechte Winkel sind, die im Endlichen oder Unendlichen liegen, je nachdem $\varepsilon, \varepsilon', \varepsilon'' = 0$ oder $= 1$ ist. Dabei muss die Seite $\alpha\beta$ nach unserer Voraussetzung über die 0-Stellen von $P(x)$ noch m-mal, $\beta\gamma$ n-mal durchs Unendliche ziehen.

<u>Wir wollen nun zeigen, dass ein so beschaffenes Viereck notwendig als vierten Winkel $\pi(2k + \frac{1}{2} + \varepsilon + \varepsilon' + \varepsilon'')$ hat, unter k die Zahl $m + n$ verstanden.</u>

[i. d. 3. Juli 1894.] Wir wollen dies nur für den Fall $\varepsilon = \varepsilon' = \varepsilon'' = 0$ näher ausführen. Wir müssen da 4 im Endlichen sich rechtwinklig kreuzende gerade Linien haben, zwischen denen eine Membran so einzuhängen ist, dass ab m-mal, bc n-mal durch ∞ zieht. Ich sehe hierfür

– 314. –

keine andere geometrische Möglichkeit als die einer gewöhnlichen Rechtecks, an welches von δ nach a β m Halbebenen, von δ nach $\beta\gamma$ n Halbebenen polar eingehängt sind. (Des näheren vergleiche man wegen der Notwendigkeit dieser Construction Schönflies Math. Ann. 42)
Dann wird aber in der Tat $\delta = 2(m+n) + \frac{k}{2}$, also $k = m + n$.

<u>Wir haben so von den Oscillationsbetrachtungen aus vollen Anschluß an die Theorie der Laméschen Polynome gewonnen.</u>

Wir wollen nun heute weiterhin den allgemeinen analytischen Charakter der Function y untersuchen, welche die x-Ebene auf unser Kreisbogenviereck abbildet.

Wir werden vier verschiedene geometrische Bilder zueinander in Beziehung setzen, nämlich:

1.) Die x-Ebene mit den beiden Halbebenen, in die sie durch die reelle Axe zerlegt wird.
2.) Die y-Ebene, worin der positive von x-Halbebene

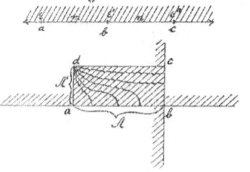

— 315. —

das Rechteck mit den polar eingehängten Halbebenen entspricht.
3. Die Ebene der Variablen
$$u = \int_2^x \frac{dx}{2\sqrt{(x-a)(x-b)(x-c)}},$$
welche die positive x-Halbebene
auf ein schlichtes Rechteck abbildet.
4. Die zweiblättrige Riemann'sche
Fläche der Funktion
$$s = 2\sqrt{(x-a)(x-b)(x-c)}.$$

Wir wollen zuerst 1) und 4) vergleichen, insbesondere zusehen, was wir unter geschlossenen Wegen einerseits in der x-Ebene, andererseits in der
Riemann'schen Fläche x; s zu verstehen haben.

Es ist sofort zu sehen, dass in der x-Ebene schon
jede Umkreisung einer einzelnen der Punkte a,
b, c ein geschlossener Weg ist, in der Riemann-
schen Fläche aber erst eine Umkreisung zweier
Verzweigungspunkte geschlossen ist. Wenn wir
also von der Monodromiegruppe der y sprechen,
so müssen wir wohl unterscheiden, ob wir
sie auf geschlossene Umläufe in der x-Ebene
oder in der Riemann'schen Fläche beziehen.

Die zweite Monodromiegruppe ist natürlich eine ausgezeichnete Untergruppe der

ersten.

Bei geschlossenen Umläufen in der x-Ebene erleiden y_1, y_2 sowie η Substitutionen von der Gestalt

$$y_1' = y_1 \qquad d\eta' = \pm d\eta, \qquad \eta' = \pm \eta + 2\Omega,$$
$$y_2' = \pm y_2 + 2\Omega y_1,$$

unter 2Ω gewisse Periodicitätsconstanten verstanden. Diese Substitutionen resultieren geometrisch, wenn wir die Abbildung der positiven x-Halbebene auf das oben beschriebene η-Rechteck vermöge des Principe der Symmetrie analytisch fortsetzen.

Man spiegele erst, indem man von den eingehängten Halbebenen absieht, das Rechteck an der Seite bc. So bekommt man als Bild der x-Ebene das mit I bezeichnete Doppelrechteck nebenstehender Figur.

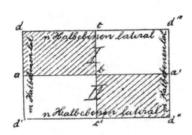

Spiegeln wir nun das ganze nochmals an der unteren Kante aba', so ist das genau dasselbe, als wenn man an die x-Ebene noch eine zweite x-Ebene längs ab durch einen Verzweigungsschnitt anhängt (wodurch wir zur zweiblättrigen Fläche über der x-Ebene

übergehen). Aber um auch die in das η-Recht-
eck eingehängten Halbebenen zu berücksichtigen,
so ist klar, daß an unserem vierfachen Rechteck die Einhängung etwa einer Halbebene von
d nach ab zusammen mit der Einhängung der
symmetrischen Halbebene von d' nach ab nichts
anderes ist als die laterale Anhängung einer
Vollebene an die Kante d d'. Entsprechend
bei den andern Kanten. Also:

Um unsere Figur, welche eine conforme Abbildung der zweiblättrigen Riemann'schen
Fläche auf die η-Ebene ist, möglichst einfach
aufzufassen, denken wir uns das schlichte Rechteck d d' d'' d''' in der Weise erweitert, daß wir
längs der horizontalen Kanten jedermal n
Vollebenen, längs der vertikalen Kanten jedermal m Vollebenen lateral anhängen.

Den auf der x-Ebene geschlossenen Umläufen
entsprechen, wie wir sehen, Substitutionen von
der Gestalt $\eta' = \pm \eta + 2 R$, z. B. einem Umlauf
um a die Substitution $\eta' = -\eta$, d. h. eine Drehung
des Rechtecks d a b c um den Punkt a um den
Winkel π. Alle andern Substitutionen kann
man als bloße Verschiebungen ev. in Verbindung mit dieser ersten Drehung $\eta' = -\eta$ dar-

stellen.

Betrachtet man dagegen nur Umläufe, die auf der Riemann'schen Fläche geschlossen sind, so ergiebt sich folgendes:

Vervielfältigt man die gewonnene Figur $dd'd''d'''$ doppeltperiodisch, so hat man die sämtlichen Wertsysteme vor Augen, welche y bei Umläufen auf der zweiblättrigen Riemann'schen Fläche erhält, entsprechend der Formel

$$y' = y + 2r \Lambda + 2r' \Lambda',$$

wo r, r' beliebige ganze Zahlen sind, $2\Lambda, 2\Lambda'$ die Zuwächse, welche y erhält, indem man die geschlossenen Wege um ab und um bc auf der Riemann'schen Fläche zurücklegt.

In y_1, y_2 lauten die Substitutionen auf der zweiblättrigen Fläche:

$$y_2' = y_2 + (2r\Lambda + 2r'\Lambda') y_1, \quad y_1' = y_1.$$

Diese Formeln, welche sich auf die zweiblättrige Riemann'sche Fläche beziehen, unterscheiden sich von den auf die x-Ebene bezüglichen nur dadurch, daß das doppelte Vorzeichen fehlt und also nur parabolische Substitutionen vorkommen.

Bei allen diesen parabolischen Substitutionen bleibt die Lamé'sche Lösung y_1 ungeändert.

Wir werden überhaupt bei irgend einer binären Substitution der y_1, y_2 zu fragen haben, ob es solche linearen Combinationen von y_1, y_2 gibt, die sich bei der Substitution jede nur multiplicativ verhalten, d. h. ob es solche particulären Lösungen der Differentialgleichung, Fundamentallösungen, gibt, die bei dem betreffenden Periodenweg der Riemann'schen Fläche sich nur multiplicativ verhalten. Man hat von hier aus bekanntlich den Satz:

Zu jedem geschlossenen Wege der unabhängigen Variablen gehören zwei Fundamentallösungen der Differentialgleichung, welche bei Durchlaufung des geschlossenen Weges sich bis auf einen Factor reproducieren.

Im Falle einer parabolischen Substitution fallen die beiden Fundamentallösungen zusammen, im Falle einer rein multiplicativen Substitution ($y_1' = \varrho\, y_1, y_2' = \varrho\, y_2$) werden sie unbestimmt.

Hiermit bekommen wir eine besondere Bedeutung unserer Lamé'schen Polynome innerhalb der Monodromiegruppe:

Die doppeltzählende Fundamentallösung,

welche in dem eben ausgesprochenen Sinn zu jeder einzelnen parabolischen Substitution zugehört, ist im Falle unserer Umläufe auf der zweiblättrigen Riemann'schen Fläche allgemein das Lamé'sche Polynom selbst. Das Lamé'sche Polynom läßt sich also charakterisieren als gemeinsame und einzige Fundamentallösung unserer Differentialgleichung für alle geschlossenen Wege, welche auf unserer zweiblättrigen Riemann'schen Fläche möglich sind.

Wie ist überhaupt die Lamé'sche Differentialgleichung auf der x-, s-Fläche statt auf der x-Ebene zu kennzeichnen?

Aus den Exponenten $\frac{1}{2}, 0; \frac{1}{2}, 0; \frac{1}{2}, 0; k+\frac{1}{2}, -k$ werden, wenn man sie auf der Fläche mißt, die Exponenten $1, 0; 1, 0; 1, 0; 2k+1, -2k$. Folglich:

Unsere Lamé'sche Differentialgleichung, betrachtet als Differentialgleichung auf der zweiblättrigen Riemann'schen Fläche, ist eine von den unverzweigten Differentialgleichungen auf dieser Fläche.

Sie hat nur an der Stelle d einen Nebenpunkt.

— 321. —

Das Geschlecht der Fläche ist in unserem Falle = 1. Für die unverzweigten Differentialgleichungen auf $p=1$ haben wir früher ($S.73$) den Satz gelernt, daß y, y_1, y_2 eindeutige Funktionen des Integrals erster Gattung, also der Variablen

$$t = \int \frac{dx}{2\sqrt{(x-a)(x-b)(x-c)}}$$

sind. Insbesondere:

Wenn t ein Periodenparallelogramm durchläuft (die Schraffirung entspricht der Eintheilung der Riemann'schen Fläche in zwei positive und zwei negative Halbebenen, wie oben beim y-Parallelogramm), so durchläuft y die oben ($S.316$) gezeichnete Figur, und von da aus ergiebt sich die analytische Fortsetzung in übersichtlichster Form nach dem Gesetz der Symmetrie.

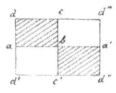

Fragen wir nun nach einer expliciten eindeutigen Darstellung von y durch t, so bedenken wir, daß y als Function von t im Periodenparallelogramm, wenn wir uns auf den Fall $E = E' = E'' = 0$ beschränken, an m Stellen von ab und den symmetrischen m Stellen von ba'; ferner an n Stellen von bc und an den symmetrischen n Stellen von bc' je einfach unendlich wird und bei Vermehrung von c um die Perioden ebenfalls additive Perioden erhält.

Eine derartige Funktion läßt sich aber bekanntlich immer in der Form darstellen:
$$y = c_1 \zeta_1(t) + c_2 \zeta_2(t) + \ldots + C\cdot t + C',$$
wobei $\zeta_1, \zeta_2, \ldots$ Integrale zweiter Gattung mit je einer einfachen ∞-Stelle im Parallelogramm sind.

Aber die Coefficienten sind nicht beliebig, sondern:

Von einer beliebigen Vereinigung von Integralen zweiter Gattung $c_1\zeta_1 + c_2\zeta_2 + \ldots + Ct + C'$ unterscheidet sich unser y insbesondere dadurch, daß sämtliche Nullpunkte des Differentials
$$dy = \frac{x_2^{\frac{1}{2}\cdot n - \frac{1}{2}} dx}{(xa)^{\frac{1}{2}}(xb)^{\frac{1}{2}}(xc)^{\frac{1}{2}} P_k(x_1, x_2)^2}$$
in die eine Stelle d zusammenrücken.

Diese Eigenschaft könnte man an die Spitze stellen und so die Lehre von den Lamé'schen Polynomen von der Theorie der elliptischen

Integrale aus zur Ableitung bringen.

Die Hermite'sche Gleichung.

[v. d. 5. Juli 1894.] Wir wollen heute über die Untersuchungen von Hermite über die Differentialgleichung $\frac{dy^2}{dt^2} = (A\, p(t) + B)\, y$ berichten, welche zuerst 1872 in den „feuilles lithographiés de l'École Polytechnique" erschienen und dann in den Comptes Rendus Bd. 85–94, 1877–1882 unter dem Titel: „Sur quelques applications des fonctions elliptiques" mitgeteilt sind.

Ich kann auf die Einzelheiten der Theorie, welche sich auf die elliptischen Funktionen beziehen, nicht eingehen, sondern verweise in dieser Richtung auf die Zusammenstellung der Hermite'schen Untersuchungen bei Halphen im 2. Bd. seiner elliptischen Funktionen. Dafür aber werde ich eine Reihe geometrischer und funktionentheoretischer Gesichtspunkte hervorheben, wie ich es bereits in Math. Ann. 40 getan habe. Wenn die Differentialgleichung

$$\frac{dy^2}{dt^2} = (Ax + B)\cdot y$$

eine Lösung der Form

$$y = (x-a)^{\frac{\lambda}{2}} (x-b)^{\frac{\lambda'}{2}} (x-c)^{\frac{\lambda''}{2}} P_K(x)$$

haben soll, so muss R die Gestalt haben:

$$R = 2K(2K+1),$$

wo $K = k + \frac{\lambda + \lambda' + \lambda''}{2}$

der Grad der geforderten Lösung y, $2K$ also eine beliebig vorzugebende ganze Zahl ist. B ist dann durch die Forderung, dass P ein Polynom sein soll, auf eine endliche Anzahl discreter Möglichkeiten eingeschränkt.

Hermite hat nun an diesem Werte

$$R = 2K(2K+1)$$

festgehalten, dem B aber beliebige veränderliche Werte anzunehmen gestattet. Die Lamé'schen Polynome bezw. die zugehörigen y erscheinen dann als gewisse specielle Fälle allgemeiner Functionen, welche bestimmten ausgezeichneten Werten des stetig veränderlichen Parameters B entsprechen.

Zuerst wollen wir abzählen, wie viele solcher ausgezeichneten Werte von B es bei gegebenem R giebt.

Wir unterscheiden dabei, ob $2K$ eine ungerade oder eine gerade Zahl ist

1. $2K \equiv 1 \pmod 2$. Dann sind folgende 4 Fälle möglich:

$$\left.\begin{array}{l}\text{I.) } \varepsilon = 1,\ \varepsilon' = 0,\ \varepsilon'' = 0,\\ \text{II.) } \varepsilon = 0,\ \varepsilon' = 1,\ \varepsilon'' = 0,\\ \text{III.) } \varepsilon = 0,\ \varepsilon' = 0,\ \varepsilon'' = 1,\end{array}\right\} k = K - \tfrac{1}{2}$$

$$\text{IV.) } \varepsilon = 1,\ \varepsilon' = 1,\ \varepsilon'' = 1. \qquad k = K - \tfrac{3}{2}$$

In jedem der 4 Fälle ist die Zahl der zugehörigen Polynome gleich $k+1$, dem um 1 vermehrten Grade k der Polynome, da sich ja die k 0-Stellen genau auf $k+1$ Weisen auf die zwei Intervalle verteilen lassen.

Also hat man zu I, II, III je $K + \tfrac{1}{2}$, zu IV $K - \tfrac{1}{2}$ Polynome, zusammen also $4K+1$ Polynome. Also:

<u>Zu einem gegebenen Werte von k oder, was dasselbe ist, von $2K$ gehören bei freier Auswahl der ε im vorliegenden Falle $4K+1$ Polynome und dementsprechend $4K+1$ ausgezeichnete Werte der accessorischen Parameters B.</u>

Ist

2.) $2K \equiv 0 \pmod 2$, so hat man die Fälle

					Anzahl
I. $\varepsilon = 0,$	$\varepsilon' = 1,$	$\varepsilon'' = 1,$			K
II. $\varepsilon = 1,$	$\varepsilon' = 0,$	$\varepsilon'' = 1,$	$\Big\} k = K-1$		K
III. $\varepsilon = 1,$	$\varepsilon' = 1,$	$\varepsilon'' = 0,$			K
IV. $\varepsilon = 0,$	$\varepsilon' = 0,$	$\varepsilon'' = 0,$	$k = K$		$K+1$
					$4K+1$

— 326. —

Unsere Abzählung bleibt also im Resultat auch dann bestehen, wenn $2k$ eine gerade Zahl ist.

Nun werden wir mit Hermite auf die ausgerechneten Werte der B nur beiläufig achten und B ganz beliebige Werte annehmen lassen. Dagegen werden wir festhalten $= 2k(2k+1)$, wo $2k$ irgend eine ganze Zahl ist. Die Folge davon ist, daß der Punkt $x = \infty$ nach wie vor die Exponenten $-k$, $k+\frac{1}{2}$ besitzt, während die Exponenten bei $x = a, b, c$ natürlich erst recht ungeändert bleiben. Daraus folgt:

Unsere Differentialgleichung ist bei dem Werte $2k(2k+1)$ von A nach wie vor auf der Riemann'schen Fläche unverzweigt, und der weitere Schluß ist, daß die Lösungen der Differentialgleichung in der Hülfsvariablen t eindeutig sind.

Wir werden infolgedessen natürlich t als unabhängige Veränderliche einführen. Wir denken uns in der t-Ebene die Parallelogrammeinteilung. Jedem Periodenwege auf der

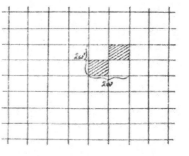

Riemann'schen Fläche x, s entspricht dann in der t-Ebene der Fortschritt von einem Punkte des Ausgangsrechtecks zu dem congruenten Punkte einer andern Rechtecks, d.h. Vermehrung von t um eine Periode. Alle Periodenwege auf der Fläche lassen sich wegen $p=1$ aus zweien zusammensetzen und entsprechend alle Perioden der t-Ebene aus zwei primitiven Perioden $2\omega, 2\omega'$, den Seiten des Periodenrechtecks.

Bei Vermehrung von t um 2ω und um $2\omega'$ müssen daher y_1, y_2 je eine lineare binäre Substitution S und T erfahren, aus denen sich durch Wiederholung und Combination die allgemeinste Substitution zusammensetzt, welche y_1, y_2 bei irgend einem Umlauf auf der Riemann'schen Fläche erleiden:

$$S)\quad \begin{aligned} y_1(t+2\omega) &= \alpha_{11}\, y_1(t) + \alpha_{12}\, y_2(t), \\ y_2(t+2\omega) &= \alpha_{21}\, y_1(t) + \alpha_{22}\, y_2(t), \end{aligned}$$

$$T)\quad \begin{aligned} y_1(t+2\omega') &= \beta_{11}\, y_1(t) + \beta_{12}\, y_2(t), \\ y_2(t+2\omega') &= \beta_{21}\, y_1(t) + \beta_{22}\, y_2(t). \end{aligned}$$

Diese S und T werden dann wegen der schon früher dargelegten Gründe mit einander vertauschbar sein, sodass $ST = TS$ ist. Ausserdem behaupte ich:

<u>Die Substitutionen S und T haben im vorliegenden Falle die Determinante 1.</u>

Denn aus $y_1'' = (Ax + B) y_1$

und $y_2'' = (Ax + B) y_2$

folgt $\quad y_1'' y_2 - y_2'' y_1 = \frac{d}{dx}(y_1' y_2 - y_2' y_1) = 0,$

$\quad\quad\quad y_1' y_2 - y_2' y_1 = $ Const.

Wenn man nun y_1, y_2 der Substitution S oder T unterwirft, so muß sich $y_1' y_2 - y_2' y_1$ mit der Substitutionsdeterminante multiplizieren, was mit der Constanz des Ausdrucks nur so vereinbar ist, daß die Substitutionsdeterminante = 1 ist.

Nun werden wir versuchen, S und T je auf eine kanonische Form zu bringen. Da muß man unterscheiden, ob die quadratische Gleichung

$$\begin{vmatrix} \alpha_{11} - \rho & \alpha_{12} \\ \alpha_{21} & \alpha_{22} - \rho \end{vmatrix} = \rho^2 - (\alpha_{11} + \alpha_{22})\rho + 1 = 0$$

zwei verschiedene Wurzeln oder eine Doppelwurzel hat. Im ersten Fall ist S nicht parabolisch, im zweiten Falle parabolisch. Im ersten Falle ist $\rho_1 \rho_2 = 1$, so daß man $\rho_1 = \rho, \rho_2 = \frac{1}{\rho}$ setzen kann, im zweiten Falle dagegen ist $\rho^2 = 1, \rho_1 = \rho_2 = \pm 1$.

<u>Im nicht parabolischen Falle gibt es zwei Fundamentallösungen y_1, y_2, die sich der betreffenden</u>

— 329 —

Periode gegenüber jede multiplikativ verhalten:
$$y_1^{(t+2\omega)} = \varrho \cdot y_1^{(t)},$$
$$y_2^{(t+2\omega)} = \tfrac{1}{\varrho} \cdot y_2^{(t)},$$

im parabolischen Falle dagegen existiert nur eine solche Fundamentallösung y_1, zu der man dann noch eine beliebige andere Lösung y_2 hinzunehmen muß, sodaß sich die parabolische Substitution in der kanonischen Gestalt so schreibt:
$$y_1^{(t+2\omega)} = \pm\, y_1^{(t)},$$
$$y_2^{(t+2\omega)} = \alpha\, y_1^{(t)} \pm y_2^{(t)}.$$

Nun möge S, welchen wir zuerst als nicht parabolisch voraussetzen wollen, in der kanonischen Gestalt geschrieben sein. Die Substitution T soll nun mit S vertauschbar sein, d.h.

$$\begin{pmatrix} \varrho & 0 \\ 0 & \tfrac{1}{\varrho} \end{pmatrix} \begin{pmatrix} \beta_{11} & \beta_{12} \\ \beta_{21} & \beta_{22} \end{pmatrix} = \begin{pmatrix} \beta_{11} & \beta_{12} \\ \beta_{21} & \beta_{22} \end{pmatrix} \begin{pmatrix} \varrho & 0 \\ 0 & \tfrac{1}{\varrho} \end{pmatrix}$$

oder

$$\begin{pmatrix} \varrho\beta_{11} , & \varrho\beta_{12} \\ \tfrac{1}{\varrho}\beta_{21} , & \tfrac{1}{\varrho}\beta_{22} \end{pmatrix} = \begin{pmatrix} \beta_{11}\varrho , & \beta_{12}\cdot\tfrac{1}{\varrho} \\ \beta_{21}\cdot\varrho , & \beta_{22}\cdot\tfrac{1}{\varrho} \end{pmatrix},$$

folglich
$$\varrho\beta_{12} = \beta_{12}\tfrac{1}{\varrho},$$
$$\tfrac{1}{\varrho}\beta_{21} = \beta_{21}\varrho,$$

also, da ϱ von ± 1 verschieden ist:

$$\beta_{12} = \beta_{21} = 0.$$

Schreiben wir nun für β_{11} und β_{22} σ und $\tfrac{1}{\sigma}$, mit Rücksicht darauf, dass die Substitutionsdeterminante $= \beta_{11}\cdot\beta_{22} = 1$ ist, so lautet T notwendig:

$$y_1(t+2\omega') = \sigma\cdot y_1(t),$$
$$y_2(t+2\omega') = \tfrac{1}{\sigma}\, y_2(t),$$

und wir haben somit den Satz:

Wegen der Vertauschbarkeit von S und T haben die beiden Substitutionen im vorliegenden nicht parabolischen Falle dieselben beiden Fundamentallösungen y_1, y_2 und lassen sich beide gleichzeitig in der hier hingeschriebenen kanonischen Form schreiben.

Analog im parabolischen Falle: mit S zusammen ist auch T parabolisch von der Form

$$y_1(t+2\omega') = \pm\, y_1(t),$$
$$y_2(t+2\omega') = \nu\, y_1(t) \pm y_2(t) \quad \left(\pm \text{ unabhängig von dem } \pm \text{ in } S\right),$$

und die beiden parabolischen Substitutionen liefern dieselbe doppeltzählende Fundamentallösung.

Wir haben nun den functionentheoretischen Charakter der Fundamentallösungen im allgemeinen und im parabolischen Fall zu untersuchen.

Es möge die Ecke a der Periodenparallelo-

gramms in den 0-Punkt
der t-Ebene gelegt sein. Dann
ist $x = \varphi(t)$ eine gerade Funktion des Arguments t. Die
Gleichung

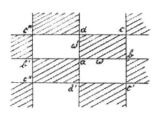

$$\frac{d^2 y}{dt^2} = (A\varphi(t) + B) y$$

bleibt daher ungeändert, wenn man t durch $-t$
ersetzt. Ersetzt man also in einer Lösung, etwa
in y_1, t durch $-t$, so muß man wieder eine Funktion von t bekommen, welche eine Lösung der
Differentialgleichung ist. Wir wollen sehen, in
welcher Beziehung die Lösungen $y_1(-t), y_2(-t)$
zu den Lösungen $y_1(t), y_2(t)$ stehen.

Wir schreiben, um zuerst vom allgemeinen
Fall zu reden, S in der Form:

$$y_1(t) = \tfrac{1}{\rho} \cdot y_1(t + 2\omega),$$
$$y_2(t) = \rho \cdot y_2(t + 2\omega).$$

Ersetzen wir nun t durch $-t - 2\omega$, so ergiebt sich:

$$y_1(-t - 2\omega) = \tfrac{1}{\rho} y_1(-t),$$
$$y_2(-t - 2\omega) = \rho \cdot y_2(-t),$$

d.h. $y_1(-t)$ als Funktion von t betrachtet
multipliziert sich bei Vermehrung von t um
2ω mit $\tfrac{1}{\rho}$, $y_2(-t)$ mit ρ. Diejenige Lösung
der Differentialgleichung, welche sich mit

$\wp$ multipliciert, ist aber notwendig, abgesehen von einem Factor, den ich durch geeignete Bestimmung der willkürlichen multiplicativ. von Constante in y_2 gleich 1 machen kann, identisch mit $y_2(t)$ und die Lösung, die sich mit $\wp$ multipliciert, identisch mit $y_1(t)$. Also ist im vorliegenden allgemeinen Falle:

$$y_1(-t) = y_2(t)$$
$$y_2(-t) = y_1(t).$$

Ebenso ergiebt sich im parabolischen Fall, dass $y_1(-t)$ von $y_1(t)$ selbst nur um einen constanten Factor verschieden sein kann:

$$y_1(-t) = \alpha \cdot y_1(t).$$

Vertauscht man hierin t mit $-t$, so ergiebt sich nach Umsetzung der Seiten und Division mit α:

$$y_1(-t) = \tfrac{1}{\alpha} \cdot y_1(t),$$

also $\alpha = \tfrac{1}{\alpha}$, mithin $\alpha = \pm 1$ und

$$y_1(-t) = \pm\, y_1(t).$$

Wir bilden jetzt das Product
$$y_1 \cdot y_2 \quad \text{beziehungsweise,}$$
im parabolischen Fall, das Quadrat y_1^2.

Man sieht, dass $y_1 y_2$ bezw. y_1^2 eine gerade Function von t ist, welche sich nicht ändert, wenn man t um 2ω oder um $2\omega'$ vermehrt.

Eine solche Function ist aber, wenn sie wie hier keine wesentlich singulären Stellen im Periodenparallelogramm besitzt, notwendig eine rationale Function von $p(t)=x$.

Da für y_1 und y_2 die Stelle $t=0$, d. h. $p(t)\cdot x=\infty$ überhaupt die einzige singuläre Stelle im Periodenparallelogramm ist, so muss die besagte rationale Function von $p(t)=x$ eine ganze Function sein, und wir haben also das Resultat:

<u>Im parabolischen Falle wird y_1^2 ein Polynom in x (und wir kommen also gerade zum Falle der Lamé'schen Polynome zurück); in den andern Fällen aber, die jetzt neu hinzutreten, ist $y_1 \cdot y_2$ ein Polynom in x.</u>

[Fr. d. 6. Juli 1894.] Um die letzte Bemerkung noch näher auszuführen:

Wenn y_1^2 ein Polynom ist, so müssen, da y_1 nur in a, b, c, ∞ verzweigt sein kann, alle Wurzeln des Polynoms, welche nicht nach a, b, c fallen, Doppelwurzeln sein, und wir kommen also, indem wir die Quadratwurzel ausziehen, zu dem Ausdruck:

$$y_1 = (x-a)^{\frac{\varepsilon}{2}}(x-b)^{\frac{\varepsilon'}{2}}(x-c)^{\frac{\varepsilon''}{2}}P(x),$$

was gerade die frühere zum Lamé'schen Falle führende Forderung ist. Also:

— 334. —

Wenn S und T parabolisch sind, kommt man notwendig zum Lamé'schen Ausnahmefall. (Bisher hatten wir nur gewußt, daß der Lamé'sche Ausnahmefall zu parabolischen S, T führt).

Wir setzen allgemein:
$$y_1 \cdot y_2 = F_{2k}(x) = x^{2k} + a_1 x^{2k-1} + a_2 x^{2k-2} + \ldots + a_{2k-1} x + a_{2k}$$

Der parabolische Fall ist hierin mit enthalten, insofern y_2 mit y_1 gegebenenfalls identisch werden kann.

Im speciellen Falle hat $F(x)$ den Wert
$$(x-a)^{\varepsilon}(x-b)^{\varepsilon'}(x-c)^{\varepsilon''} \, \mathcal{E}_k(x)^2,$$
so daß alle Wurzeln von $F(x)$, welche nicht nach a, b, c fallen, Doppelwurzeln sind, und daß nach jedem der Punkte a, b, c entweder keine oder nur eine Wurzel fällt.

Im allgemeinen Falle dagegen verschwindet $F(x)$ in keinem der Punkte a, b, c und hat in den andern Punkten keine Doppelwurzeln.

Die letzten Behauptungen sieht man so ein: Verschwände y_1 in a, so müßte es eine Entwicklung haben:
$$y_1 = (x-a)^{\frac{1}{2}} \mathcal{P}_1(x-a).$$
y_2 muß dann folgende Gestalt haben:
$$y_2 = (x-a)^{\frac{1}{2}} \mathcal{P}_1(x-a) + \mathcal{P}_2(x-a),$$
wobei das Anfangsglied von $\mathcal{P}_2$ nicht verschwin-

den kann, da sonst y_2 mit y_1 zusammenfiele.

Multipliciert man aber nun $y_1 \cdot y_2$ aus, so kann $(x-a)^{\frac{1}{2}}$ nicht herausfallen, sondern es bleibt mit der gewiss nicht verschwindenden Potenzreihe $y_1 \cdot y_2$ multipliciert. $y_1 \cdot y_2$ könnte daher kein Polynom sein.

Sollte endlich $y_1 \cdot y_2$ im Intervall eine Doppelwurzel haben, so müsste entweder y_1 oder y_2 eine Doppelwurzel haben, oder y_1 und y_2 müssten eine gemeinsame Wurzel haben. Das erste ist unmöglich, weil sonst ein singulärer Punkt vorläge, das zweite, weil dann y_2 mit y_1 zusammenfiele.

Wir gehen nunmehr mit unseren analytischen Entwicklungen weiter.

Die tiefere Bedeutung der Hermite'schen Theorie, welche wir gestern begonnen haben und heute noch ein wenig fortsetzen, liegt darin, dass sie zum ersten Male die Lösung linearer Differentialgleichungen mit den elliptischen Functionen in Verbindung brachte.

Das Wesentliche dabei ist, dass die Lösungen <u>eindeutige</u> Functionen der Hülfsvariablen t werden.

Die Untersuchungen von Hermite haben bald

— 336. —

darauf durch Poincaré ihre Fortsetzung in der Weise gefunden, dass man lineare Differential,, algleichungen auf höheren Riemann'schen Flächen studiert und nun die algebraischen Funktionen der Fläche als eindeutige automor,, phe Funktionen einer Hülfsvariablen darstellt.

Aber soweit sind wir noch nicht; wir wollen noch den Hermite'schen Fall weiter discutieren, indem wir uns fragen, wie $\mathfrak{F}$ berechnet wer,, den kann. Wir sagen zunächst:

$\mathfrak{F} = y_1 \cdot y_2$ oder $= y_2^2$ genügt, wie überhaupt die quadratischen Verbindungen $y_1^2, y_1 \cdot y_2, y_2^2$ einer linearen Differentialgleichung 3. Ordnung, und zwar ist es die einzige Lösung derselben, welche ein Polynom oder überhaupt eine doppeltpe,, riodische Funktion ist.

Letzteres sieht man sofort, wenn man auf die Substitutionsformeln S und T zurückgeht.

Diese Differentialgleichung 3. Ordnung be,, rechnen wir nun. Wir haben der Reihe nach:
$z = y^2, \quad z' = 2yy', \quad z'' = 2yy'' + 2y'^2 = 2(Ax+B)y^2 + 2y'^2,$
$z''' = 2Ax \cdot y^2 + 4(Ax+B)yy' + 4y'y'' = 2Ax \cdot y^2 + 8(Ax+B) \cdot yy'.$

Im Ausdruck für z''' setzen wir
$$y^2 = z, \quad 2yy' = z'$$
ein und bekommen so die gesuchte Gleichung:

$$z''' = 4(Ax+B)\cdot z' + 2Ax\cdot z.$$

Um nun zu sehen, durch welches Polynom in x derselben genügt wird, führen wir noch für t die unabhängige Variable x ein, wodurch wir erhalten:

$$2f\cdot\frac{d^3z}{dx^3} + 3f'\cdot\frac{d^2z}{dx^2} + (f'' - 2Ax - 2B)\frac{dz}{dx} - Az = 0.$$

$$(f = (x-a)(x-b)(x-c)).$$

Es ist dann leicht durch Einsetzen von

$$F(x) = z = x^{2k} + a_1 x^{2k-1} + \dots + a_{2k}$$

ein recurrentes Bildungsgesetz für die $a_1, a_2, \dots a_{2k}$ zu berechnen.

Wir sehen nun F als bekannt an; wir wollen daraus y_1 und y_2 selbst berechnen. Es ist

$$F = y_1\cdot y_2,$$
$$F' = y_1'\,y_2 + y_1\,y_2'.$$

Dazu ist $C = y_1'\,y_2 - y_1\,y_2'$. (vergl. S. 328)

Die Constante C muss jedoch noch berechnet werden. Wir bilden

$$C^2 = F'^2 - 4y_1 y_2\cdot y_1' y_2' = F'^2 - 4F\cdot y_1' y_2'.$$
$$F'' = 2y_1' y_2' + y_1'' y_2 + y_1 y_2'' = 2y_1' y_2' + 2(Ax+B)y_1 y_2$$
$$= y_1' y_2' + 2(Ax+B)\cdot F,$$
$$2y_1' y_2' = F'' - 2(Ax+B)\cdot F.$$

Dies in C^2 eingeführt ergiebt:

$$C^2 = F'^2 - 2FF'' + 4(Ax+B)\cdot F^2$$

– 338. –

Unser Polynom F hat also die merkwürdige Eigenschaft, daß
$$F'^2 - 2FF'' + 4(Ax+B)\cdot F^2$$
eine Constante C^2 ist*).

Ist $y_2 = y_1$, so ist $y_1' y_2 - y_1 y_2' = 0$, also $C = 0$ { so daß wir aus dem F selbst über das Eintreten des parabolischen Falles entscheiden können. }

Nun berechnen wir y_1 und y_2 selbst.
Ist $C = 0$, so ist $y_1^2 = F$ und also
$$y_1 = \sqrt{F}.$$
Ist aber C von 0 verschieden, so folgt aus
$$F' = y_1' y_2 + y_1 y_2'$$
$$C = y_1' y_2 - y_1 y_2'$$
$$F = y_1 y_2,$$
daß $\dfrac{y_1'}{y_1} = \dfrac{F' + C}{2F}$, $\dfrac{y_2'}{y_2} = \dfrac{F' - C}{2F}$ ist, folglich:
$$y_1 = \sqrt{F}\cdot e^{+\int \frac{C}{2F}\,dt}, \quad y_2 = \sqrt{F}\cdot e^{-\int \frac{C}{2F}\,dt}.$$

Auf solche Weise kann man die y_1, y_2 im gegebenen Falle wirklich mit Hülfe von F berechnen.

Natürlich zeigen diese y_1, y_2 bei Vermehrung der t um Perioden ein multiplicatives Verhalten. Hermite bezeichnet solche Funktionen als doppeltperiodische Funktionen der zweiten Art und untersucht allgemein, wie man solche doppeltperiodischen Funktionen der 2ten Art durch ϑ-Funktionen darstellen kann.

Wir wollen diese analytischen Fragestellun-

---
* Wie schreibt sich das vermöge homogener Variabeln in invarianter Form?

gen nicht weiter verfolgen, statt dessen aber versuchen, uns von den Eigenschaften der Hermite'schen Gleichung im Reellen wie im Complexen ein möglichst vollständiges geometrisches Bild zu machen. In der Tat ordnet sich die Hermite'sche Gleichung vortrefflich in unseren allgemeinen geometrischen Gedankengang ein. Im vorigen Winter haben wir die geometrische Theorie der linearen Differentialgleichungen mit 3 singulären Puncten entworfen, wobei mit den Exponenten der singulären Puncte Alles gegeben war. Mit der Theorie der Lamé'schen Polynome sind wir zu Differentialgleichungen mit 4 singulären Puncten übergegangen. Aber dabei lag noch eine Specialisirung vor, durch welche die Fragestellung den Entwicklungen der vorigen Winters noch besonders nahe gerückt erscheint: Differentialgleichungen mit 4 singulären Puncten enthalten neben den Exponenten an sich noch einen accessorischen Parameter (das B der Hermite'schen Gleichung), dieser aber muss im Falle der Lamé'schen Polynome noch in ganz specieller Weise festgelegt werden. Es ist offenbar ganz consequent, daß wir jetzt zur Betrachtung solcher Gleichungen mit 4 singulären Punkten übergehen, bei denen das B willkürlich bleibt.

Wir beginnen die geometrische Discussion der Hermite'schen Gleichung im Reellen. Wir betrachten zunächst die Lage der Hülfsgeraden $y = $ Axt B. Dieser ist ja von vornherein klar, daß sich die Hülfsgerade bei veränderlichem B parallel mit sich selbst verschiebt. Wir werden vor allen Dingen fragen, welcher die $4k+1$ Lagen dieser Hülfsgeraden sind, die den $4k+1$ Fällen Lamé'scher Polynome entsprechen. Wie insbesondere diese $4k+1$ Lagen nach der Verteilung der Polynomwurzeln und den Werten der b, b', b'' aufeinander folgen?

Wir wollen uns an das Beispiel $2k = 5$, also $k = 3u$, $4k+1 = 11$ halten. Wir fragen:

Wo liegen die Hülfsgeraden der 11 ausgezeich

noten Fälle? In welche Intervalle sind sie eingeschlossen? Und wie folgen sie aufeinander? Wir haben da 4 Kategorien zu unterscheiden:

$$\overline{I} \qquad \overline{II} \qquad \overline{III}$$
$$\varepsilon=0, \varepsilon'=0, \varepsilon''=1 \qquad \varepsilon=0, \varepsilon'=1, \varepsilon''=0 \qquad \varepsilon=1, \varepsilon'=0, \varepsilon''=0$$
$$3 \text{ Fälle} \qquad 3 \text{ Fälle} \qquad 3 \text{ Fälle}$$

$$\overline{IV}$$
$$\varepsilon=1, \varepsilon'=1, \varepsilon''=1$$
$$2 \text{ Fälle}.$$

Es soll sich darum handeln:

1. zu untersuchen, wie die Hülfsgeraden der ausgezeichneten Fälle je derselben Kategorie zu einander liegen,

2. wie die Hülfsgeraden der ausgezeichneten Fälle verschiedener Kategorien zu einander liegen.

[No. d. 9. Juli 1894.] Zunächst in der Kategorie I sind die drei möglichen Fälle durch folgende Schemata für die Lage der 0-Stellen der ausgezeichneten Lösung y gekennzeichnet, wozu die zugehörigen y-Curven natürlich die

1)

2)

3)

— 342. —

rechts gezeichnete Gestalt haben, indem sie durch die Ordinate bei a und b, wo ε bezw. ε'· o ist, in beliebiger Weise hindurchgehen, bei c aber, wo ε'' = 1 ist, die x - Axe senkrecht schneiden.

Wir reducieren diese Curven, um die elastische Kraft, welche die Oscillationen hervorruft, beurteilen zu können, auf die Zeit als unabhängige Variable, d. h. zwischen a und b führen wir t, zwischen b und c t'· w $\frac{t-w}{c}$ als unabhängige Variable ein. Über dieser t - bezw. t'- Axe gehen die Curven bei den a und b entsprechenden Punkten t und w horizontal durch die Ordinate, bei t'· w + (w') dagegen schneiden sie die t'- Axe in beliebiger Richtung. Die Curven müssen Wendepunkte besitzen an den Stellen, wo sie die t - Axe schneiden, ferner, wo sie aus einem Intervall in das andere übertreten, ohne die t - Axe zu schneiden, also bei a und b.

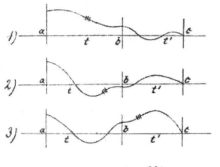

Wenn die Curve noch einen weiteren Wendepunkt besitzt, (in der Figur mit # bezeichnet), so

muß dieser der Stelle entsprechen, wo die Hülfsgerade die x - Axe schneidet. In der Figur 1) ist
es nun, da die Curve sowohl die Ordinate a wie
b horizontal schneiden muß, ohne einmal durch
die Axe zu gehen, klar, daß noch ein solcher
Wendepunkt, im Intervall liegen, daß also
die Hülfsgerade die x - Axe im Intervall
abschneiden muß. Bei 2) und 3) läßt sich
nur noch angeben, daß wenigstens entweder
in ab oder in bc ein Wendepunkt liegen
muß, welcher den Schnitt der Hülfsgeraden
mit der x - Axe anzeigt. Denn die Curve
muß sowohl im Intervall ab wie im Intervall bc wenigstens teilweise concav gegen
die x - Axe sein, da sie sonst bei ihrer horizontalen Richtung in b die x - Axe nicht innerhalb bezw. am Ende der betr. Intervalls erreichen könnte. Bei b muß aber ein Wechsel
von Concavität zu Convexität eintreten,
es sei denn, daß die Hülfsgerade genau in
b die x - Axe schnitte, was ein specieller Fall
ist, den wir hier ausschließen dürfen.
Die Curve wird sich also von b aus entweder in ab hinein oder in bc hinein
convex erstrecken, und sie muß daher

in diesem Intervall noch einen Wendepunkt besitzen, u. s. s. w. . Wir haben also für die Lage der Hülfsgeraden zunächst folgendes Resultat:

Im Falle 1) muss die Hülfsgerade die x-Axe notwendig zwischen a und b schneiden, in den Fällen 2) und 3) wenigstens noch zwischen a und c.

Ich behaupte nun aber noch genauer: Die Hülfsgerade des Falles 1) liegt am höchsten, dann kommt die Hülfsgerade des Falles 2) und dann die Hülfsgerade des Falles 3).

Diese Angabe über die gegenseitige Lage der drei Hülfsgeraden entspricht einfach dem Umstande, dass wir für das Stück bc der x-Axe bei denselben Randbedingungen das eine Mal $2\frac{1}{2}$, das andere Mal $1\frac{1}{2}$, das drittemal nur $\frac{1}{2}$ Halboscillationen haben, war nur damit verträglich ist, dass in dem Elasticitätscoefficienten $Ax + B$ die constante B das erste Mal den grössten, das letzte Mal den kleinsten Wert hat. Discutieren wir in derselben Weise, wie hier die Fälle der Kategorie I, auch die Kategorien II, III, IV, so finden wir innerhalb je-

der dieser Kategorien die durch folgende
Schemata gegebene Reihenfolge, wobei immer
die Fälle einer Kategorie nach abnehmen=
den Werten von B geordnet sind.

$$\text{I.} \qquad \text{II.} \qquad \text{III.} \qquad \text{IV.}$$
$$\varepsilon=0,\ \varepsilon'=0,\ \varepsilon''=0 \quad \varepsilon=0,\ \varepsilon'=1,\ \varepsilon''=0 \quad \varepsilon=1,\ \varepsilon'=0,\ \varepsilon''=0 \quad \varepsilon=1,\ \varepsilon'=1,\ \varepsilon''=1.$$

Schwieriger als die Reihenfolge der Fälle je einer
Kategorie ist die Reihenfolge der Fälle verschiede=
ner Kategorien zu beurteilen. Ich behaupte:
Was die gegenseitige Reihenfolge aller 11 ausge=
zeichneten Hülfsgeraden angeht, so kommt zu=
erst immer eine Hülfsgerade aus I, dann eine aus
II, dann eine aus III, dann eine aus IV u. s. f.

Man bekommt so fol=
gendes Schema für die
Anordnung der 11 Fälle
nach abnehmenden Wer=
ten der zugehörigen Wer=
te von B.
Um die Werte von B für
irgend zwei aufeinander=
folgende Kurvelverteilungen

zu vergleichen, braucht man nur die Oszillationswerte in einem solchen der beiden Intervalle ab, bc zu vergleichen, in welchem entweder die Anfangs- oder die Endbedingung für $\frac{z'}{z}$ übereinstimmt; (das letztere kommt darauf hinaus, dass man statt t bezw. $t'-t$ resp. $-t'$ als unabhängige Variable einführt, also die Schwingung rückwärts durchlaufen denkt). Dann zeigt eine Zunahme der Oszillationszahl in ab oder eine Abnahme der Oszillationszahl in bc immer eine Abnahme der Werte von B an.

Z. B. um B_1 und B_2 zu vergleichen, achte man auf das Intervall ab, in welchem die Grenzbedingung $\left(\frac{z'}{z}\right) = 0$ gemeinsam ist. Dabei ist die Oszillationszahl für B_1 gleich 0, für B_2 gleich $\frac{1}{2}$, folglich $B_1 > B_2$.

Für die Vergleichung von B_2 und B_3 benutze man bc, in welchem die Endbedingung $\left(\frac{z'}{z}\right)_c = 0$ übereinstimmt, die Oszillationszahlen aber $2\frac{1}{2}$ und 2 sind, woraus $B_2 > B_3$ folgt. So fortfahrend gewinnt man in der Tat die Ungleichung

$$B_1 > B_2 > B_3 > B_4 > B_5 > B_6 > B_7 > B_8 > B_9 > B_{10} > B_{11},$$

welche zu beweisen war.

Dabei stellt sich ein scheinbarer Widerspruch heraus, indem beim Übergang von einem B_i zum nächsten die Oscillationszahl sich immer nur in dem einen der beiden Intervalle ändert. Es fragt sich, wie es mit unserer physikalischen Anschauung vereinbar ist, daß trotz durchgängiger Zunahme des Elasticitätscoefficienten im ganzen Intervall doch die Schwingungszahl die gleiche bleibt. Darauf ist zunächst zu sagen:

Unser Satz von der Zunahme der Oscillationszahl bei durchgängiger Zunahme des elastischen Kraftcoefficienten war nur für den Fall bewiesen, daß wenigstens eine der beiden Grenzbedingungen des Intervalls dieselbe bleibt.

Lassen Sie uns nun z.B. auf das Intervall bc in den Fällen B_1 und B_2 achten. Die Oscillationszahl ist jedesmal $2\tfrac{1}{2}$, die Grenzbedingungen aber sind gegenseitig vertauscht, nämlich $\left(\tfrac{y'}{y}\right)_b = 0$, $\left(\tfrac{y'}{y}\right)_c = \infty$ bei B_1, $\left(\tfrac{y'}{y}\right)_b = \infty$, $\left(\tfrac{y'}{y}\right)_c = 0$ bei B_2. Der Satz findet also keine Anwendung.

Aber wir werden wünschen, die Sache noch vollständiger zu verstehen. Zu dem Zwecke zeichnen wir die entsprechenden y-Curven, wie sie

– 348. –

über b' sich darstellen; zugleich möge in
jede der Figuren die Curve eingezeichnet wer,
den, welche der Hülfsge,
raden über der x-Axe entspricht
(gestrichelt); sie möge als "Hülfs
curve" benannt werden; die
Curve, welche der Lösung y der
Differentialgleichung entspricht,

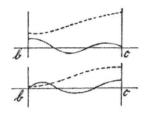

welche den Ort des schwingenden Punktes wieder,
gibt, heiße die "Ortscurve". Die Hülfscurven
der beiden Fälle sind natürlich congruent,
nur die Ordinaten der zweiten um eine con,
stante Strecke gegen die Ordinaten der ersten
verkleinert.
Nun denken wir uns beide Figuren nach
links und rechts über der b'-Axe analytisch fort,
gesetzt (also nicht wie die Figuren auf S. 342
, wo links und rechts von b verschiedene
unabhängige Variablen gelten, sondern wie
in Fig. auf S. 279). Die Hülfscurve wie die Orts,
curve erweitern sich dann zu periodischen
Curven, und zwar, wie man sieht, die erstere
zu einer solchen mit der Periode $2\omega'$, die letz,
tere zu einer solchen mit der Periode $4\omega'$ (un,
ter $2i\omega'$ die verticale Seite des Periodenpa,

rallelogramms der 1- Ebene verstanden).

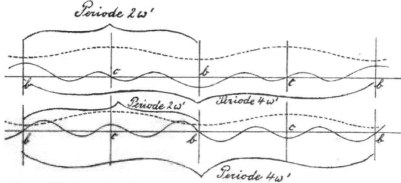

Wir haben beidemal zwei periodische Orts-
curven von derselben Zahl von 0- Stellen bei
zwei periodischen Kräften, von denen die eine um
ein constantes Stück größer ist als die andere.
 Der Unterschied der beiden Fälle liegt in der Phase.
Das eine Mal ist bei b ein Schwingungsbauch und
bei c ein Schwingungsknoten, das andere Mal ist
es umgekehrt:
 Das eine Mal fällt das Minimum des Elasticitätscoefficienten mit einem Schwingungsbauche, das
Maximum mit einem Knoten zusammen, das
andere Mal umgekehrt das Minimum des Elasticitätscoefficienten mit einem Knoten,
das Maximum mit einem Bauche.
 Nun ist aber doch die elastische Kraft selbst

— 350. —

nicht nur von dem Elasticitätscoefficienten abhängig, sondern auch von der Elongation der bewegten Punkter. Wenn also in der Nähe eines Knotens, wo der Punkt nicht weit von der t-Axe entfernt ist, der Elasticitätscoefficient über den Durchschnitt hinaus vergrößert wird, so wird das für die Bewegung der Punkter jedenfalls viel weniger beschleunigende Wirkung haben, als wenn der Elasticitätscoefficient eine gleiche Zeit lang, aber zur Zeit des größten Ausschlags, verstärkt wird, wo er mit einer viel größeren Componente in Wirkung tritt.

Man könnte sich das physikalisch etwa so realisiert denken, daß auf ein unter dem Einfluß der Schwere wirkender eiserner Pendel noch ein Electromagnet periodisch im Sinn der Schwere einwirkt, aber das einemal, wenn das Pendel seine tiefste Lage hat, das andere Mal, so oft es seine größte Elongation hat:

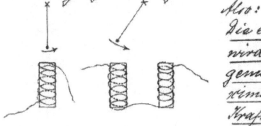

Also: Die elastische Kraft wird viel besser ausgenutzt, wenn die Maxima der elastischen Kraft auf die Schwingungsbäuche fallen und die Minima auf die Knoten, als umgekehrt.

Wir schließen hieraus, daß im Falle B_2 die elastische Kraft besser zur Beschleunigung für die Schwingung des Punktes y ausgenutzt wird als im Falle B_1. Da aber das Resultat das gleiche ist, nämlich 10 Halboscillationen auf die Periode $4\omega'$, so schließen wir, daß die elastische Kraft im ersten Falle größer ist als im Falle 2), daß die Hülfscurve in 1) also größere Ordinaten hat als im Falle 2).

[v. d. 10. Juli 1894.] Wir haben gestern gesehen, daß die ausgezeichnete, nämlich die periodische Lösung y_1, im Falle B_2 trotz der geringeren Elasticität doch dieselbe Oscillationszahl aufweist wie im Falle B_1, weil die elastische Kraft im Falle B_2 besser ausgenutzt wird.

Wie steht es nun aber mit der allgemeinsten, nichtperiodischen Lösung y_2 der Differentialgleichung? Deren Anfangsbedingungen kann man doch gewiß so einrichten, daß etwa im Falle B_1 sofort die günstigste Ausnutzung der elastischen Kraft vorliegt, oder im Falle B_2, daß sofort die ungünstigste

Abnutzung vorliegt. Man braucht die Kurve y_2 bei B_1 nur mit einem Schwingungsbauche, bei B_2 dagegen mit einem Knoten beginnen zu lassen. Dann müssen die Oscillationen von y_2 im Falle B_1 kürzer, im Falle B_2 länger als die Oscillationen der ausgezeichneten Lösung y_1 sein. Längs der Strecke w' wird also bei B_1 y_2 eine stärkere Oscillation besitzen als y_1, umgekehrt bei B_2. Dasselbe gilt von jeder der folgenden Strecken w', da immer die Lösung y_1 die ungünstigste bezw. günstigste Ausnutzung der elastischen Kraft hat.

Das scheint nun aber im Widerspruch mit dem Sturm-Liouville'schen Satze zu stehen, daß die 0-Stellen irgend zweier Partikularlösungen, also auch y_1, y_2 immer alternieren müssen, daß also auf große Längen hin die durchschnittliche Oscillationslänge von y_1 und y_2 die gleiche sein muß.

Um diesen Skrupel zu erledigen, gehen wir auf die geometrische Bedeutung der Substitution, welche y_2 bei Vermehrung um eine Reihe von Perioden $2w'$ erfährt,

für die Gestalt der Curve y_2 und die Lage ihrer
0-Stellen zurück. Es ist nämlich

$$y_2(t'+2\omega') = \pm\, y_2(t') + c\, y_1(t'),$$
$$y_2(t'+n.2\omega') = \pm\, y_2(t') + n.c\, y_1(t').$$

Wenn man also die Lösung y_2 statt in
dem Ausgangsintervall in einem sehr weit
nach rechts hingelegenen Intervall $2\omega'$ betrachtet, wo $n.c$ sehr groß gegen ± 1 ist,
so wird sich daselbst die Curve y_2 nur noch
sehr wenig von der (nc) mal vergrößerten
Curve y_1 unterscheiden, insbesondere werden
die 0-Stellen von y_2 immer näher an die 0-Stel-
len von y_1 herangerückt sein.

Die analytische Fortsetzung der Lösung y_2
verwandelt sich immermehr in ein Multiplum
der Lösung y_1. Dieser Multiplum $n\,c\,y_1$ ist die
asymptotische Grenze, der sich die analytische
Fortsetzung der Lösung y_2 unbegrenzt annä-
hert:

Achten wir insbesondere auf die 0-Stellen von
y_2, so sehen wir, daß dieselben mit wachsen-
der Zeit t den 0-Stellen von y_1 immer
näher rücken.

Es löst sich also unser Skrupel jetzt in
folgender Weise (wobei ich, der Einfachheit

halber, nur den Fall B, im Auge habe):

Es ist vollkommen richtig, daß die Folloszillationen von y_2 zunächst rascher aufeinanderfolgen als die von y_1; aber das hat zur Folge, daß die Phase von y_2 der Pause von y_1 immer näher rückt, und daß in demselben Maße auch y_2 sich den ungünstigen Ausnutzungsbedingungen der Kraft nähert, wie sie bei y_1 vorliegen. Die Oszillationen von y_2 werden daher denen von y_1 immer ähnlicher, und die O-Stellen von y_1 sind eine asymptotische Grenze für die O-Stellen von y_2, denen dieselben immer näher kommen, ohne sie je zu erreichen oder gar zu überschreiten.

Wenn die erste O-Stelle von y_2 nach rechts hin zwischen die in O gelegene und die erste nach rechts gelegene O-Stelle von y_1 fällt, wird die entsprechende O-Stelle von y_2 in den weiteren Intervallen immer näher an die der O entsprechende O-Stelle von y_1 heranrücken. Ebenso wird aber auch beim Fortschreiten nach links immer mehr die links von O gelegene O-Stelle von y_2 an die der O entsprechende O-Stelle von y_1 heranrücken, so daß, wenn man

— 355. —

die Curve y_2 von $-\infty$ bis $+\infty$ mit der Curve y_1 auf ihre Oscillationen hin vergleicht, die erstere von der zweiten sich nur durch Einschiebung einer einzigen Halboscillation unterscheidet. Dies steht in Einklang damit, daß, wenn in der Grenze für $n = +\infty$ die Schwingungen der y_2 im selben Sinne erfolgen wie die von y_1 (bei positivem c), daß dann für $n = -\infty$ die Schwingungen in entgegengesetztem Sinne stattfinden, da dann
$$y_2(t'-2\omega) = \pm y_2(t') - n c y_1(t')$$
ist. Umgekehrt, wenn c negativ ist.

Schließlich dürfen wir also sagen, daß auf die ganze Strecke von $-\infty$ bis $+\infty$ bei dem y_2 nur eine einzige Halboscillation mehr vorkommt als bei dem y_1, und daß also dies der einzige durch die günstige Annahme der Anfangsphase herbeigeführte Gewinn ist. —

Ganz ähnlich ist es im Falle von B_c, nur daß die Lösung y_2 dort schließlich eine Halboscillation weniger ausführt als die Lösung y_1.

Wir haben uns mit der so gewonnenen Erkenntnis des asymptotischen Charakters der ausgezeichneten Lösung im Verhältnis zur allgemeinen Lösung eigentlich nur den geometrischen Sinn der parabolischen Substitution klar gemacht.

Überhaupt findet etwas Analoges immer statt bei einer Differentialgleichung mit periodischen Koeffizienten, sobald die dem Periodenzuwachs entsprechende lineare Substitution der Partikularlösungen parabolischen Charakter hat, und es ist dabei nicht etwa nötig, wie das zunächst im Beispiel der Fall war, daß die periodische Lösung y_1 überhaupt 0-Stellen hat; auch wenn sie keine 0-Stellen hat, stellt sie nach rechts und nach links hin mit einer wachsenden Zahl n multipliziert (nach einer Seite natürlich mit entgegengesetztem Vorzeichen genommen) eine Asymptote für die anderen Lösungen dar, welche dann zwischen $-\infty$ und $+\infty$ je eine 0-Stelle besitzen müssen.

Diese Betrachtungen haben eine besonders wichtige Bedeutung nicht nur in der mathematischen Physik, sondern ganz besonders auch in der modernen theoretischen Astronomie. Den ersten Ansatz dazu gab die Methode, mit welcher der amerikanische Astronom Hill den Umlauf der Mondperigäums entwickelt hat.

Lineare Differentialgleichungen 2. Ordnung mit periodischen Coefficienten und gerade die Frage, wie sich die Lösungen dieser Gleichungen im Laufe der Zeit verhalten, sind ein Hauptgegenstand der modernen Astronomie, wo die Abweichung der Bahn der Himmelskörper von gewissen Normalbahnen eben durch solche Differentialgleichungen untersucht wird. (Der Näheren vergleiche man Poincaré, Méc. célest.)

Wir wollen noch eine allgemeine Bemerkung über das Verhältniß der jetzigen Betrachtungen zu den Sturm'schen Fragestellungen zufügen:

Wir werden bemerken, daß diese Fragestellung, welche sich speciell auf Differentialgleichungen mit periodischen Coefficienten bezieht, als eine Fortsetzung der Sturm'schen Fragestellung erscheint, insofern untersucht wird, wie sich die 0-Stellen verschiedener Particularlösungen oder die Particularlösungen selbst bei immer wiederholtem Zutritt einer Periode gegeneinander verschieben, während

Sturm zunächst, wie sich innerhalb eines festen Stückes der Axe t die 0-Stellen der Particularlösungen verschieben, wenn man einen in der Differentialgleichung vorkommenden Parameter abändert.

Wir kehren zu unsern eignen Betrachtungen zurück.

Wir haben im parabolischen Fall der Differentialgleichung

$$\frac{d^2y}{dt^2} = (Ax + B) \cdot y,$$

d. h. im Falle der Lamé'schen Polynome, die geometrische Bedeutung der Hauptlösung y_1 als Asymptote der allgemeinen Lösung kennen gelernt.

Jetzt werden wir den allgemeinen Hermite=schen Fall ins Auge fassen, dem Parameter B also einen ganz beliebigen Wert beilegen.

In diesem allgemeinen Falle gibt es im Intervalle bc {an dem ich der Bestimmtheit halber festhalte} statt einer zwei ausgezeichnete Particularlösungen der Differentialgleichung, y_1, y_2, welche jede multiplicatives Verhalten zeigen:

$$\left. \begin{array}{l} y_1'(t' + 2\omega') = \sigma \cdot y_1(t') \\ y_2'(t' + 2\omega') = \tfrac{1}{\sigma} \cdot y_2(t') \end{array} \right\}$$

Wir werden nun zusehen, ob diese beiden ausge=

— 359 —

zeichneten, multiplicativ periodischen Lösungen zur allgemeinen Lösung eine ähnliche Beziehung haben wie die periodische Lösung zur allgemeinen Lösung im parabolischen Fall.

Zwecks dieser geometrischen Discussion müssen wir wieder zwei Fälle unterscheiden, nämlich

1. den <u>hyperbolischen</u> Fall:
$$\sigma, y_1, y_2 \text{ reell,}$$
2. den <u>elliptischen</u> Fall
σ complex, aber vom absoluten Werth 1, y_1, y_2 conjugiert complex.

Zur Unterscheidung dieser beiden Fälle giebt es ein einfaches analytisches Criterium.

Wir denken uns nach den Formeln auf S. 357 das reelle Polynom $t^2 = y_1 \cdot y_2$ und hieraus die reelle Constante $\mathcal{C}^2$ berechnet. Diese muss mit
$$\left(y_1 \cdot \frac{dy_2}{dt} - y_2 \cdot \frac{dy_1}{dt} \right)^2$$
identisch sein.

Führen wir, da wir im Intervall bc operieren, für $dt = i \cdot dt'$ ein, um reelle Zeitwerthe zu haben, so wird
$$\left(y_1 \frac{dy_2}{dt'} - y_2 \frac{dy_1}{dt'} \right)^2 = -\mathcal{C}^2$$
sein müssen, unter t' eine reelle Variable verstanden.

Wenn nun y_1 und y_2 reell sind, so steht links das Quadrat einer reellen Größe. C^2 muß also einen negativen Wert haben.

Sind aber y_1 und y_2 conjugiert complex, etwa $y_1 = u + iv$, $y_2 = u - iv$, so ist $y_1 \frac{dy_2}{dt} - y_2 \frac{dy_1}{dt} = 2i \left(v \frac{du}{dt} - u \frac{dv}{dt} \right)$, so steht also links das Quadrat einer rein imaginären Größe, C^2 muß also positiv sein. Im parabolischen Fall muß endlich C^2 bekanntlich verschwinden. Also:

Ob wir im Intervall bc derzeit hyperbolisches oder elliptisches oder parabolisches Verhalten haben, das hängt von dem Vorzeichen der Constanten ab, die durch $\left(y_1 \frac{dy_2}{dt} - y_2 \frac{dy_1}{dt} \right)^2$ definiert ist, und zwar haben wir hyperbolisches, elliptisches oder parabolisches Verhalten, je nachdem C negativ, positiv oder 0 ist.

Diese Angabe gilt für das Intervall bc, sie gilt natürlich ebenso für das Intervall da, wo wir abgesehen vom Vorzeichen dieselbe reelle Variable t als Zeit deuten. Dagegen in ab und cd deuten wir t selbst als Zeit, und dt selbst ist reell. Infolgedessen kehrt sich daselbst die Regel für die Bestimmung des elliptischen und des hyperbolischen Verhaltens gerade um.

Wir bemerken also, daß das Vorzeichen von ξ in den aufeinanderfolgenden Intervallen da, ab, cd alternierende Bedeutung hat, sodaß, wenn nicht gerade in allen Intervallen parabolisches Verhalten vorliegt, wir in den aufeinanderfolgenden Intervallen alternierend elliptisches und hyperbolisches Verhalten haben.

Do. d. 12. Juli 1894.] Wir haben gestern Sätze über elliptisches und hyperbolisches Verhalten in den einzelnen Intervallen der x-Axe ausgesprochen, ohne überhaupt zu wissen, was war das eigentlich für zwei verschiedene Verhaltungsarten sind. Dies wollen wir heute zuerst feststellen.

Bei hyperbolischem Verhalten, etwa in ab, existieren zwei reelle Particularlösungen y_1, y_2, welche bei Vermehrung des Arguments t um die dem Doppelintervall $abа$ entsprechende Periode 2ω sich reell multiplicativ verhalten, also, unter ρ eine reelle Constante verstanden, die wir >1 voraussetzen können, den Gleichungen genügen:

$$y_1(t+2\omega) = \rho \cdot y_1(t),$$
$$y_2(t+2\omega) = \tfrac{1}{\rho} y_2(t).$$

Wir sehen hieraus:

Wir haben zwei reelle Fundamentallösungen, welche multiplicativ periodisch sind. Die 0-Stellen von y_1 oder von y_2 sind genau periodisch, und zwar haben y_1 und y_2 innerhalb der Periode je dieselbe Anzahl von 0-Stellen, welche wir ν nennen.

Es folgt letzterer einfach daraus, dass die 0-Stellen von y_1 und y_2 alternieren müssen. Die Amplituden der Schwingungen werden dagegen bei y_1 nach rechts hin immer grösser, nach links hin immer kleiner, umgekehrt bei y_2.

Irgend eine Particularlösung
$$y = c_1 y_1 + c_2 y_2$$
verwandelt sich bei Vermehrung von t um eine beliebige Periode $2n\omega$ in
$$y' = c_1 \cdot \rho^n y_1 + c_2 \rho^{-n} y_2,$$
so dass also bei sehr grossem positiven n das erste, bei sehr grossem negativen n das zweite Glied immer mehr überwiegt. Also: Eine beliebige Particularlösung $c_1 y_1 + c_2 y_2$ fällt bei analytischer Fortsetzung nach rechts hin je weiter, immer mehr mit der analytischen Fortsetzung der Lösung $c_1 y_1$.

zusammen, dagegen bei analytischer Fortsetzung nach links hin schließt sie sich an die analytische Fortsetzung der Lösung $c_2 y_2$ asymptotisch an.

Während wir also im parabolischen Fall für das asymptotische Verhalten nach rechts und links hin nur eine Function in Betracht zu ziehen hatten, haben wir jetzt deren zwei verschiedene.

Ganz anders beim _elliptischen Verhalten_. Wir setzen, da y_1 und y_2 sowie ρ und $\bar{\rho}$ conjugiert complex sind:
$$y_1 = u + iv,$$
$$y_2 = u - iv,$$
$$\rho = e^{i\varphi}.$$

Um reelle Lösungen zu erhalten, müssen wir
$$u = \frac{y_1 + y_2}{2} \qquad v = \frac{y_1 - y_2}{2i}$$
bilden. Diese zeigen bei Vermehrung von t um eine Periode folgendes Verhalten:
$$u' = u \cdot \cos\varphi - v \cdot \sin\varphi,$$
$$v' = u \sin\varphi + v \cos\varphi,$$
und bei Vermehrung um n Perioden wird daraus:
$$u^{(n)} = u \cos n\varphi - v \sin n\varphi,$$
$$v^{(n)} = u \sin n\varphi + v \cos n\varphi.$$
Es wäre nun zu unterscheiden, ob die Größe

φ ein rationaler Teil von 2π ist oder nicht, wir werden nur vom ersten Fall sprechen, also
$$\varphi = 2\pi \frac{k}{N}$$
setzen und den irrationalen Fall als Grenzfall ansehen.

Wir sehen dann, dass
$$u^{[N]} = u, \quad v^{[N]} = v$$
wird; also, da auch für $y = c_1 u + c_2 v$ $\quad y^{[N]} = y$ wird:

Das characteristische Verhalten der elliptischen Fälle liegt darin, wenigstens im Falle eines rationalen Winkels φ, dass nach Durchlaufung einer gewissen Anzahl von Perioden jede reelle Particularlösung in sich selbst ungeändert zurückkehrt.

Soviel über den Unterschied der hyperbolischen und der elliptischen Verhaltens in einem Interall. Heute wollen wir uns nun über das Verhalten der Differentialgleichung

$$\frac{d^2 y}{dx^2} = (Ax + B)y$$

nicht nur für einzelne Werte von B und für einzelne Intervalle der x-Axe, sondern für alle Werte von B und x gleichzeitig (natürlich bei festgehaltenem Werte $A = 2k/2k+1$) eine

Übersicht in folgender Weise bilden:

Wir richten ein Coordinatensystem x, B ein, in welchem wir die ausgezeichneten Werte von B durch $4K+1$ wagrechte, die drei Verzweigungswerte $x = a, b, c$ durch drei vertikale Geraden zu markieren haben. Die (x, B)-Ebene zerfällt so in $4(4K+2)$, also bei unserm Beispiel $2K=5$ in 48 Felder, von denen jedes einzelne dem Falle entspricht, daß B zwischen zwei aufeinanderfolgenden ausgezeichneten Werten und x in einem bestimmten Intervall der x-Axe liegt.

Wir fragen nun, ob sich die Differentialgleichung in irgend einem Intervall bei irgend einem nicht ausgezeichneten Werte von B elliptisch oder hyperbolisch verhält und werden so die einzelnen der 48 Felder in solche von elliptischem und in solche von hyperbolischem Verhalten einteilen und dem entsprechend mit e oder h bezeichnen (Figuren auf 369. Seite). Da die ausgezeichneten Werte von B, für welche in jedem Intervall das Verhalten parabolisch wird, immer elliptisches von hyperbolischem Verhalten trennen müssen, da ebenso die Verzwei-

gungswerte $x=a, b, c$ elliptischer von hyperbolischem Verhalten trennen, wie wir soeben
lernten, so muss die Einteilung der Ebene
in elliptische und hyperbolische Felder in
der Weise eines Schachbretts sich darstellen,
mit $2k$ elliptischen und $2k$ hyperbolischen
Feldern.

Ausserdem wollen wir uns aber auf jeder
Geraden B die O-Punkte von y_1 und die von
y_2 gleichzeitig markiert denken, d. h. die O-
Punkte von
$$y_1 \cdot y_2 = F(x, B).$$
Denken wir die Gerade B beweglich, so werden die auf ihr liegenden O-Punkte von
$y_1 \cdot y_2$ eine Curve beschreiben, deren Gleichung
geradezu
$$F(x, B) = 0$$
ist. Dieselbe ist von der Ordnung $2k$ in x und
ebenso in B (wie sich aus dem Bildungsgesetze
der Polynome ergiebt).

Wir können über diese Curve folgendes aussagen:
1. Innerhalb eines elliptischen Feldes ist
$y_1 \cdot y_2 = u^2 + v^2$, und dieser besitzt keine reellen O-Punkte, da u und v im Intervall
nicht gleichzeitig verschwinden können. In

einem hyperbolischen Feld, dagegen steht dem Verschwinden von y_1, y_2 nichts im Wege. Also:

Indem wir nach den reellen 0-Stellen von y_1, y_2 fragen, erhalten wir nur Punkte in den hyperbolischen Intervallen. Es ist aber nicht gesagt, daß in jedem hyperbolischen Intervall reelle 0-Punkte liegen müssen.

Es kommt das darauf hinaus, daß die Curve $\mathfrak{F}(x, \mathfrak{B}) = 0$ nie durch kein elliptisches Feld hindurchzieht.

2. Nimmt $\mathfrak{B}$ einen der ausgezeichneten Werte an, so wird $y_2 = y_1$ und $\mathfrak{F}$ verschwindet, wo es innerhalb eines Intervalls geschieht, zweifach, wo es aber an einer der Stellen a, b, c geschieht, nur einfach. Das heißt für unsere Curve $\mathfrak{F}(x, \mathfrak{B}) = 0$:

In allen 0-Punkten von y_1 für einen der ausgezeichneten Werte $\mathfrak{B}_1, \mathfrak{B}_2, \ldots$ muß die Curve die betreffende horizontale Gerade $\mathfrak{B} = \mathfrak{B}_1, \mathfrak{B}_2, \ldots$ berühren, außer in den 0-Punkten, welche mit a, b oder c zusammenfallen, wo die Curve die Gerade nur einfach schneidet.

3. Ferner folgt aus den früheren Sätzen über $\mathfrak{F}$:
Unsere Curve hat keine anderen horizontalen Tangenten als die ausgezeichneten $4k+1$ Linien,

— 368. —

denn F hat sonst keine Doppelwurzeln.
Unsere Curve schneidet die Verticallinien $x=a,b,c$ nirgends als in den bekannten auf den Geraden $B_1, B_2 \ldots$ liegenden Punkten, denn das Polynom F kann nur in den ausgezeichneten Fällen in den Punkten a, b, c verschwinden.

Um nun die Entscheidung über die Vertheilung der Bezeichnungen e und h in unsere 48 Felder zu treffen, brauchten wir nur für ein einziges Feld die Frage zu beantworten, ob er hyperbolisch oder elliptisch ist.

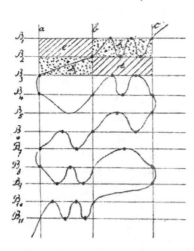

Achten wir z. B. in nebenstehender Figur, wo auf den Geraden $B_1, B_2 \ldots$ die 0-Stellen von F eingetragen sind, auf die schraffierten Felder, so sehen wir, dass in dieselben die Curve unmöglich eintreten kann, da sie sonst nur eine Eintrittsstelle (bei $x=b, B=B_2$), aber keine Austrittsstelle haben würde. Da die Curve aber doch nothwendig durch den Punkt $x=b, B=B_2$ hin-

— 369. —

durchgehen muss, so kann sie nur in die beiden punktierten Felder eintreten, diese sind also mit h zu bezeichnen.

1) $2K-1$)

2) $2K=2$

3) $2K-3$. (schematisch)

4) $2K-4$ (schematisch)

$F(x,B) = x \cdot B$.

– 370. –

5.) 2k = 5. (schematisch.)

Wir haben nebenstehend die Curven für 2k = 1, 2, 3, 4, 5 wirklich gezeichnet, für 2k = 1, 2 genau, für 2k = 3, 4, 5 nur schematisch, da die genauen Dimensionen zu unübersichtlich sein würden.

Interessant ist dabei, daß die Zahl der rechten horizontalen Tangenten, wenn wir jede mit ihrer Multiplicität zählen, gerade 2k(2k-1) ist.

Schneiden wir unsere Curven durch irgend eine nicht ausgezeichnete Gerade B, so erhalten wir in jedem Intervall eine gewisse Zahl ν von 0-Stellen von F.

Einer vollen Periode 2ω entspricht das hin und zurück, also doppelt zu durchlaufende

Intervall ab. y_1, y_2 besitzt also in der Periode 2ω gerade 2ν 0-Stellen; da nun y_1 und y_2 gleich viel 0-Stellen besitzen, so ist ν zugleich die Anzahl der 0-Stellen sowohl von y_1 wie von y_2 längs einer Periode 2ω.

Unsere Figuren geben uns also nicht bloß die Unterscheidung hyperbolischer und elliptischer Intervalle, sondern auch für jedes hyperbolische Stück einer horizontalen Geraden B die Zahl ν der Verschwindungsstellen von y_1 oder y_2 im Doppelintervall. Diese Zahl ist nämlich gleich der Anzahl der reellen Schnittpunkte, welche die Gerade B im Intervall mit der Curve $F=0$ gemein hat.

Soweit haben wir durch bloße Discussion im Reellen das Studium der Hermite'schen Differentialgleichung gefördert. Um nun auch die Verhältnisse im Complexen zu untersuchen, werden wir uns wieder der Methode der conformen Abbildung bedienen, und dieselbe wird uns eine große Reihe neuer Ergebnisse liefern.

Unsere Methode soll die sein, daß wir zunächst noch einmal die conforme Abbildung in den ausgezeichneten parabolischen

— 372. —

Fällen studieren, um dann die so erhaltenen Figuren als Ausgangspunkte zu benutzen, von wo aus sich die Figuren für ein allgemeines B durch stetige Abänderung müssen erreichen lassen.

Ich will nur die Figuren für die Fälle $2K = 0, 1, 2$ angeben, indem ich die richtige Reihenfolge der B_i festhalte:

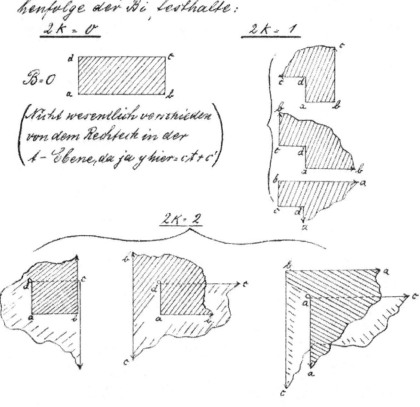

2 k = 2. (Fortsetzung).

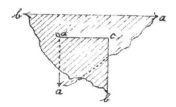 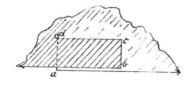

Nunmehr fragen wir nach den Figuren für allgemeine, nicht ausgezeichnete Werte von B.

Seien y_1, y_2 die beiden Fundamentallösungen und

$$y = \frac{y_1}{y_2},$$

so werden wir fragen, wie sich die einzelnen Intervalle der reellen x-Axe in der Ebene der Variablen y darstellen.

In einem hyperbolischen Intervalle sind y_1, y_2 beides reelle Funktionen, nur ev. multiplicirt mit irgend einer complexen Constanten. Infolgedessen hat man den Satz:

Ein hyperbolischer Intervall bildet sich auf ein Stück der reellen y-Axe, oder wenn man den multiplicativen Constanten in y_1, y_2 allgemeine Werte läßt, auf ein Stück einer geraden Linie ab, welche durch den O-Punkt der y-Ebene geht.

— 374 —

In einem elliptischen Intervall dagegen ist abgesehen von multiplicativen Constanten $y_1 = u + iv$, $y_2 = u - iv$; also hat

$$y = \frac{y_1}{y_2} = \frac{u + iv}{u - iv}$$

den absoluten Wert 1 und das allgemeine y constanten absoluten Wert. Folglich:

Ein elliptisches Intervall der x-Axe bildet sich als ein Stück der Einheitskreises der y-Ebene ab, oder, wenn wir den multiplicativen Constanten in y_1, y_2 allgemeine Werte geben, als ein Stück einer beliebigen um $y = 0$ als Centrum herumgelegten Kreises.

Die Bilder der 4 Intervalle, welche ja abwechselnd elliptisch und hyperbolisch sind, müssen demnach auf zwei concentrischen Kreislinien und zwei vom Centrum auslaufenden Geraden liegen. In ein solches Gerüst ist die Membran des Vierecks so einzuhängen, daß die richtigen Winkel herauskommen.

Es wird zuerst der einfachste, der Fall $2k = 0$ erläutert.

— 375. —

Die Halbebene x bildet sich etwa auf das Viereck $abcd$ nebenstehender Figur ab. Wenn x von b

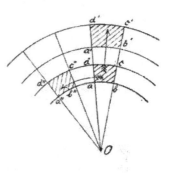

nach c und wieder zurück nach b läuft, bewegt sich $y = \frac{y_2}{y_1}$ von b über c nach b', $\frac{y_2'}{y_1'}$ wächst um $2\omega'$. Aus der Substitution

$$y_1' = \sigma \cdot y_1, \qquad y_2' = \frac{1}{\sigma} y_2$$

ergiebt sich für diesen Weg die Substitution

$$y' = \sigma^{-2} y$$

der Variablen y. Also ist $Ob' = \sigma^{-2} Ob$, und σ^{-2} ist nichts anderes als das Streckenverhältnis $\frac{Ob'}{Ob}$, oder allgemeiner das Verhältnis zwischen dem Radius vector des ursprünglichen und der transformierten Punkte.

Läßt man andererseits x einen Umlauf um ba machen, so nimmt t um 2ω ab, und es wird

$$y_1' = e^{-i\varphi} y_1, \quad y_2' = e^{i\varphi} y_2, \quad y' = e^{2\varphi i} y$$

2φ ist dann der Winkel, den der Radius vector der transformierten Punkte mit demjenigen der ursprünglichen Punktes bildet. Also:
<u>Die hyperbolische Substitution erscheint als eine von O auslaufende Ähnlichkeitstrans.</u>

formation mit dem Parameter σ^{-2} und die elliptische Substitution als eine Drehung um 0 mit dem Drehwinkel 2φ.

Bedenken wir, daß die beiden Substitutionen jede durch zweimalige Spiegelung der Vierecks a b c d entstehen, daß also $bb' = 2 \cdot bc$ und $bb' = 2 \cdot ab$ ist, so folgt:

Speciell erscheint σ als das Streckenverhältnis $\frac{ob}{oc}$, oder, was dasselbe ist, als das Doppelverhältnis $\frac{ob}{oi} : \frac{oc}{oi}$, φ aber als die Bogenlänge der Kreisbogenseite ab.

Damit haben diese beiden Constanten ihre einfache geometrische Bedeutung bekommen; es ist das namentlich für das φ wichtig, weil dasselbe jetzt absolut definiert erscheint, während es in die früheren Formeln nur modulo 2π einging.

Ferner aber bemerken wir:

Als neues Resultat, abgeleitet aus der conformen Abbildung, haben wir die Formeln

$$\overline{\sigma_{bc}} = \overline{\sigma_{ad}} \qquad \varphi_{ab} = \varphi_{dc}.$$

Anstatt ab und cd zu Kreisbogen zusammenzubiegen, kann man auch umgekehrt die Figur der parabolischen Fälle so deformieren, daß ab und cd gerade Linien, bc und ad

Kreisbogen werden. Zwischen diesen und den heute als Beispiel benutzten Fall stellt sich dann als Übergang das geradlinige Rechteck des parabolischen Falls.

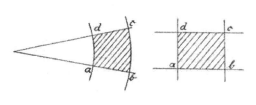 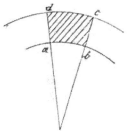

Es entspricht dies der schematischen Einteilung der x-B. Ebene in Felder, welche im vorliegenden Falle $2K=0$ die nebenstehende einfache Gestalt aufweist:

$(B_1=0)$	e	a	h	b	e	c	e	h
	h		e		h		e	

No. 15. Juli 1914.] Wir haben das letzte Mal für den Fall $2K=0$ das y-Polygon gezeichnet, und zwar für den ausgezeichneten Wert $B_1=0$ sowie für zwei Werte B_1, die nur wenig oberhalb bezw. unterhalb dieses ausgezeichneten Wertes liegen.

Aber das Aussehen der Figur kann sich sehr ändern – wenn sie auch im Sinn der analysis situs denselben Charakter behält, sobald B sehr groß, positiv oder negativ wird. Das ϱ der beiden Kreisbogenseiten wird dann immer größer und gleichzeitig das σ der geradlinigen Seiten (entsprechend den Formeln $\varrho_{ad} = \varrho_{bc} = 2\frac{\omega}{c}\sqrt{B}$, $\sigma_{ab} = \sigma_{dc} = e^{2\omega\sqrt{B}}$). Die Kreisbogen werden sich dann beliebig oft überschlagen können, und wir bekommen z. B. eine Figur folgender Art:

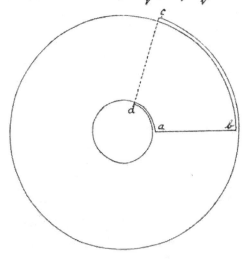

Immer aber bleiben die Relationen, die wir das vorige Mal aus der Figur abgelesen haben: $\sigma_{ab} = \sigma_{dc}$, $\varrho_{ad} = \varrho_{bc}$ auch im Falle unserer neuen Figur richtig. Jetzt aber brauchen wir ϱ nicht mehr wie früher, wo wir zu dem Zwecke ausschließlich auf die Coefficienten der Substitution S_ε angewiesen waren, nur mod 2π zu bestimmen, sondern wir können ihm auch einen absoluten Wert beilegen:

In Übereinstimmung mit der früheren Definition der φ, aber über dieselbe hinausgehend, werden wir unter φ jetzt direkt die Länge der Kreisbogenweite zu verstehen.

Ist $\varphi = \frac{m}{n}\pi$, unter m und n teilerfremde ganze Zahlen verstanden, so werden $2n$ unserer Vierecke nebeneinandergelegt gerade m Kreisringe vollkommen ausfüllen, was bei einer kleinen Zahl von Vierecken nicht statt hat.

Die Folge hiervon ist die schon auf S. 363 analytisch constatierte Eigentümlichkeit der elliptischen Substitution:

Unsere elliptische Substitution hat die Eigenschaft, zum ersten Mal nach n-maliger Durchlaufung des Doppelintervalls die identische Substitution zugeben.

Dabei überschlägt sich die Kreisbogenweite genau m mal, geht also, wenn sie durch eine passende lineare Transformation zur geraden Linie gestreckt wird, m mal durchs Unendliche. Wählt man in $y = \frac{y_2}{y_1}$ y_2 und y_1 als reelle Lösungen, so erhält man eine solche gerade Linie, auf der dann also y_m mal ∞ wird, d. h. y_1 genau m mal verschwindet. Also:

Das genannte Verhalten der elliptischen Substitution kommt darauf hinaus, daß bei n-maligem Durchlaufen des Doppelintervalls jede reelle Particularlösung y der linearen Differentialgleichung 2. Ordnung m Halboscillationen ausführt.

Indem wir die Amplitüde q der elliptischen Substitution in der hier geschilderten Weise als eine Kreisbogenlänge festlegen, drücken wir nicht nur die Periodicität der elliptischen Substitution, sondern auch die Art der Oscillationen der Particularlösungen y durch eine ganz bestimmte Größe aus.

Was den Multiplicator σ der hyperbolischen Substitution angeht, so beschränken wir uns einstweilen auf die Bemerkung, daß derselbe von 1 beginnend immermehr wächst, wenn B von B_1 beginnend zunimmt.

Nun sollen alle diese Erläuterungen auf die höheren Fälle, zuerst $2k = 1$, übertragen werden.

Wir sehen aus dem für $2k = 1$ gegebenen

— 381. —

Schema, dass wir ausser den aufgezeichneten Geraden B_1, B_2, B_3 vier wesentlich verschiedene Lagen der Geraden B zu unterscheiden haben, nämlich oberhalb B_1, zwischen B_1 und B_2, zwischen B_2 und B_3, und unterhalb B_3. Wir werden uns die Gerade B stetig von oben nach unten diese Lagen durchlaufend denken, und werden uns eine Reihe von Figuren zeichnen, welche uns gestatten, die stetige Änderung der γ-Polygons zu übersehen. Dabei brauchen wir dies nur bis $B = B_2$ auszuführen, da die Figuren für die Lagen unterhalb B_2 aus denen für $B > B_2$ einfach dadurch hervorgehen, dass man die Rolle der Seiten ab und bc vertauscht. Wir bekommen folgende schematische Figuren:

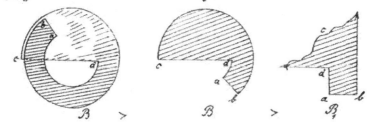

$B > B_2 \qquad B > B_2 \qquad B_1$

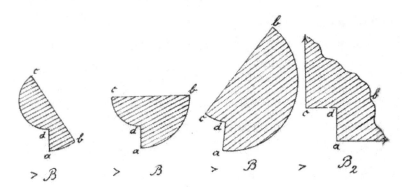

Wir entnehmen aus den Figuren den Satz:
Auch im Falle $2k-1$ sind die Amplituden
der beiden elliptischen Intervalle und die Multiplicatoren der beiden hyperbolischen Intervalle je durch eine einfache Gleichung mit einander verbunden, nämlich durch die Formeln:

für $B > B_1$: $\sigma_{bc} = \sigma_{ad} + \pi$, $\sigma_{ab} = -\sigma_{dc}$,
für $B_1 > B > B_2$: $\sigma_{bc} = -\sigma_{ad}$, $\sigma_{ab} = \pi - \sigma_{dc}$.

Die entsprechenden Figuren sollen jetzt für $2k=2$, wo es fünf ausgezeichnete Werte von B gibt, von $B = +\infty$ bis $B = B_5$ gezeichnet werden.

Von da an wiederholen sich die Figuren, nur daß die aufeinanderfolgenden Intervalle ihre Rolle

B_1	e	h	e	h
B_2	h	e	h	e
B_3	e	h	e	h
B_4	h	e	h	e
B_5	e	h	e	h
	h	e	h	e

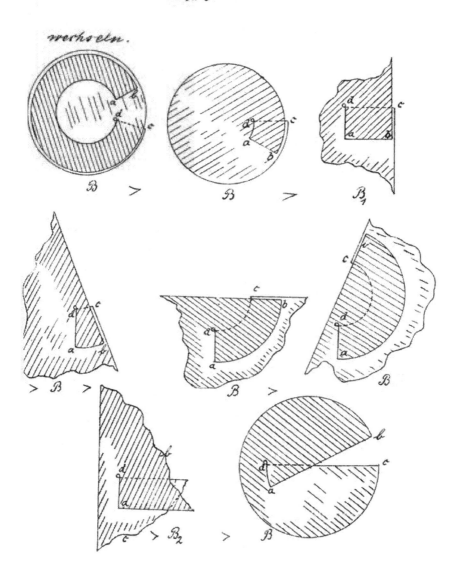

– 384 –

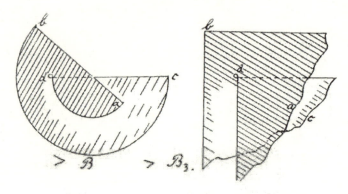

Aus den Figuren sind folgende Relationen zwischen den Amplituden φ und zwischen den Multiplicatoren σ der beiden elliptischen bezw. hyperbolischen Intervalle abzulesen:

für $B > B_1$: $\varphi_{ad} = + \varphi_{bc} - 2\pi$, $\sigma_{ab} = \sigma_{ac}$;

" $B_1 > B > B_2$: $\sigma_{ad} = \sigma_{bc}$, $\varphi_{ab} = \varphi_{ac}$;

" $B_2 > B > B_3$: $\varphi_{ad} = -\varphi_{bc} + 2\pi$, $\sigma_{ab} = \sigma_{bc}$;

[Di. d. 17. Juli 1894.] Für $2k = 3$ wollen wir uns die Übersicht über die Verhältnisse bei beliebigem B auf eine etwas andere Weise verschaffen, indem wir die Polygone weglassen und nur die aus ihnen abzuleitenden Resultate tabellieren.

Wir denken uns zunächst die 7 ausgezeichneten Geraden $B_1, B_2, \ldots B_7$, ferner die drei Geraden $x = a, b, c$ gezogen, und wir wollen in die so entstandene schachbrettartige Figur in je.

dem Felde eintragen, nicht nur, ob er sich elliptisch oder hyperbolisch verhält, sondern auch, zwischen welchen Grenzen im ersten Falle die Amplitude liegt. Die hyperbolischen Felder wollen wir schraffieren, vorderhand aber noch nichts eintragen.

Die parabolischen Fälle, welchen die horizontalen Geraden $B_1, B_2, \ldots B_\nu$ entsprechen, wollen wir als Grenzfälle elliptischer Fälle ansehen, und demgemäß auch für ein parabolisches Intervall eine Amplitude φ definieren.

Wenn wir eine geradlinige Seite als Teil eines unendlich großen Kreises ansehen, so ist die Winkelöffnung einer ganz im Endlichen liegenden Seite offenbar $\varphi = 0$, das φ einer Seite, die einen Endpunkt im Endlichen, einen im Unendlichen hat, ist $= \pi$ zu setzen, und das φ jeder geraden Linie, die sich einmal durchs Unendliche zieht, ist $= 2\pi$, wenn sie sich n mal durchs Unendliche zieht, $= n \cdot 2\pi$.

Infolgedessen haben wir irgend einem Intervall einer Linie $B_1, B_2, \ldots B_\nu$ als Amplitude zuzugeben π multipliziert mit der doppelten Anzahl der im Intervall liegenden 0-Punkte von y, und der einfachen Anzahl der an den

Enden des Intervalls liegenden U-Punkte. Man erhält so die Zahlen, die in dem unten folgenden Schema an den einzelnen Intervallen der ausgezeichneten Geraden eingetragen sind. (S. 390 u. 391).

Gibt man nun B einen allgemeinen Wert, d. h. zieht man eine horizontale Gerade, welche die Felder durchsetzt, so wird in denjenigen Intervallen, wo sie hyperbolische Felder durchsetzt, von einer Amplitude y vorläufig nicht zu reden sein, in den elliptischen Feldern dagegen wird y zwischen denjenigen beiden Werten liegen, welche an der oberen und an der unteren horizontalen Begrenzung des Feldes angeschrieben sind.

Dies folgt aus der Gestalt des y-Polygons, auch wenn wir die Polygone nicht explicit construieren.

Es soll dies einfach dadurch ausgedrückt werden, dass wir den Buchstaben y zwischen die Werte an den beiden Grenzen schreiben.

Aber noch mehr: durch die Polygone wissen wir von vornherein, dass immer eine, beim Übergang von B über einen ausgezeichneten Wert allerdings wechselnde, sehr einfache

– 387. –

Beziehung zwischen den Amplituden der jedesmaligen beiden elliptischen Intervalle besteht, von der Form

$$\varphi_{cd} = \pm \varphi_{ab} + \text{const.}, \text{ bezw. } \varphi_{da} = \pm \varphi_{bc} + \text{const.};$$

das Vorzeichen und die Constante hierin können wir nun jedermal leicht durch Vergleichung der Werte φ längs der oberen und unteren Begrenzungsgeraden der betreffenden Horizontalstreifens finden. Es ergeben sich so die Amplituden in den äußeren Intervallen als Funktionen der Amplituden in den inneren Intervallen, so wie es in das Schema eingetragen ist.

Damit haben wir die gewünschte Übersicht über die Amplituden der elliptischen Intervalle.

Um auch über die <u>hyperbolischen Intervalle</u> etwas Entsprechendes aussagen zu können, müssen wir auf die nichteuklidischen Begriffsbestimmungen zurückgehen, welche wir im vorigen Semester bei Besprechung der trigonometrischen Formeln entwickelt haben.

Jetzt haben wir anstatt eines Dreiecks ein Viereck; wir haben dasselbe bisher in der γ-Ebene so particulär gezeichnet, daß zwei seiner Seiten auf geraden Linien liegen, die durch den 0-Punkt – und natürlich auch durch den Punkt ∞ – gehen, und daß die an dern beiden Seiten auf concentrischen Kreisen um den 0-Punkt als Centrum liegen.

Wenn wir jetzt von der Ebene in allgemeiner Weise auf eine y-Kugel übergehen, so gehen die Punkte y=0 und y=∞ in zwei beliebige Punkte der Kugel über, die beiden Radii vectores werden Kreise, die durch zwei Ebenen eines Büschels ausgeschnitten werden, das die Verbindungsgerade der beiden Punkte 0 und ∞ zur Axe hat, und die beiden concentrischen Kreise werden durch Ebenen desjenigen Büschels ausgeschnitten, das durch die conjugierte Polare der Verbindungsgeraden von 0 und ∞ geht. Was bedeutet jetzt $g_{a,i}$?

Zu dem Kreise denken wir uns auf die Kugel als Fundamentalfläche eine nichteuklidische Maßbestimmung gegründet und verfahren dann folgendermaßen:

— 384. —

Um die Länge einer Seite ab einer Kreisbogenpolygons abcd .... n zu messen, schneiden wir die Ebene des Kreises ab mit den Ebenen der folgenden und der vorhergehenden Seite bc und na, und der Winkel, den die Schnittlinien dieser beiden Ebenen mit der Ebene ab in der Ebene ab miteinander bilden, ist uns das Maß für die Länge der Seite ab, wobei die absolute Fixirung der Größe dieses Winkels von der Art und Weise abhängt, wie die Kreisbogenseite ab längs der tragenden Kreislinie hinläuft.

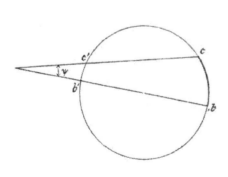

Diese Definition läßt sich nun auch auf die Seiten bc und ad übertragen. Es schneiden sich dann nur die Spuren der Nachbarebenen nicht innerhalb, sondern ausserhalb der Kreislinie bc, und es kommt, also heraus:

Als Länge des Stückes bc erscheint hier eine

rein imaginäre Größe.

Dieser rein imaginäre Winkel wird aber um reelle Multipla von π zu vermehren sein, je nach den Umläufen der Seite bc entlang der sie tragenden Kreislinie, entsprechend den Verabredungen, die wir im vorigen Winter (Autogr. S. 400) getroffen haben.

Die Größe ψ gibt also durch ihren reellen Teil ein Maß für die Umläufe der Kreisbogenseite, und wir werden verlangen, in die hyperbolischen Felder unserer Schemata die zugehörigen Amplituden ψ, die also aus einem Multiplum von π und einem rein imaginären Teile bestehen, einzutragen. Der Multiplikator der hyperbolischen Substitution hängt mit diesem ψ einfach durch die Formel zusammen:

$$\sigma = e^{i\psi}.$$

Was nun die Verteilung der ψ in die Felder unserer Schemas betrifft, so ist zu sagen:

Im einzelnen hyperbolischen Inter-

– 391 –

vall bleibt der reelle Bestandteil der ψ gleich dem für die beiden parabolischen Grenzen angeschriebenen Multiplum von π (die in der Tat allemal dieselben sind), und der imaginäre Bestandteil ändert sich irgendwie von 0 beginnend bis wieder zu 0 hin.

Den Relationen $2K = 4$.

$\sigma_{ab} = \pm \sigma_{cd}$, welche zwischen den Multiplikatoren der innern und der äußern hyperbolischen Intervalls bestehen, entsprechen für die ψ-Relationen der Gestalt:

B_1	$\psi - 4\pi$	ψ	ψ	ψ
B_2	$\psi - 4\pi$	ψ	ψ	ψ
B_3	$4\pi - \psi$	ψ	ψ	ψ
B_4	$\psi - 2\pi$	ψ	ψ	$2\pi - \psi$
B_5	$\psi - 2\pi$	ψ	ψ	$\psi - 2\pi$
B_6	$\psi - 2\pi$	ψ	ψ	$\psi - 2\pi$
B_7	$2\pi - \psi$	ψ	ψ	$\psi - 2\pi$
B_8	ψ	ψ	ψ	$4\pi - \psi$
B_9	ψ	ψ	ψ	$\psi - 4\pi$

$\psi_{ab} = \psi_{cd} + const$,

worin man die Constante wieder durch Vergleichung der Werte an den Grenzen der Streifens findet. Die ψ der äußern Intervalle drücken sich daraufhin durch die der innern so aus, wie es in dem Schema eingetragen ist, das ich gleich auch für $2K = 4$

mitteile.

Diese beiden Schemata für $2k=3$ und $2k=4$ lassen sofort erkennen, wie sich die Verhältnisse bei einem beliebigen ungeraden oder geraden Werte von $2k$ gestalten.

Wir wollen hier dies bezüglich keine weiteren Sätze formulieren, sondern nur noch auf das verschiedene Verhalten hinweisen, welches die φ, ψ bei Aenderung der Parameters B zeigen:

Was die mittleren Felder unserer Figur angeht, so zeigt das φ ein progressives Verhalten; es wird in der einen oder andern Richtung immer größer und größer; dagegen das ψ zeigt ein oscillatorisches Verhalten: in jedem einzelnen hyperbolischen Feld vollzieht der imaginäre Bestandteil eine Schwankung von 0 bis 0 zurück, während der reelle Teil constant bleibt.

Es hängt dieses verschiedene Verhalten damit zusammen, daß die Forderung eines bestimmten φ für ein einzelnes mittleres Intervall auf eine Forderung im Sinne der Oscillationstheoreme zurückkommt, durch welche die Hermite'sche Gleichung eindeutig festgelegt wird, während betreffs des hyperbolischen Winkels ψ keine solche Beziehung zum Oscillationstheorem besteht.

Diese Beziehung zum Oscillationstheorem soll jetzt noch näher besprochen werden.

[Vo. d. 19. Juli 1894.] Wenn die Forderung gestellt wird, daß ein Intervall ab die Amplitude $\varphi = \frac{m}{n}\pi$ haben soll – unter m und n ganze Zahlen verstanden, welche keinen gemeinsamen Teiler besitzen –, so wird das Kreisbogenviereck der y-Ebene $2n$ mal an ad bezw. bc gespiegelt den geschlossenen Kreisring gerade m-fach überdecken müssen, d. h., wenn wir auf die Lösungen y der linearen Differentialgleichung 2. Ordnung zurückgehen:

Wenn wir für ein inneres Intervall ab oder bc die elliptische Amplitude $\varphi = \frac{m}{n}\pi$ angeben, so bedeutet das für die lineare Differentialgleichung 2. Ordnung, daß bei n-facher Durchlaufung des Doppelintervalls aba resp. bcb eine jede Partikularlösung der Differentialgleichung gerade m Halboscillationen ausführen soll. *)

---

*) Von den äußeren Intervallen da und cd ist hier überall nicht die Rede (Trotzdem dieselben für das y-Polygon keine andere Rolle spielen, als die inneren Intervalle). In der Tat werden ja die Partikularlösungen y bei d allgemein zu reden unendlich und

Umgekehrt können wir sagen, wenn wir $n > 1$ voraussetzen:

Wenn irgend eine Partikularlösung der Differentialgleichung bei n-maliger Durchlaufung des Doppel-Intervalls m Halboszillationen ausführt, so bedeutet das, daß unser Intervall elliptisch ist und die Amplitude $\frac{m}{n}\pi$ besitzt.

Den Beweis führen wir folgendermaßen:

1. Unsere Partikularlösung, welche bei n-maliger Durchlaufung des Doppelintervalls m O.-Stellen darbietet, kann keine Fundamentallösung des Intervalls sein, weil sonst m ein Multiplum von n sein müßte.

Denn wir haben auf S. 348 gesehen, daß eine Fundamentallösung, wenn sie reell ist, notwendig die Periode 2ω oder 4ω hat, also auf die Periode 4ω notwendig eine ganze Zahl von vollständigen Oszillationen, d. h. auf die Periode 2ω eine ganze Zahl von Halboszillationen besitzt.

2. Unsere Lösung y muß also notwendig die Gestalt haben:

$$y = a\,y_1 + b\,y_2\,;$$

es kann also von „Oszillationen" der y im elementaren Sinne nicht weiter die Rede sein.

und zwar muß hierin sowohl a wie b von 0
verschieden sein. Sei ϱ der reelle oder complexe
Multiplicator von y_1, ϱ^{-1} also der von y_2, bei
einmaliger Durchlaufung des Doppelintervalls.
Dann wird aus y bei n-maligem Umlauf
der Ausdruck
$$y' = a y_1 \cdot \varrho^n + b y_2 \cdot \varrho^{-n}.$$
Dies soll aber ein Multiplum von y sein, folglich muß
$$\varrho^n = \varrho^{-n} \text{ oder } \varrho^{2n} = 1$$
sein.
ϱ ist also eine 2n-te Einheitswurzel, und zwar,
da n die kleinste Zahl von Umläufen ist, nach
welcher die 0-Stellen sich wiederholen, eine pri-
mitive 2n-te Einheitswurzel. Da ϱ also complex ist, so ist die Substitution elliptisch, und
dann zeigt der Vergleich mit den allgemeinen
Sätzen über das Verhalten in einem elliptischen
Intervalle, daß die Amplitude desselben keine
andere, als $\frac{m}{n}\pi$ sein kann. Also:

<u>Wenn wir eine elliptische Amplitude $y = \frac{m}{n}\pi$</u>
<u>vorgeben, so heißt das dasselbe, als wenn wir</u>
<u>für das n-fach durchlaufene Doppelintervall</u>
<u>m Halboscillationen einer Particularlösung</u>
<u>verlangen, also dasselbe, als wenn wir für das</u>

n-fach durchlaufene Doppelintervall eine Oscillationsbedingung vorgeben.

Darin liegt offenbar eine Erweiterung unseres Oscillationsproblems gegenüber den früheren Formulierungen. Aber das erweiterte Problem ist ganz in derselben Weise zu behandeln wie das einfache; wir werden alle Lagen der Hülfsgeraden ins Auge fassen, welche für das n-fach durchlaufene Doppelintervall zu derselben Oscillationszahl m führen, und bekommen so den Satz:

Entsprechend der Forderung, q solle $= \frac{m}{n}\pi$ sein, werden wir für unsere Hülfsgerade eine ganz bestimmte Enveloppe von dem früheren Typus bekommen.

Es gilt dies vermöge einer Grenzbetrachtung, auch wenn q nicht ein rationaler, sondern ein irrationaler Teil von π sein sollte.

Neben unsere frühere Oscillationsbedingung, dass $\frac{y'}{y}$ an den beiden Enden eines Segments bestimmte Werte haben, und dazwischen eine gewisse Anzahl von Malen von $+\infty$ nach $-\infty$ laufen sollte, stellt sich also jetzt eine neue Art von Oscillationsbedingung, welche darin besteht, dass man für ein inneres Intervall eine bestimmte elliptische Amplitude vorschreibt. Denken wir A und B beide als veränderliche Parameter, so werden wir diese jetzt dadurch festlegen können, daß wir für jedes der beiden inneren Intervalle je eine beliebige Amplitude vorschreiben.

Es ist also hier eine Erweiterung der ursprünglichen Oscillationstheoreme gegeben, indem wir für die beiden Intervalle ab und bc statt der früheren „physikalischen" Oscillationsforderungen elliptische Amplituden vorgeben können.

Bei der Hermite'schen Gleichung kommt diese allgemeine Formulierung des Problems natürlich nicht in Betracht, weil da A nicht continuierlich veränderlich, sondern von vornherein in discreter Weise festgelegt ist. Man hat hier also nur eine einzige Enveloppe zu construieren und an diese dem Werte von A entsprechend eine Tangente von bestimmter Richtung zu legen. Da an eine Enveloppe von der früher characterisierten Gestalt nur immer eine einzige Tangente von bestimmter Richtung existiert, so ergiebt sich der Satz:

Bei gegebenem A ist die Hermite'sche Gleichung vollkommen bestimmt, sobald wir für einer der beiden inneren Intervalle eine bestimmte elliptische Amplitude φ vorschreiben.

Diesen Satz nenne ich „das Oscillationstheorem für die Hermite'sche Gleichung". Damit tritt zu den Angaben unserer Schemata auf S. 390/1, wo für die einzelnen Werte des Parameters B die Grenzen angegeben sind, zwischen denen φ liegt, noch eine weitere Angabe hinzu, nämlich:

Wir schließen aus dem Oscillationstheorem, daß das φ im Intervall ab und ebenso das φ im Intervall bc eine monotone Funktion von B ist, die das eine Mal mit abnehmendem B, das andere Mal mit zunehmendem B beständig wächst.

Denn wenn φ in einem elliptischen Felde nicht monoton sich änderte, sondern einmal zu-, dann abnähme, so müßte es Werte von φ geben, die mindestens für zwei Werte von B in dem betreffenden Intervalle angenommen würden, was dem Oscillationstheorem widerspricht. Und wenn z. B. für das Intervall ab φ sowohl zwischen B_1 und B_2 wie zwischen B_3 und B_4 u. s. w. monoton ist, so kann derselbe

— 399. —

Wert von B auch nicht in verschiedenen dieser elliptischen Felder vorkommen, da die Werte im Felde zwischen B_3 und B_4 gerade da beginnen (bei π), wo die Werte im Felde B_1, B_2 aufhören. Diese Betrachtung läßt aber zugleich noch folgende merkwürdige Eigenschaften von B als Funktion von φ hervortreten, nämlich:

Der weitere Vergleich mit dem Schema läßt bemerken, daß B allerdings eine eindeutige Funktion der Amplitude φ ist, die aber da, wo die hyperbolischen Zwischenfelder einsetzen, ganz bestimmte Unstetigkeiten hat.

B springt z. B. für $2k-3$ im Intervall ab von B_2 zu B_3, von B_4 zu B_5 und von B_6 zu B_7, sobald $\varphi = \pi, = 2\pi, = 3\pi$ wird.

Das alles bezieht sich nur auf die inneren Intervalle.

Was die äußeren Intervalle betrifft, so zeigt unser Schema, daß das B nicht mehr eindeutig bestimmt sein würde, wenn man für ein solches, da oder cd, eine elliptische Amplitude vorschreiben wollte.

Denn im Intervall cd z. B. kommt irgend ein zwischen 0 und π gelegener Wert von φ sowohl zwischen B_1 und B_2 wie zwischen

B_3 und B_4, zwischen B_5 und B_6 und endlich unterhalb B_7 vor; ähnlich im Intervall da.*)

In den hyperbolischen Intervallen ferner wissen wir von vornherein, daß y nicht monoton ist; daraus folgt:

Auch würde B nicht eindeutig festgelegt werden, wenn wir in irgend einem der 4 Intervalle eine hyperbolische Amplitude vorschreiben wollten.

Damit schließen wir unsere Betrachtungen über die Lamé-Hermite'sche Gleichung ab. Was noch fehlt, wäre die genaue quantitative Bestimmung und analytische rechnungsmäßige Bestätigung unserer allgemeinen orientierenden Sätze. Überhaupt würde eine consequente lückenlose Darstellung der Theorie der Hermite'schen Gleichung von den entwickelten Gesichtspunkten aus sehr wünschenswert sein, ähnlich wie die Arbeit von Bôcher sich zu meinen Vorlesungen über die Lamé'sche Differentialgleichung stellt.

*) Diese Vieldeutigkeit gilt allerdings nur für Werte von y zwischen 0 und π; für Werte $y > \pi$ tritt wieder Eindeutigkeit ein, wie ein Blick auf unser Schema zeigt. Es ist das sehr merkwürdig.

Wir wollen hier gleich einige allgemeine Angaben anfügen betreffend die Weiterführung und Erweiterung der bisherigen Betrachtungen über das Oscillationstheorem.

Unsere bisherige Theorie war durch folgende Maßnahmen zu kennzeichnen:

1. Festlegung der Parameter der Differentialgleichung durch zwei physikalische Oscillationsbedingungen. Von da aus ergab sich eine
2. Neue Theorie der Lamé'schen Polynome.

Im Anschluß hieran fand seine Stelle ein
3. Excurs über den Hermite'schen Fall der Lamé'schen Differentialgleichung, was auf das Oscillationstheorem in der Weise zurückwirkte, daß statt der physikalischen Oscillationsbedingungen eine bestimmte Amplitude einer elliptischen Substitution gefordert wurde.

Die Weiterführung der Theorie wird sich nun wesentlich auf folgende Punkte zu beziehen haben
4. Ausdehnung auf den Fall von n singulären Punkten.
5. Wir erinnern uns der früher ausgesprochenen Idee, die gewöhnliche Lamé'sche Differentialgleichung, welche an 3 Punkten

die Exponentendifferenz $\frac{1}{2}$, am vierten aber eine von $\frac{1}{2}$ verschiedene Exponentendifferenz aufweist, als Grenzfall einer Differentialgleichung mit 5 singulären Punkten aufzufassen, welche je der die Exponentendifferenz $\frac{1}{2}$ haben. Es würde also eine Theorie der allgemeinen Lamé'schen Gleichung mit den Exponentendifferenzen $\frac{1}{2}$ in der entsprechenden Weise durchzuführen sein.

6. Endlich wäre zu fragen, inwieweit das Oscillationstheorem aufrecht erhalten bleibt, wenn wir die Exponentendifferenzen als veränderlich betrachten, ganz im Sinne der Stieltjes'schen Betrachtungen betreffend die Lamé'schen Polynome.

[Fr. d. 20. Juli 1894.] Lassen Sie mich heute

A. über die Ausdehnung auf n singuläre Punkte einige Angaben machen.

Es mögen $n-1$ Punkte $a, b, c \ldots m$ mit den Exponenten $\frac{1}{2}, 0$ im Endlichen gelegen sein, und ein n ter Punkt mit den Exponenten $-\kappa, +\kappa + \frac{n-1}{2}$ liege im Unendlichen. Die Differentialgleichung hat dann die Gestalt:

$$0 = y'' + \frac{1}{2} y' \left\{ \frac{1}{z-a} + \ldots + \frac{1}{z-m} \right\}$$
$$- \frac{y}{4(z-a)\ldots(z-m)} \left\{ Az^{n-1} + Bz^{n-2} + \ldots + L \right\}$$

wobei $A = + 2k(2k+n-3)$
und $B, C, \ldots L$ sogenannte „accessorische
Parameter" sind.

Wir führen zur Vereinfachung das hyperelliptische Integral:

$$t = \int \frac{dx}{2\sqrt{(x-a)\ldots(x-m)}}$$

als unabhängige Variable ein und erhalten so die Gleichung

$$\frac{d^2y}{dt^2} = (Ax^{n-2} + Bx^{n-4} + \ldots + L) \cdot y.$$

Unser Oscillationssatz wird nun in folgender Weise erweitert werden müssen:

Die $n-2$ Parameter unserer Gleichung sind dadurch eindeutig festzulegen, daß wir in $n-2$ Segmenten Oscillationsbedingungen vorschreiben.

Es fragt sich, wie wir diesen Satz beweisen. Zunächst für $n=5$ können wir dieselbe Betrachtung, welche wir in der Ebene mit der Hülfsgeraden anstellten, auf den dreidimensionalen Raum übertragen, wo wir es mit einer „Hülfsebene" A, B, C zu tun haben, durch deren Lage an jeder Stelle der x-Axe die Intensität der elasti

— 404 —

...chen Kraft bestimmt ist.

Die Gleichung lautet für n = 5:
$$\frac{d^2y}{dx^2} = (Ax^2 + Bx + C)\cdot y.$$

Wir gehen nun in einen R_3 mit den Coordinaten ξ, η, ζ, indem wir setzen
$$\xi = x^2, \quad \eta = x, \quad \zeta = y.$$

Durch $\xi = x^2$, $\eta = x$, ist in der $\xi\eta$-Ebene eine Parabel vorgestellt, welche jetzt an Stelle der x-Axe tritt. Nehmen wir die dritte Coordinate ζ hinzu, so erhalten wir einen verticalen parabolischen Cylinder, auf welchem die x-Axe durch den Schnitt mit einer horizontalen Ebene vorgestellt wird. Auf diesem Cylinder, den wir uns geradezu als eine parabolische

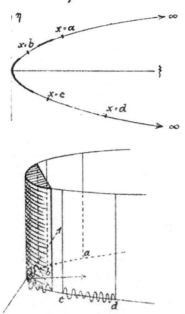

zusammengebogene xy-Ebene vorstellen können, haben wir nun genau ebenso zu operieren wie früher in der xy-Ebene. Irgend eine Lösung y der Differentialgleichung wird sich als eine Curve auf dem Cylinder darstellen, die in bestimmter Weise um die horizontale Parabel auf- und ab-oscilliert (vergl. die Figur).

Wie früher die Gerade $y = Ax + B$, so gibt jetzt die Ebene $z = Ax + By + C$ oder vielmehr deren Schnittcurve mit dem Cylinder durch ihre Erhebung über die Parabel $y = 0$ die Größe der elastischen Kraft an, welche an einer Stelle der x-Axe herrscht. Man wird nun fragen:

Was ist die Umhüllungsfläche der ∞^2 Hülfsebenen, welche bewirken, dass für ein einzelnes gegebenes Segment eine bestimmte Vorstellungsbedingung befriedigt wird?

Es wird dann darauf ankommen, einzusehen, dass drei beliebige Hülfflächen der genannten Art, welche sich auf drei getrennte Segmente beziehen, eine und nur eine gemeinsame Tangentialebene haben.

Wir denken uns die beiden Enden des Segments auf der Parabel, für welches eine

— 406. —

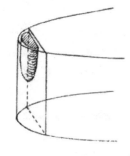

Oscillationsbedingung gegeben ist, durch eine gerade Linie verbunden. Errichten wir nun über dieser Geraden eine zur ξ-Axe parallele Ebene, so wird dieselbe von dem parabolischen Cylin,
der ein verticales Segment abschneiden. Phy, sikalische Überlegungen führen nun sofort zu dem Satze:

Irgend zwei Ebenen, welche für unser Seg, ment dieselbe Oscillationsbedingung liefern, müssen sich innerhalb unseres Cylindersey, mentes schneiden.

Dann folgt aber, dass die Hüllfläche der Ebe, nen vollständig in dem Cylindersegment lie, gen muss, und zwar so, dass sie durchweg convex von oben (wie in der Figur) oder von unten in das Segment wie ein Sack hineinhängt, indem sie sich im Unend, lichen den Wandungen des Segmentes asymptotisch nähert.

Wenn man nun diese Hüllflächen über irgend drei aneinanderliegenden Seg, menten construiert, so ist er infolge der geschilderten gestaltlichen Verhältnisse klar, daß die Hüllflächen nur eine einzige gemeinsame Tangentialebene besitzen, daß also das Oscillationstheorem für $n=5$ richtig ist.

Für $n>5$ müßte man, um die entsprechenden geometrischen Überlegungen durchzuführen, in Räumen von 4, 5 und mehr Dimensionen operieren. Da aber die beweisende Kraft unserer geometrischen Überlegung wesentlich darin liegt, daß wir die Figuren wirklich klar vor Augen sehen, was bei höheren Räumen versagt, so wollen wir die Frage der Ausdehnbarkeit des Oscillationstheorems auf $n>4$ lieber noch offen lassen.

Es bliebe zu überlegen, ob die bisher in Ebene und Raum gegebenen Constructionen sich analytisch so formulieren lassen, daß der Beweis ohne wesentliche Abänderung für beliebig große Werte von n gegeben werden kann.

Seine Stütze findet das Oscillationstheorem für größere n jedenfalls in den Sätzen, welche über die Lamé'schen Polynome für größere

— 405. —

n bekannt sind.

Gehen wir nämlich von der Frage aus, ob wir die Parameter $A, B, \ldots L$ so einrichten können, daß eine Lösung der Differentialgleichung die Gestalt hat:

$$y = (x-a)^{\frac{\varepsilon}{2}} (x-b)^{\frac{\varepsilon'}{2}} \ldots (x-m)^{\frac{\varepsilon^{(n)}}{2}} \cdot \mathcal{E}_k(x)$$

worin $\mathcal{E}_k(x)$ ein Polynom k ten Grades bedeuten soll, so führt das auf die Theorie der Lamé'schen Polynome zurück, insofern das einzelne $\mathcal{E}_k$ eine Differentialgleichung befriedigt, welche bei $a, b, \ldots m$ je nach dem Werte der zugehörigen ε die Exponenten $\pm \frac{1}{2}$ und 0 hat. Man findet also auf algebraischem Wege, daß dies in der Tat möglich ist, und zwar für jede der 2^{n-1} verschiedenen möglichen Verteilungen über die $\varepsilon, \varepsilon', \ldots \varepsilon^{(n)}$ bei gegebenem k auf

$$K = \frac{(k+1)(k+2)\ldots(k+n-3)}{1 \cdot 2 \ldots (n-3)}$$

verschiedene Weisen.

Dabei stellt sich heraus, daß von den K Polynomen $\mathcal{E}_k$ einer Typus ein jeder lauter reelle Wurzeln hat, welche sämtlich in den inneren Intervallen verteilt liegen, bei jedem Polynom auf andere Weise.

Geben wir also die Anzahl der Wurzeln eines Polynoms ξ_k, die Verteilung derselben auf die Intervalle ab bis lm und die $\xi, \xi' \ldots \xi^{(u)}$ an, so ist dadurch die Differentialgleichung vollständig festgelegt. Wenn wir aber die Verteilung der Wurzeln auf die Intervalle ab bis lm angeben, so heisst das doch nichts anderes, als dass wir für jedes dieser Intervalle die Oscillationszahl einer Lösung in ihrem ganzzahligen Teile festlegen, worauf die Angabe der $\xi, \xi' \ldots \xi^{(u)}$ darüber verfügt, ob das betr. y an den einzelnen Punkten a, b, ... m die eine oder die andere Fundamentallösung vorstellen soll. Also:
Die verschiedenen y, welche wir bei unserm Ansatz gewinnen, befriedigen jedes in den n−2 inneren Intervallen eine Reihe specifischer Oscillationsbedingungen. Nehmen wir an, dass das Oscillationstheorem richtig ist, so können wir von vornherein sagen, dass es ein und nur ein y gibt, welches eine solche specifische Reihe von Oscillationsbedingungen befriedigt.
Das Zweite wäre, dass wir jetzt einfach schliessen, unser y hat die Gestalt:

$$(x-a)^{\frac{\varepsilon}{2}} \cdot (x-b)^{\frac{\varepsilon'}{2}} \cdots (x-m)^{\frac{\varepsilon^{(m)}}{2}} \; \mathfrak{E}_k(x),$$

wo $\mathfrak{E}_k(x)$ ein Polynom von einem noch unbekannten Grade ist.

$\mathfrak{E}(x)$ ist nämlich notwendig in der ganzen x-Ebene im Endlichen unverzweigt und endlich und besitzt auch im Unendlichen keinen wesentlich singulären Punkt. Ob aber der Grad k genau gleich der Anzahl der durch die Oscillationsbedingungen vorgegebenen reellen 0-Stellen ist, oder ob y noch weitere reelle oder complexe 0-Stellen besitzt, das bleibt vorderhand noch fraglich.

Drittens zeigen wir durch Construction der Polygone in der y-Ebene, daß der Grad k der Polynoms $\mathfrak{E}$ einfach gleich der Zahl der in den inneren Intervallen vorgeschriebenen reellen 0-Stellen ist.

In dem Umstande, daß die so geordnete Überlegung zu der nämlichen Theorie der Lamé'schen Polynome hinführt, die wir von dem algebraischen Ausgangspunkt her kennen, liegt eine Bestätigung des Oscillationstheorems auch für größere Werte von n.

Hier ist's, war ich heute unter (A) noch über den Fall von n singulären Punkten

— 411. —

vortragen wollte.

B. Wir erinnerten schon früher daran, daß man die gewöhnliche Lamé'sche Gleichung des Falles n = 4 als Grenzfall der sog. <u>allgemeinen Lamé'schen Gleichung</u>

$$\begin{array}{ccccc} \frac{1}{2} & \frac{1}{2} & \frac{1}{2} & 2k+\frac{1}{2} & \\ a & b & c & \alpha & \\ \frac{1}{2} & \frac{1}{2} & \frac{1}{2} & \frac{1}{2} & \frac{1}{2} \\ a & b & c & d' & d'' \end{array}$$

ansehen kann, indem man den singulären Punkt $d = \infty$ mit der von $\frac{1}{2}$ verschiedenen Exponentendifferenz $2k + \frac{1}{2}$ in zwei Punkte d' und d'' mit den Exponentendifferenzen $\frac{1}{2}$ auflöst.

Umgekehrt kann man durch weiteres Zusammenrückenlassen von Verzweigungspunkten die übrigen Funktionen der mathematischen Physik, Kugelfunktionen, Bessel'sche Funktionen u. s. w. entstehen lassen, wie wir ebenfalls schon damals hervorgehoben haben.

Ob das Oscillationstheorem für die allgemeine Lamé'sche Gleichung einerseits und für ihre sämtlichen Specialisirungen andererseits noch gültig bleibt, das ist die Frage, welche Böcher in seinen

Buche ausführlich untersucht.
Bei diesem Ansatze kommt die Theorie der Lamé'schen Polynome, die uns sonst ein willkommener Vergleichungspunkt ist, ganz in Wegfall, und er ist eben darum früher, wo man nur von der Theorie der Lamé'schen Polynome ausging und deren Realitätstheoreme suchte, über die hier vorliegende Fragestellung auch nicht vorbereitend gearbeitet worden.

No. a. 23. Juli 1897.] Die allgemeine Lamé'sche Gleichung, welche das Schema hat:

$$\frac{1}{2}, 0 \quad \frac{1}{2}, 0 \quad \frac{1}{2}, 0 \quad \frac{1}{2}, 0 \quad \frac{1}{2}, \infty$$

schreibt sich, wie wir vor Pfingsten gesehen haben, am bequemsten in homogener Form:

$$(\vec{\pi}, \varphi)_2^5 + (\vec{\pi}, \chi)_0 = 0,$$

worin $\varphi = (x\,a)(x\,b)(x\,c)(x\,d)(x\,e)$ und χ eine beliebige Linearform ist, deren beiden Koefficienten die accessorischen Parameter der Gleichung sind.

Für die Zwecke unserer geometrisch-physikalischen Betrachtungen müssen wir uns aber doch entschliessen, die Differentialglei-

chung in unhomogene Gestalt umzurech_
nen. Wir bekommen, indem wir mit f
das Produkt
$$f = (x-a)(x-b)(x-c)(x-d)(x-e)$$
bezeichnen, die Gleichung

$$f \cdot \frac{d^2y}{dx^2} + \tfrac{1}{2} f' \frac{dy}{dx} + \tfrac{1}{64} f'' \cdot y = \frac{Ax + B}{4} \cdot y.$$

Dabei ist im Unendlichen ein unwesentlicher
singulärer Punkt eingeführt, d.h.
ein solcher, der bei Bildung der Quotienten
y herausfällt, mit den Exponenten $\rho' = \tfrac{5}{4}$,
$\rho'' = \tfrac{7}{4}$.

Wir führen nun analog dem Verfahren bei
der gewöhnlichen Lamé'schen Gleichung eine
neue unabhängige Veränderliche t ein
durch das hyperelliptische Integral

$$t = \int \frac{dx}{2\sqrt{(x-a)(x-b)(x-c)(x-d)(x-e)}},$$

welches allerdings bei $x = \infty$ noch einen für
unsere Zwecke überflüssigen Verzweigungs_
punkt besitzt.

Auf der Riemann'schen Fläche des
Integrals ist unsere Differentialgleichung

unverzweigt. — der Punkt ∞ stört dabei nicht.
Wir bekommen die Formel:
$$\frac{d^2y}{dt^2} = \left(-\frac{1}{16} f''(x) + Ax + B\right) \cdot y.$$

Man sieht, daß hier im Coefficienten von y nicht nur die beiden noch festzulegenden accessorischen Parameter vorkommen, sondern außerdem noch ein Ausdruck dritter Ordnung $-\frac{1}{16} f''(x)$, entsprechend der singulären Stellung der unendlich-fernen Punkte auf der Riemann'schen Fläche sowohl wie bei unserer nichthomogenen Schreibweise.

Deutet man also wieder A und B als Coordinaten einer „Hülfsgeraden"
$y = Ax + B$, so geben die Ordinaten dieser Geraden noch nicht ohne weiteres den Coefficienten der elastischen Kraft an jeder Stelle x an, sondern:

Man bekommt den Coefficienten der elastischen Kraft an irgend einer Stelle, indem man die Ordinaten der Hülfsgeraden um die Ordinaten einer festen Curve dritter Ordnung $y = \frac{1}{16} f''(x)$ vermindert.

– 415. –

In den In-
tervallen, wo
t reell ist,
wird also
Anziehung
herrschen,
wenn die
Hülfsgerade
unterhalb
der festen Cur-

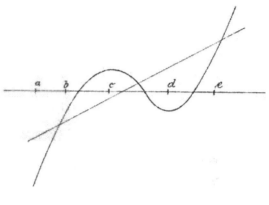

ve dritter Ordnung liegt, Abstossung, wenn
sie oberhalb liegt; umgekehrt in den Intervallen, wo t imaginär ist und als reelle
Zeit daher i t zu benutzen ist.
 Diese Modifikation der mechanischen
Bedeutung der Hülfsgeraden hindert aber
offenbar nicht, genau dieselben Fragen und
Ansätze wie früher durchzuführen.
 Indem man die Hülfsgerade als beweglich ansieht, und die Enveloppen in Betracht zieht, welche sie umhüllt, wenn man
in irgend einem Segment eine bestimmte
Oscillationsbedingung vorschreibt, beweist
man ganz in früherer Weise in dem früheren Umfang das Oscillationstheorem.

Nun will ich nur auf eine einzige Frage dabei eingehen:

Was wird aus unserer Theorie der Lamé'schen Polynome?

Wenn wir die Lamé'schen Polynome von dem algebraischen Standpunkte aus, wie früher, definieren wollen, indem wir nach Polynomen $E_k(x)$ fragen von der Eigenschaft, daß

$$y = (x-a)^{\frac{\varepsilon}{2}} (x-b)^{\frac{\varepsilon'}{2}} (x-c)^{\frac{\varepsilon''}{2}} E_k(x)$$

einer Differentialgleichung von der vorausgesetzten Form mit speziellen Werten A, B genügt, so müssen wir sofort sagen, daß es im Fall der allgemeinen Lamé'schen Gleichung solche Polynome nicht geben kann. Denn bei $x = \infty$ hätte ein solches y den Exponenten $k + \frac{\varepsilon + \varepsilon' + \varepsilon''}{2}$, während doch unsere Differentialgleichung dort nur die beiden Exponenten $5/4$ und $1/4$ hat, was miteinander unverträglich ist. Also:

Der gewöhnliche algebraische Ansatz aus der Theorie der Lamé'schen Polynome wird hier gegenstandslos.

Um so erfreulicher ist es, daß der Crolllationsansatz sich auf die allgemeine Lamé'sche Gleichung übertragen läßt und bei ihr, natürlich nicht zu Polynomen, aber doch zu solchen Funktionen führt, die man als Verallgemei‑nerung der Lamé'schen Polynome zu betrach‑ten hat.

Wir sind nämlich vom Oscillationstheorem aus zu den Lamé'schen Polynomen gekommen, indem wir verlangten, es sollten die Parameter R und $\mathfrak{F}$ so bestimmt werden, daß eine Parti‑cularlösung y an der Stelle a sich verhiel‑te wie $(x-a)^{\frac{\varepsilon}{2}}$, bei b wie $(x-b)^{\frac{\varepsilon'}{2}}$, bei c wie $(x-c)^{\frac{\varepsilon''}{2}}$, und daß sie im In‑tervall ab m Nullstellen, im Intervall bc n Nullstellen besitzen sollte. Ich will kurz sagen, durch die Oscillationsbedingung
$$[\varepsilon, \varepsilon', \varepsilon''; m, n].$$

Dieselbe Forderung können wir nach dem Oscillationstheorem auch bei der allgemeinen Lamé'schen Gleichung stellen. Es ergiebt sich dann:

<u>Durch die Forderung, daß eine Particularlö‑sung y von diesem Verhalten existieren soll, sind die accessorischen Parameter R, $\mathfrak{F}$ der</u>

— 418. —

Differentialgleichung sowie die zugehörige Particularlösung y_1 (letztere natürlich von einem constanten Factor abgesehen) eindeutig festgelegt.

Wir könnten auch hier
$$y_1 = (x-a)^{\frac{1}{2}} \cdot (x-b)^{\frac{1}{2}} \cdot (x-c)^{\frac{1}{2}} \cdot \mathfrak{E}(x)$$
setzen, doch ist dann $\mathfrak{E}(x)$ kein Polynom mehr, sondern ein bei a, b, c allerdings unverzweigter, bei d und e jedoch noch verzweigter Functionszweig.

Wir wollen nun über die Natur der Function y sowie der zugehörigen Differentialgleichung Näheres erfahren.

Um uns über die Natur der festgelegten Differentialgleichung klar zu werden, versuchen wir das Polygon in der y-Ebene zu construiren, also ein Kreisbogenfünfeck mit fünf rechten Winkeln.

Die Particularlösung y_1 ist nach unserer Forderung für jeden der drei Punkte a, b, c gleichzeitig eine Fundamentallösung. Daraus folgt nach dem auf S. 301 ff. bewiesenen allgemeinen Satze:

Wählen wir speciell $y = \frac{y_2}{y_1}$, wo y_2 die Particularlösung ist, die unseren Oscillationsbe-

— 419 —

dingungen genügt, dann werden die 4 Seiten da, ab, bc, cd unseres Fünfecks geradlinig werden.

Wenn speciell alle E - O sind, auf welchen Fall wir unsere Überlegungen vorzugsweise exemplificieren wollen, so liegen alle Ecken im Endlichen. Der Bereich wird also etwa in nebenstehende

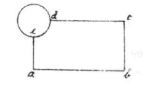

Figur einzuhängen sein, und zwar so, daß die Seite ab m-mal, die Seite bc n-mal durchs Unendliche zieht.

Um zu sehen, wie wir diese Einhängung vorzunehmen haben, und um zugleich den stetigen Zusammenhang unserer jetzigen Functionen mit denen der gewöhnlichen Lamé'schen Fälle zu verstehen, werde das y - Viereck hergestellt, welches bei der gewöhnlichen Lamé'schen Gleichung derselben Oscillationsbedingung etwa für

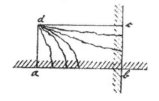

m = 3, n = 2 entspricht. Dort hatten wir von der Ecke d aus nach ab m (5) Halbebenen,

— 420. —

nach bc n (2) Halbebenen polar einzuhängen. Jetzt aber ist die Ecke d durch den die Ecke abschneidenden Kreisbogen de ersetzt. Unsere Verzweigungsschnitte werden also

jetzt von der Seite ab bezw. bc nach der Seite de hinlaufen. [Nicht nach den Winkeln d oder e, da ja diese $=\frac{1}{2}\pi$ bleiben sollen.]

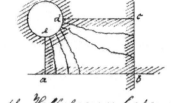

Anstatt Halbebenen haben wir jetzt Flächen einzuhängen, welche aus den früheren Halbebenen entstehen, indem man das Innere der Kreislinie de herausschneidet, wir wollen ein solches Flächenstück allgemein einen „Kreisring" nennen.

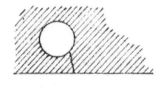

Wir bekommen also das Polygon der y-Ebene, wenn wir an das gezeichnete aus dem Rechteck entstandene 5-Eck m Kreisringe von de nach ab und n Kreisringe von de nach bc einhängen.

Wir sehen dann weiter aus der Figur: Während früher der singuläre Punkt d den Winkel $(2m + 2n + \frac{1}{2})\pi$ bekam, bekommt jetzt die Kreisbogenseite de die elliptische Amplitude $(2m + 2n + \frac{1}{2})\pi$. Ferner aber:

Die Seiten cd und ae haben rein imaginäre, d. h. hyperbolische Amplituden.

Denn die Nachbarkreise ed und bc bezw. ed und ab schneiden sich nicht.

Übertragen wir dies auf die Fälle beliebiger $\mathcal{E}$, so erhalten wir den allgemeinen Satz:

Wenn wir in der allgemeinen Lamé'schen Gleichung die beiden akzessorischen Parameter A, B durch die Oscillationsbedingung $[\mathcal{E}, \mathcal{E}', \mathcal{E}''; m, n]$ festlegen, so bekommen wir für die beiden Intervalle ac und cd hyperbolische Amplituden, welche bis auf einen reellen Bestandteil $\mathcal{E}''\pi$ bezw. $\mathcal{E}''\pi$ rein imaginär sind, für das fünfte Intervall de aber eine elliptische Amplitude von dem Betrag $(2m + 2n + \mathcal{E} + \mathcal{E}' + \mathcal{E}'' + \frac{1}{2})\pi$.

Bei den Dreiecken konnten wir uns zum Beweise solcher Sätze auf eine ausgebildete Theorie, die sphärische Trigonometrie, stützen. Offenbar sollten wir, um Differentialgleichungen mit 4, 5 und mehr singulären Punkten zu behandeln, eine allgemeine Polygonometrie der Kreisbogenvielecke besitzen, ganz entsprechend der Trigonometrie, die wir im vorigen Winter betrachteten.

Die Lehren dieser Polygonometrieen wären dann bei der Discussion der einzelnen Differentialgleichungen heranzuziehen. Was wir bei der Hermite'schen Gleichung und nun bei der allgemeinen Lamé'schen Gleichung mit den Polygonen gemacht haben, das sind besonders einfache Fälle einer derartigen allgemeinen Discussion. Ich habe bereits oben (p.) die wenige Literatur genannt, welche wir bis jetzt in Rücksicht auf die hier postulierten allgemeinen Polygonometrie besitzen.

Veränderliche Exponenten.

[d. 24. Juli 1894.] Heute wollen wir nun einen Blick darauf werfen, was aus dem Oscillationstheorem wird, wenn wir α, β, γ allgemeine Werte, die von $\frac{1}{2}$ verschieden sind, zuerteilen — um uns auf den Fall von 4 singulären Punkten zu beschränken —.

Es mögen also a, b, c die Exponenten $\alpha, 0$; $\beta, 0$; $\gamma, 0$ haben, wobei wir α, β, γ jedenfalls als positive Größen annehmen wollen, pour fixer les idées, während der vierte singuläre Punkt, d mit beliebiger Exponentendifferenz im Unendlichen liegen mag. Ganzzahlige Werte der α, β, γ schließen wir der Kürze halber aus.

Die Differentialgleichung hat dann die Gestalt:
$$\frac{d^2y}{dx^2} + \left(\frac{1-\alpha}{x-a} + \frac{1-\beta}{x-b} + \frac{1-\gamma}{x-c}\right)\frac{dy}{dx} = \frac{Ax+B}{4(x-a)(x-b)(x-c)} y$$

Unsere Aufgabe möge dahin begrenzt werden, die früheren Angaben über Lamé'sche Polynome bei veränderlichen α, β, γ mit unsern Oscillationsbetrachtungen in Verbindung zu setzen.

Wir fragen also, ob wir den Parameter A, welcher die Exponenten der unendlich-fernen Punkte bestimmt, und den accessorischen Parameter B in der Differentialgleichung so festlegen können, daß eine Particularlösung der Differentialgleichung in der Form enthalten ist:
$$y_1 = (x-a)^{\varepsilon\alpha}(x-b)^{\varepsilon'\beta}(x-c)^{\varepsilon''\gamma} \cdot \mathcal{E}_\kappa(x),$$

unter $\varepsilon, \varepsilon', \varepsilon''$ wie früher die Zahlen 0 oder 1 und unter $\mathcal{E}_\kappa(x)$ ein Polynom verstanden.

Da η, Lösung einer Differentialgleichung mit den Exponenten $\alpha, 0;\ \beta, 0;\ \gamma, 0$ bei a, b, c ist, ist $E_\kappa(x)$ Lösung einer andern Differentialgleichung mit den Exponenten $\pm\alpha, 0;\ \pm\beta, 0;\ \pm\gamma, 0$, wobei $+$ oder $-$ zu setzen ist, je nachdem das betreffende $\varepsilon \cdot 0$ oder $= 1$ ist, und zwar gehört $E_\kappa(x)$ als Lösung dieser Differentialgleichung bei jedem der Punkte a, b, c gleichzeitig zum Exponenten 0.

In dieser letzten Weise, als Lösung einer Differentialgleichung, bei der immer der eine Exponent je eines Punktes verschwindet, der andere aber beliebig positiv oder negativ sein darf, haben wir das Lamé'sche Polynom bereits früher vermittelst der Normalform von Waelsch definiert.

Das E_κ, welches früher zu einem positiven Exponenten $+\alpha$ gehörte, erhalten wir jetzt, wenn wir $\varepsilon = 0$ nehmen, das E_κ aber, welches zu dem negativen Exponenten $-\alpha$ gehörte, bekommen wir aus unserer Differentialgleichung, indem wir $\varepsilon = 1$ nehmen.

Was für Realitätstheoreme lassen sich nun über die so eingeführten $E_\kappa(x)$ aussagen?

Wir entnehmen unseren früheren Entwicklungen die folgenden Sätze.

– 425. –

Im Falle negativer Exponenten sind alle ε_κ reell und einzeln durch die Verteilung ihrer Wurzeln auf die Intervalle ab, bc charakterisiert. Dasselbe gilt für positive Exponenten, die unterhalb 1 bleiben.

Werden aber die Exponenten > 1, so treten Fallunterscheidungen auf, und es sind dann die $\varepsilon_\kappa(x)$ jedenfalls nicht immer durch ihre Wurzelverteilung in den Intervallen ab, bc eindeutig charakterisiert.

Daraus folgt, wenn wir an die Differentialgleichung der vorigen Seite anknüpfen und eine Oscillationsbedingung $[\delta, \delta', \delta''; m, n]$ vorgeben:

1. Wenn $\delta \cdot \delta' \cdot \delta'' = 1$ ist, dann sind die $\varepsilon_\kappa(x)$ immer eindeutig bestimmt.
Denn dann genügt $\varepsilon_\kappa(x)$ einer Differentialgleichung, welche in a, b, c neben $0, 0, 0$ die negativen Exponenten $-\alpha, -\beta, -\gamma$ aufweist.

2. Wenn irgend ein $\delta = 0$, die zugehörige Exponentendifferenz α aber < 1 ist, dann sind die ε_κ ebenfalls eindeutig bestimmt.

3. Wenn ein $\delta = 0$ und $\alpha > 1$ ist, dann ist es noch zweifelhaft, ob eindeutige Bestimmtheit vorliegt oder nicht.

Wir bekommen in dem letzteren Falle, wenn $n=3$, nicht $=4$ ist, die Regel:

Wenn nur 3 Verzweigungspunkte vorliegen, so können wir die zweifelhaften Fälle genau einteilen: Wenn nämlich die Zahl der e-Stellen, die im Intervall vorgeschrieben wird, $=2$ ist, dann ist alles bestimmt, wenn sie aber <2 ist, so liegen wirklich verschiedene Möglichkeiten vor. (vergl. S. 234).

Ich streife aber diesen Fall von 3 Verzweigungspunkten, wo alles vollständig durchführbar ist, nur beiläufig; im wesentlichen bleiben wir bei $n=4$.

Die genannten Oscillationssätze folgen aus der Theorie der Lamé'schen Polynome. Die Aufgabe müsste sein, sie durch direkte mechanisch-physikalische Betrachtungen aus der Differentialgleichung selbst herauszubringen.

Das Resultat muss sein, dass für $\varepsilon=1$ und für $\varepsilon=0$ mit $\alpha<1$ die alten mechanischen Betrachtungen in der Hauptsache gültig bleiben, während bei $\varepsilon=1$ und $\alpha>1$ irgend etwas sich wesentlich ändern wird.

Wir setzen, um das Glied mit y' wegzu-

schaffen:
$$t = \tfrac{1}{2}\int (x-a)^{\alpha-1}(x-b)^{\beta-1}(x-c)^{\gamma-1}\,dx.$$

Die Variable t bildet dann die positive Halbebene x auf ein geradliniges Viereck mit den drei Winkeln $\alpha\pi, \beta\pi, \gamma\pi$ ab, welche alle 3 im Endlichen liegen, wenn α, β, γ sämtlich positiv sind, wie wir voraussetzen.

Erstrecken wir das Integral etwa vom Werte $x=a$ an und multiplicieren dasselbe noch mit einer passenden Einheitswurzel, so können wir bewirken, daß durch das so modificierte Integral, welches wir t nennen wollen, speciell das Stück ab der reellen Axe in der x-Ebene als Stück der reellen Axe in der t-Ebene abgebildet wird: sodaß wir im Intervall ab direct das so definierte t als Zeit deuten können. Die Differentialgleichung rechnet sich um:
$$\frac{d^2y}{dt^2} = (Ax+B)(x-a)^{1-2\alpha}(x-b)^{1-2\beta}(x-c)^{1-2\gamma}\cdot y.$$

Unsere Differentialgleichung hat also nicht ganz die frühere einfache Gestalt, sondern es treten noch „störende Faktoren" hinzu, welche bei $x = a, b, c$ verschwinden oder ∞ werden, je nachdem $\alpha, \beta, \gamma < \frac{1}{2}$ oder $> \frac{1}{2}$ sind.

Ich sage da zunächst:

Wenn wir die Segmente, für welche die Oszillationsbedingungen vorgeschrieben werden, nicht bis an die singulären Punkte heranerstrecken, dann kommen die störenden Faktoren kaum in Betracht, und das Oszillationstheorem gilt wie früher.

Für die Lamé'schen Polynome ist es aber gerade wesentlich, daß die Segmente bis an die Grenzen der Intervalle herangezogen werden. Wie modifizieren sich da die mechanischen Überlegungen?

Die Grenzbedingungen $\varepsilon = 1$ oder $\varepsilon = 0$ der Lamé'schen Polynome kommen darauf hinaus, daß y an der Stelle a entweder die erste oder die zweite Fundamentallösung des betreffenden Punktes sein soll, welche ja die Gestalt haben:

$$y_1 = (x-a)^\alpha \mathfrak{P}_1(x-a), \quad (\text{entspr. } \varepsilon = 1)$$

$$y_2 = \qquad\qquad \mathfrak{P}_2(x-a), \quad (\;\;\;''\;\;\; \varepsilon = 0)$$

Nun hat $x - a$ als Funktion von t, wenn wir etwa die Integration bei t von a aus

— 429. —

beginnen lassen, eine Entwicklung:
$$x - a = t^{\frac{z}{2}} \mathfrak{P}(t^{\frac{z}{2}}).$$

Das giebt für y_1, y_2 als Functionen von t Entwicklungen folgender Art:

$\varepsilon = 1 \quad y_1 = t \cdot \mathfrak{P}_1'(t^{\frac{z}{2}}), \quad y_1' = \mathfrak{P}_1''(t^{\frac{z}{2}});$

$\varepsilon = 0 \quad y_2 = \mathfrak{P}_2(t^{\frac{z}{2}}), \quad y_2' = t^{\frac{z}{2}-1} \mathfrak{P}_2'(t^{\frac{z}{2}}).$

Wie verhalten sich nun die beiden Particularlösungen auf Grund dieser Formeln jede beim Zuschreiten auf die Grenze $x = a$, d. h. $t = 0$?

Diese Particularlösung, welche durch $\varepsilon = 1$ characterisiert ist, hat in allen Fällen die Eigenschaft, für $t = 0$ zu verschwinden und einen endlichen

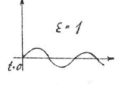

von 0 verschiedenen Differentialquotienten zu besitzen.

Die Curve y_1 endigt also bei $t = 0$ immer so, wie in vorstehender Figur angegeben.

Anders bei y_2, d. h. wenn $\varepsilon = 0$ vorgeschrieben ist:

Was die Bedingung $\varepsilon = 0$ angeht, so ist das zugehörige y_2 für $t = 0$ allerdings immer end-

lich, sein Differentialquotient
auch. Er ist aber 0 oder ∞,
je nachdem α < 1 oder α > 1
ist.

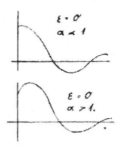

Wir werden folgender-
massen sagen können:
Wenn α < 1 ist, so ist
das Verhalten der beiden
Particularlösungen bei
t = 0 genau dasselbe, wie wir es bei unserer
physikalischen Formulierung gebrauchen.

Wenn aber α > 1 ist, dann hat nur noch das
y_1 den früheren Charakter, das y_2 hat einen
ganz anderen Charakter: es hat bei endlichem Wert der Funktion einen unendlichen
Wert des Differentialquotienten.

Von da aus haben wir nun das Resultat:
In Übereinstimmung mit dem, was wir von
den Lamé'schen Polynomen wissen, läßt sich
im Falle ε = 1 für beliebige Werte der α die physikalische Betrachtung ansetzen, und ohne
daß wir im Augenblick die Rolle der störenden Faktoren ganz übersehen können, erscheint es doch von vornherein sehr wahrscheinlich, daß das Oscillationstheorem

bestehen bleibt.

Wenn wir aber $b = 0$ geben, so gilt das hiermit Gesagte nur für $\alpha < 1$. Bei $\alpha > 1$ tritt eine Grenzbedingung auf, die von der gewöhnlichen physikalischen Grenzbedingung ganz verschieden ist, und es folgt aus den physikalischen Betrachtungen keinerlei Grund, daß das Oscillationstheorem bestehen bleiben sollte. Die Stieltjes'sche Grenze ist also auch eine Grenze für die bisher aufgewandte mechanisch-physikalische Betrachtung. –

Damit schließe ich das ab, was ich über das Oscillationstheorem zu sagen hatte, obwohl noch wesentliche Desiderate übrig bleiben.

Erstens wünsche ich, daß man explicit zeigt, daß unterhalb der Stieltjes'schen Grenze trotz der störenden Faktoren das Oscillationstheorem wirklich bestehen bleibt, und zweitens, daß man doch auch die Fälle jenseits der Stieltjes'schen Grenze mechanisch-physikalisch auf ihre Bedeutung untersuchen soll.

Im allgemeinen aber habe ich den Eindruck, daß wir mit diesen Oscillationsbetrachtungen nur erst im Anfange einer Entwickelung

sehen, deren Richtung und allgemeine Trag,
weite ich im Augenblicke noch nicht über,
sehen lassen.

B. Von den automorphen Funktionen.

[Do. d. 26. Juli 1894.] Ich will die wenigen Tage des
Semesters, die uns noch übrig bleiben, dazu be,
nutzen, Ihnen einige besonders wichtige Grundbe,
griffe und Sätze der Theorie zu entwickeln, auf
welche ja meine jetzigen Vorlesungen durchaus
hinstreben, nämlich der Theorie der automor,
phen Funktionen.

In der Tat kann man die Theorie der eindeu,
tigen automorphen Funktionen unter einem
ganz ähnlichen Gesichtspunkt betrachten wie
das Oszillationstheorem, von dem wir seit Pfing,
sten gesprochen haben. Da war es doch so:

Dadurch, daß wir bestimmte Eigenschaften
beim einzelnen Polygon der $y = \frac{z_1}{z_2}$ - Ebene ver,
langten, haben wir die in der Differentialglei,
chung noch willkürlichen Parameter festgelegt.

Jetzt ist das Ziel dasselbe, nämlich die Para,
meter der Differentialgleichung durch ge,

wisse Eigenschaften der Integralfunktionen festzulegen. Aber wir achten jetzt nichtmehr auf das einzelne Polygon, auf das eine Halbebene, bezw. im unsymmetrischen Falle auf den einzelnen Fundamentalbereich, auf den die zerschnittene Vollebene oder Riemann'sche Fläche conform abgebildet wird; wir denken uns vielmehr unsere Function η durch Symmetrie bezw. durch die linearen Substitutionen der zum Bereich gehörigen Gruppe analytisch fortgesetzt, so weit als diese analytische Fortsetzung möglich ist. Wir bekommen so über der η-Ebene ein ganzes Netz von aneinander gelagerten Polygonen und Bereichen, und es ist der führende Gedanke jetzt der, daß wir diesem ganzen Netz von im Allgemeinen unbegrenzt vielen Polygonen oder Bereichen, d. h. der Gesamtheit der analytischen Fortsetzungen der η bestimmte Eigenschaften vorschreiben, um dadurch die Parameter der Differentialgleichung festzulegen. Und zwar werden wir vor Allem folgendes verlangen:

<u>Wir versuchen, die Parameter, welche wir in der Differentialgleichung haben, nach Möglichkeit so zu bestimmen, daß das η ein-deutig um-</u>

kehrbar wird.

Das heißt, wir werden zusehen, ob wir nicht erreichen können, daß x eine eindeutige Funktion von y ist, während ja y eine im Allgemeinen sehr vieldeutige Funktion von x ist, ähnlich wie in der Theorie der elliptischen Funktionen das überall endliche Integral u eine unendlich vieldeutige Funktion von x ist, x dagegen eine eindeutige Funktion von u. y wird dann also uniformierende Variable für die funktionelle Abhängigkeit zwischen x und y sein. Auf die Wichtigkeit dieser Frage nach der uniformierenden Variablen habe ich schon früher mehrfach hingewiesen, und wir werden dieselbe bald noch weiter hervorkehren.

Geometrisch bedeutet die gestellte Forderung der eindeutigen Umkehrbarkeit, <u>daß die Gesamtheit aller Bereiche, die durch analytische Fortsetzung aus dem Ausgangsbereiche entstehen, die Ebene y nirgends mehrfach überdecken soll.</u>

Jetzt wollen wir gleich in die Einzeldiskussion eintreten, indem wir zuerst einmal von dem Fall der Dreiecksfunktionen das rekapitulieren, was wir bereits am Ende

des Wintersemesters in der jetzt bezeichneten
Richtung kennen gelernt haben.

1.) Wir gingen davon aus, y als Function
von x und den Exponenten λ, μ, ν zu betrachten:
$$y(\lambda, \mu, \nu; x)$$
Wenn λ, μ, ν sämtlich reell sind, bildet
y die positive Halbebene x auf ein Kreisbo‌
gendreieck der y-Ebene mit den Winkeln
$\lambda\pi, \mu\pi, \nu\pi$ ab. Wir konnten jedes derartige
Dreieck wirklich zeichnen und hatten so
zugleich den Überblick über sämtliche y-Funk‌
tionen mit reellen Exponenten und eine
neue geometrische Begründung ihrer
Existenz.

Für complexe Werte von λ, μ, ν mußten
wir die Abbildung der ganzen x-Ebene, pas‌
send eingeschnitten gedacht, auf einen Fun‌
damentalbereich der y-Ebene in Betracht
ziehen. Freilich war es damals noch nicht
gelungen, einen solchen Bereich für jedes
beliebige Tripel complexer Zahlen λ, μ, ν
wirklich zu construieren. die Schilling'sche
Dissertation, an welche wir uns dabei anzu‌
schließen hatten, bot nur erst Ansätze. Ich
freue mich, mitteilen zu können, daß Schilling

diese Construction in den letzten Tagen voll‑
ständig durchgeführt hat, wie er uns vorge‑
stern in der mathematischen Gesellschaft
vortrug.

Bei unserer Frage nach der eindeutigen Um‑
kehrbarkeit der y‑Function kommen übrigens
nur reelle Exponentendifferenzen λ, μ, ν in Be‑
tracht, da in der Umgebung eines Punktes mit
complexer Exponentendifferenz λ nicht allein
y als Function von x, sondern auch x als Func‑
tion von y gewiss verzweigt, also nicht eindeu‑
tig ist.

Man findet im Falle der Dreiecksfunctio‑
nen als hinreichende und notwendige Bedin‑
gung für die eindeutige Umkehrbarkeit von
$y(\lambda, \mu, \nu; x)$ die, dass λ, μ, ν die reciproken
Werte ganzer reeller Zahlen sein müssen:

$$\lambda = \frac{1}{l}, \quad \mu = \frac{1}{m}, \quad \nu = \frac{1}{n}.$$

2) Wir müssen nun alle dieser Bedingung
genügenden y‑Functionen in 3 functionenthe‑
oretisch wesentlich unterschiedene Fälle ein‑
teilen, je nachdem

$\quad$ I) $\lambda + \mu + \nu > 1$
$\quad$ II) $\lambda + \mu + \nu = 1$
$\quad$ III) $\lambda + \mu + \nu < 1$

ist.

Im Falle I ergaben sich die Funktionen der regulären Körper. Die drei Ebenen, in denen die drei Kreisbogenseiten der y-Dreiecks liegen, schneiden sich im Innern der y-Kugel und sind, wenn man diesen Schnittpunkt zum Centrum der Kugel macht, Symmetrieebenen eines regulären Körpers. Die Vervielfältigung des Ausgangsdreiecks gibt nur eine endliche Zahl weiterer Dreiecke, welche die y-Kugel vollständig und schlicht überdecken. y ist infolgedessen eine algebraische Funktion von x, und x ist nicht nur eine eindeutige Funktion von y, wie wir verlangt haben, sondern geradezu eine rationale Funktion.

II) Ist $\lambda + \mu + \nu = 1$, so schneiden sich die Ebenen der drei Kreisbogenseiten auf der Kugel selbst. Projiziert man von diesem Punkte aus die Kugel stereographisch auf die Ebene, so erhält man eine Einteilung der ganzen Ebene in unendlich viele geradlinige Dreiecke, und zwar ist diese Einteilung so beschaffen, daß immer mehrere der Dreiecke zusammen ein Viereck bilden — z. B. in umstehender Figur je 4 schraffierte und 4

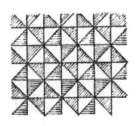 nichtschraffierte Dreiecke ein Quadrat – durch dessen Parallelverschiebung man die ganze Einteilung der Ebene erzeugen kann. Wir bekommen so eine Figur, die in demselben Sinne „doppelperiodisch" ist, wie die Parallelogrammeinteilung, die zu einer doppelperiodischen Funktion gehört.

Bei einer solchen doppelperiodischen Einteilung der Ebene spielt aber der Punkt $y = \infty$ eine besondere Rolle, wie man am besten sieht, wenn man die Einteilung wieder auf die Kugel überträgt.

Man erkennt, daß die einzelnen Parallelogramme und also auch die Dreiecke in der Umgebung des Punktes $y = \infty$ sich unendlich dicht häufen, indem sie ihm beliebig nahe kommen, ohne ihn doch jemals zu erreichen. Der Punkt $y = \infty$ ist, wie wir sagen, ein „Grenzpunkt" des Polygonnetzes. In dem Auftreten einer solchen Grenzpunktes liegt ein wesentlicher Gegensatz des Falles II gegenüber dem Falle I. Hierin liegt zugleich begründet, daß x als Funktion von y

zwar, wie verlangt, eindeutig ist, — wegen der
schlichten Aneinanderlagerung der Polygone —
nicht aber rational, sondern transcendent. Denn
bei rationalen Functionen könnten solche Grenzpunkte nicht auftreten. Und zwar ist x eine
eindeutige doppeltperiodische Function von
y, weil sich die Dreiecke in der oben geschilderten Weise zu Parallelogrammen zusammenordnen.

III.) Wenn $\lambda + \mu + \nu < 1$ ist, so liegt der Mittelpunkt des Kerns ausserhalb der Kugel. Construi-
ren wir von diesem Punkte aus den Berührungs-
kegel an die Kugel, so berührt derselbe die Kugel in einem Kreise, der von jeder der drei Kreislinien, welche das Dreieck begrenzen, orthogonal geschnitten wird. Wir nennen diesen Kreis
den „Hauptkreis". Also:

<u>Im vorliegenden Falle haben die drei Kreisbo-
genseiten einen reellen Orthogonalkreis, den
Hauptkreis. Dieser Hauptkreis ist zugleich
Grenzkreis für die conforme Abbildung.</u>
Denn bei jeder der Spiegelungen an einer der
drei Dreieckseiten geht er in sich selbst über,
und zwar immer sein Inneres in sein Inneres, sein Äusseres in sein Äusseres. Man kann

— 440. —

also, so oft man die Spiegelungen wiederholen mag, nie aus dem Hauptkreise herausgelangen. Wohl aber kann man, wie leicht zu beweisen ist, beliebig nahe an den Hauptkreis herankommen, nur werden die Dreiecke immer kleiner und immer zahlreicher, je mehr man sich dem Hauptkreis nähert.

Ein specieller Fall der Dreiecke des Falles III, die das Innere eines Hauptkreises in unendlicher Zahl durchaus schlicht, aber vollständig erfüllen, wird durch das Beispiel der elliptischen Modulfunction $\omega(\tau) = \eta(0,0,0;\tau)$ dargeboten. Die drei Winkel des Dreiecks sind hier = 0, und die Ecken desselben liegen in Folge dessen selbst auf dem Hauptkreis.

Es verdient noch Erwähnung, dass man sich die Figuren des Falles III auch geradlinig zeichnen kann, indem man sie von dem Mittelpunkt des Kerns auf irgend eine Ebene, z. B. auf die Polarebene, welche den Hauptkreis enthält, projicirt.

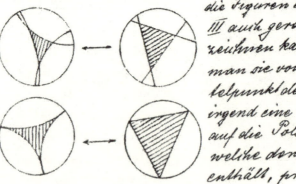

Die Spiegelung an einer der drei Seiten ist dann eine rein projective Construction, wodurch sich an das erste Dreieck ein zweites, ebenfalls geradliniges Dreieck anlagert, welches mit dem ersten genau symmetrisch-congruent ist, wenn man den Hauptkreis als Fundamentalkreis einer nicht-euklidischen Maßbestimmung zu Grunde legt.

Hierin tritt die Beziehung unserer linearen Substitutionsgruppe zur _nichteuklidischen Geometrie_ hervor, die wir ja ebenfalls bereits im Winter ausführlich besprochen haben.

Betrachten wir die Kugel der Variablen y als Fundamentalfläche einer nicht-euklidischen Maßbestimmung, so können wir alle linearen Transformationen der Variablen y einfach als Bewegungen des ganzen Raumes im Sinne dieser nichteuklidischen Maßbestimmung deuten. Bei jeder unserer drei Arten von Gruppen I, II, III bleibt dabei ein bestimmter Punkt des Raumes fest, nämlich der Schnittpunkt der Ebenen, in denen die drei Dreiecksseiten liegen. Wir haben es also im Sinne der nichteuklidischen Maßbestimmung mit bloßen Drehungen und Spiegelungen in dem Strahlen- und

Ebenenbündel zu tun, welches durch den festen Punkt geht. Übertragen wir nun die in diesem Strahlenbündel mit Beziehung auf die Kugel als Fundamentalfläche geltende Maßbestimmung auf die Kugel selbst, so erscheinen alle Dreiecke unserer Netze einander congruent bezw. symmetrisch congruent im Sinne dieser Maßbestimmung. Die letztere hat im Falle I elliptischen Charakter, im Falle II parabolischen und im Falle III hyperbolischen Charakter. Demgemäß gelten im Falle I die Formeln der gewöhnlichen sphärischen Trigonometrie, im Falle II die der gewöhnlichen ebenen Trigonometrie und im Falle III die der Gauß-Lobatscheffsky'schen Geometrie, der nichteuklidischen Geometrie im engeren Sinne.

Dabei ist unser Dreiecksnetz das übersichtlichste geometrische Bild der Monodromiegruppe der y-Funktion, d. h. der Gruppe linearer Substitutionen, welche ein Zweig y erfährt, wenn man x alle möglichen geschlossenen Umläufe in seiner Ebene ausführen läßt. Nämlich bei jedem solchen Umlauf geht y von einem Punkte einer scharf

fierten oder nicht-schraffierten Dreiecks in
den entsprechenden Punkt eines andern
schraffierten bezw. nichtschraffierten Dreiecks
über. Jeden solchen Übergang können wir
als eine Bewegung auffassen. Also:
Die Monodromiegruppe der Funktion $y(x)$ ist
dargestellt durch diejenige Gruppe ternärer Bewegungen, bei denen der Mittelpunkt unserer
Kern fest bleibt, und bei welcher die Gesamtheit unserer nebeneinanderliegenden abwechselnd invers und eigentlich congruenten
Dreiecke in sich übergeht.

So ist mit jeder unserer Funktionen $y(x)$ eine
ganz bestimmte discontinuierlichen Gruppe ternärer Bewegungen verknüpft, bei welcher
die Gesamtheit der in Betracht kommenden
Dreiecke in sich übergeht, und bei welcher
daher auch die Funktion $x(y)$ ungeändert
bleibt.

x bleibt also ungeändert, wenn man y
irgend einer Substitution $\frac{\alpha y + \beta}{\gamma y + \delta}$ dieser
Gruppe unterwirft; solche Funktionen,
welche bei einer Gruppe linearer Substitutionen, auf die Variable ausgeübt, immer
wieder dieselbe Gestalt, $\tau\,\eta\,\nu\,\alpha\,\dot{\nu}\,\tau\,\dot{\eta}\,\nu\,\mu\,o\rho\varphi\dot{\eta}\nu$,

annehmen, nennen wir „automorphe Functionen", also:

<u>In allen unsern Fällen ist x eine eindeutige automorphe Funktion von y.</u>

[Fr. d. 27. Juli 1894.] Nachdem wir gestern als erstes Beispiel der automorphen Functionen die Dreiecksfunctionen uns ins Gedächtnis zurückgerufen haben, wollen wir heute einige <u>weitere Beispiele automorpher Functionen</u> kennen lernen. Wir werden überhaupt zunächst das Ziel verfolgen, an solchen einzelnen Beispielen unsere Vorstellungskraft so zu üben, daß wir im Stande sind, an ihnen allgemeine Ideen uns zu bilden.

Wir sprechen heute zuerst von dem Beispiel der doppeltperiodischen Functionen, d. h. derjenigen Functionen von y, welche ungeändert bleiben, wenn man y einer Substitution der Gruppe

$$y' = y + m_1 \omega_1 + m_2 \omega_2$$

unterwirft, unter m_1, m_2 beliebige positive oder negative ganze Zahlen verstanden. Hier handelt es sich natürlich nur um eindeutige doppeltperiodische Functionen.

<u>Die eindeutigen doppeltperiodischen</u>

Funktionen sind ein neues Beispiel für den Begriff der automorphen Funktionen einer Variablen y.

Wir wollen dieses Beispiel näher mit dem gestern besprochenen Beispiel der Dreiecksfunktionen vergleichen. Bei den letzteren besteht der Fundamentalbereich in dem Viereck, welches man erhält, wenn man das der positiven Halbebene x entsprechende Kreisbogendreieck an

 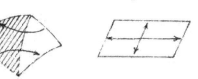

einer seiner Seiten spiegelt; das so entstehende Viereck ist dann insofern ein automorpher Fundamentalbereich, als seine 4 Kanten paarweise durch je eine lineare Substitution der Variablen y einander zugeordnet sind, und x ist eine automorphe Funktion dieses Fundamentalbereichs, weil es in entsprechenden Punkten der Ränder je dieselben Werte besitzt.

Bei den doppeltperiodischen Funktionen besteht dagegen der Fundamentalbereich aus einem Parallelogramm der y-Ebene, dessen gegenüberliegende Kanten je durch eine lineare Transformation, nämlich durch eine bloße Paral-

— 446 —

Lebverschiebung der Ebene einander zugeordnet sind, und eine automorphe Funktion des Bereichs ist dadurch charakterisiert, daß sie in Paaren einander entsprechender Randpunkte je dieselben Werte hat. In der Tat hat dies zur Folge, daß sie auch in jedem weiteren der Polygone, die sich vermöge der die Kanten zuammenord‌nenden Substitutionen neben der erste lagern, in entsprechenden Punkten genau dieselbe Wertverteilung aufweist.

Bei der Theorie der automorphen Funktionen handelt es sich allemal darum, einen Fundamentalbereich anzugeben, dessen Begrenzungslinien durch die erzeugenden Substitutionen der zugehörigen linearen Substitutionsgruppe paarweise zusammengeordnet sind. Dieser Fundamentalbereich besteht im Falle der Dreiecksfunktionen aus zwei zueinander symmetrischen Hälften. Es ist das aber an sich durchaus nicht nötig, wie das Beispiel der doppeltperiodischen Funktionen zeigt.

Hiermit hängt zusammen, daß die Begrenzungslinien der Fundamentalberühr nur im speciellen Fall vollkommen bestimmte Linien sind, nämlich die Kreisbogen, an denen gespiegelt werden soll, dass sie aber in dem allgemeineren Falle mannigfach abgeändert werden können.

Man kann nämlich bei unserem Parallelogramme an irgend einer Stelle des Randes ein Stück abtrennen, wenn man nur Sorge trägt, dasselbe an der entsprechenden Stelle der anderen Randlinie wieder anzutragen.

Ferner aber zeigt sich folgender wesentliche Unterschied der Dreiecksfunctionen und der doppeltperiodischen Functionen. Denken wir uns das Doppeldreieck im Sinn der analysis situs zusammengebogen und entsprechende Randstücke zusammengeheftet, so bekommen wir eine geschlossene räumliche Fläche, die wir durch continuirliche Deformation in eine Kugelfläche überführen können, d. h. eine Fläche vom Geschlechte $p = 0$. Biegen wir jedoch das Periodenparallelogramm der doppeltperiodischen Functionen in derselben Weise zusammen, so ergiebt sich zuerst ein röhrenartiges Gebilde, dann beim Zusammenheften der beiden noch freigebliebenen Enden eine Ringfläche vom Geschlechte $p = 1$. Also:

<u>Ein weiterer Unterschied der beiden Fälle ist der, daß der Fundamentalbereich bei den Dreiecken das Geschlecht 0, bei den doppeltperiodischen Funktionen das Geschlecht 1 besitzt.</u>

Dies hat für die zugehörigen automorphen Funktionen sofort eine durchschlagende funktionentheoretische Bedeutung.

Ich sage zunächst, daß wir allgemein einen solchen Fundamentalbereich, wie wir ihn betrachten, mit linear einander paarweise zugeordneten Kanten geradezu als einen in abstracto geschlossenen Bereich ansehen dürfen, indem wir entsprechende Punkte der Ränder als identisch nehmen, so daß ein Punkt, der an der einen Stelle aus dem Bereiche austritt, an der korrespondierenden Stelle in ihn wieder eintritt. Auf der so definierten geschlossenen Mannigfaltigkeit kann man dann in genau derselben Weise Funktionen betrachten wie auf einer auch räumlich geschlossenen Riemann'schen Fläche. Die auf diesem geschlossenen Fundamentalbereiche eindeutigen Funktionen sind dann eben die automorphen Funktionen der Fundamentalbereiche. Ihre Theorie ist dann, was ihre gegenseitigen Beziehungen angeht, genau dieselbe wie die der algebraischen Funktionen einer geschlossenen Riemann'schen Fläche, und sie hängt insbesondere in derselben Weise vom Geschlechte p der Fundamentalbereiche ab wie bei einer geschlossenen Riemann'schen Fläche. Hieraus ergeben sich sofort eine Reihe besonderer Sätze für die automorphen Funktionen des Doppeldreiecks wie für die des Periodenparallelogramms.

Für das Doppeldreieck existiert eine einfache, automorphe Funktion $x(\eta)$, welche jeden Wert im Fundamentalbereiche genau einmal annimmt, und welche deshalb den Fundamentalbereich auf eine vollständige x-Ebene conform abbildet.

Es ist das eben die Variable x, von der wir von Hause aus in der Differentialgleichung für η Gebrauch machen. Was wir neu hinzufügten, ist, daß die Existenz dieser Funktion x aus den Riemann'schen Existenzsätzen folgt, welche sich von den räumlich geschlossenen Riemann'schen Flächen ohne weiteres auch auf die nur in abstracto geschlossenen automorphen Fundamentalbereiche übertragen. Alle andern Funktionen, die auf dem geschlossen gedachten Fundamentalbereich eindeutig sind, sind rationale Funktionen von x [sofern wir das Auftreten wesentlicher Singularitäten im Fundamentalbereich ausschliessen, was hinfort immer geschehen soll.]

Im Falle der doppeltperiodischen Funktionen, nun wo das Geschlecht des Fundamentalbereichs $p=1$ ist, haben die entsprechenden Existenzsätze einen andern Charakter: Wir müssen auf die Theorie der algebraischen Gebilde vom Geschlechte $p=1$ recurriren, d.h. der sogenannten elliptischen Gebilde. Aus der Theorie der elliptischen Gebilde wissen wir, dass man immer zwei Funktionen x und y auf dem Bereiche finden kann, zwischen denen eine Gleichung der Gestalt besteht:

$$y^2 = (x-a)(x-b)(x-c)(x-d).$$

x nimmt dabei jeden Wert zweimal, y jeden Wert 4·mal auf dem Bereiche an,

und erst das Wertepaar x, y bezeichnet
den einzelnen Punkt, der Gebilde und also
des Fundamentalbereichs in eindeutiger Weise.
In Folge dessen sind alle anderen algebraischen Funktionen der Gebilde in x und y
zusammen angenommen rational.

Also, wenn wir bedenken, daß die auf dem
Fundamentalbereiche eindeutigen Funktionen, weil
sie in entsprechenden Randpunkten dieselben
Werte annehmen, sich in der y-Ebene als automorphe Funktionen fortsetzen müssen, und
daß umgekehrt jede automorphe Funktion
auf dem Fundamentalbereich, geschlossen
gedacht, eindeutig ist, haben wir die Sätze:

Im vorliegenden Falle, wo das Geschlecht
des Fundamentalbereichs $p = 1$ ist, giebt es keine automorphe, d. h. doppeltperiodische
Funktion, welche jeden Wert im Periodenparallelogramm nur einmal annimmt,
wohl aber kann man noch auf mannig-
fache Weise eine Funktion x finden, welche
jeden Wert im Periodenparallelogramm
zweimal annimmt. Man kann dann eine
zugehörige Funktion y finden, welche jeden
Wert im Periodenparallelogramm 4-mal

annimmt, so daß zwischen dem x und dem y eine Gleichung
$$y^2 = (x-a)(x-b)(x-c)(x-d)$$
besteht. Alle andern eindeutigen automorphen Funktionen der Bereichs, d. h. alle eindeutigen doppeltperiodischen Funktionen sind dann, wenn wir das Auftreten von wesentlich singulären Punkten im Fundamentalbereich ausschließen, rationale Funktionen von x und y zusammengenommen.

Was die Geschichte betrifft, so sind die Dreiecksfunktionen wesentlich durch Schwarz geschaffen in der öfter genannten Arbeit in Crelle's Journal Bd. 75. 1872. Die doppeltperiodischen Funktionen dagegen sind schon länger bekannt und gehen auf Abel und Jacobi zurück.

Ein weiteres Beispiel automorpher Funktionen, welches wir hier besprechen wollen, kommt zuerst in Riemann's Nachlaß vor, wo sich Riemann das Problem stellt, die Gleichgewichtsverteilung der Electricität auf einem Systeme paralleler Cylinder zu untersuchen. Gleichzeitig mit der Veröffentlichung der Riemann'schen Arbeit (1876)

— 453. —

hat Schottky denselben Fall automorpher Funktionen in seiner Dissertation behandelt, welche 1877 in Umarbeitung in Crelle's Journal 83 erschienen ist.

Wir denken uns ein Kreisbogenpolygon — um diesen Ausdruck auch dann zu gebrauchen, wo der Bereich gar keine Ecken hat — etwa von n einander nicht schneidenden Kreisen begrenzt.

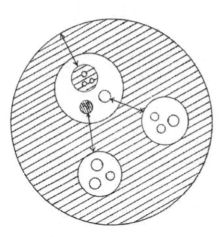

Denken wir uns nun die Fläche desselben an irgend einer seiner begrenzenden Kreislinien gespiegelt, so fällt das Spiegelbild ganz innerhalb der kreisförmigen Öffnung, ohne mit dem ursprünglichen Polygon zu collidieren. Fahren wir nun fort, beliebig oft an den immer neu entstehenden Öffnungen zu spiegeln, so collidiert niemals ein Polygon mit einem der früheren, und wir bekommen also eine durchaus schlichte

Überdeckung der Ebene. Dabei werden die Öffnungen im Polygonnetze immer zahlreicher und immer kleiner, und ziehen sich schließlich bei unendlich fortgesetztem Spiegelungsverfahren auf Punkte zusammen, die offenbar in unendlicher Menge immer in den Öffnungen jeder einzelnen Polygons liegen. Also:

Unser Polygon ergiebt durch Spiegelung eine schlichte Überdeckung der ganzen η-Ebene mit ∞ vielen Grenzpunkten.

Nehmen wir das ursprüngliche Polygon mit einem seiner Spiegelbilder zusammen, so bekommen wir einen Fundamentalbereich, der von $2n-2$ einander nicht schneidenden Kreisen begrenzt ist, wobei diese Kreise paarweise durch $n-1$ lineare Substitutionen zugeordnet sind, wie in der Figur durch Pfeile angedeutet ist. Heften wir diese Kreislinien wirklich zusammen, so bekommen wir offenbar eine geschlossene Fläche vom Geschlechte $p = n-1$, in unserer Figur vom Geschlechte 3. Also:

Der Fundamentalbereich, d. h. unser Doppelpolygon vertritt vermöge der Zusammengehörigkeit, seiner $2n-2$ Begrenzungslinien eine geschlossene Riemann'sche Fläche vom Geschlechte $p=n-1$.

Aber dies ist nicht etwa die allgemeinste Riemann'sche Mannigfaltigkeit vom Geschlechte $n-1$. Denn sie besitzt eine Symmetrielinie, nämlich den Kreis, an dem gespiegelt worden ist. Ebenso ist aber auch jeder andere der n Begrenzungskreise des ursprünglichen Polygons eine Symmetrielinie der Mannigfaltigkeit, wie man aus den nebeneinanderliegenden Bereichen der η-Figur sofort sieht. Wir haben also $n=p+1$ Symmetrielinien, durch welche die Mannigfaltigkeit in zwei symmetrische Hälften zerfällt.

Unser Fundamentalbereich mit seinen $2n-2$ paarweise zusammengeordneten Randcurven repräsentiert eine orthosymmetrische Fläche vom Geschlechte $p=n-1$ mit $p+1$ Symmetrielinien, und alle algebraischen Functionen, die auf einer solchen orthosymmetrischen Riemann'schen Fläche eindeutig sind, sind als Functionen von η betrachtet, die automorphen Functionen, welche zu unserer Gebietseintheilung der η-Ebene gehören.

d. 30. Juli 1894.] Heute wollen wir das letzte Beispiel der vorigen Stunde einer leichten Verallgemeinerung unterziehen, wie sie zuerst von <u>Poincaré</u> im Jahre 1882 vorgenommen worden ist.

Indem wir das von $p+1$ Kreisen begrenzte Polygon an irgend einem seiner Begrenzungskreise spiegelten, bekamen wir in dem Doppelpolygon einen Fundamentalbereich, der von p Paaren einander zugeordneter Kreise begrenzt war:

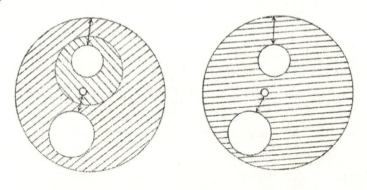

Derselbe stellte ein orthosymmetrisches Gebilde vom Geschlechte p mit $p+1$ Übergangslinien vor.

Die Verallgemeinerung Poincaré's ist

nun folgende. Er sagt, man braucht gar nicht erst von dem Halbbereiche, dem Kreisbogenpolygon auszugehen, um von ihm aus durch Spiegelung zum Vollbereiche überzugehen, sondern man kann von vornherein einen Vollbereich in die Betrachtung einführen mit $2p$ Randcurven, welche einander paarweise durch gewisse lineare Substitutionen zugeordnet sind. Wir repräsentieren dadurch nicht mehr nur symmetrische Gebilde vom Geschlechte p, sondern auch allgemeine Gebilde vom Geschlechte p.

Bei diesen allgemeinen nicht symmetrischen Bereichen hat die Verfügung, den Bereich durch Kreisbogen zu begrenzen, nur eine unwesentliche Bedeutung, genau wie bei den doppeltperiodischen Functionen die Verabredung, daß wir das Periodenparallelogramm geradlinig begrenzen. Wir können in jedem Paare zusammengeordneter Kreise immer den einen Kreis durch eine innerhalb gewisser Grenzen durchaus willkürlich geschlossene Curve ersetzen, wenn wir nur immer auch den andern Kreis durch die vermöge der linearen Substitution genau entsprechende Curve ersetzen. Das Wesentliche an dem

Fundamentalbereich sind eben nicht die zufälligen Begrenzungslinien, sondern die zugehörigen linearen Substitutionen.

Unser Fundamentalbereich läßt sich nun eindeutig auf eine räumlich geschlossene Riemann'sche Fläche vom Geschlechte p – etwa, indem wir $p = 2$ nehmen, auf einen Doppelring – beziehen. Wie verhält sich die Variable η, in deren Ebene der Fundamentalbereich gezeichnet ist, als Funktion auf der geschlossenen Riemann'schen Fläche?

Weil die verschiedenen nebeneinanderliegenden Bereiche der η-Ebene alle aus dem anfänglichen durch lineare Substitution von η hervorgehen, wird das η auf der geschlossenen Riemann'schen Fläche die Eigenschaft haben, bei irgend welchen Umläufen sich immer linear gebrochen zu reproducieren, und es genügt eben deshalb auf unserer Riemann'schen Fläche einer Differentialgleichung 3. Ordnung mit algebraischen Coefficienten.

Unser Fundamentalbereich besitzt weder Windungspunkte im Innern noch Ecken auf dem Rande, um welche herum mehr als

zwei Bereiche lägen. Die Umgebung einer je‑
den beliebigen Stelle der algebraischen Gebil‑
des wird also in der y-Ebene durch die
schlichte volle Umgebung eines Punktes vorge‑
stellt.   Daraus folgt:

Die Differentialgleichung für y hat auf dem
algebraischen Gebilde keinerlei singuläre Punk‑
te und ist also eine von den ∞^{3p-3} nirgends
singulären Differentialgleichungen, die auf
dem Gebilde existieren.

Wir haben ja seiner Zeit alle solche unver‑
zweigten Differentialgleichungen explicit hin‑
geschrieben, wobei sich $3p-3$ accessorische Pa‑
rameter herausstellten; für eine bestimmte
Wahl dieser accessorischen Parameter muss
gerade unser y sich als Lösung ergeben.

Entsprechend den Entwickelungen der letz‑
ten Stunde werden wir jetzt diese Betrach‑
tungen umkehren, indem wir fragen, wie
sich eine auf dem algebraischen Gebilde ge‑
gebene Function als Function in der
y-Ebene verhält.

Je zwei einander zugeordneten Rändern
R_i', R_i'' der Fundamentalbereichs ent‑
sprechen auf der geschlossenen Fläche das‑

rechte und das linke Ufer einer die Fläche

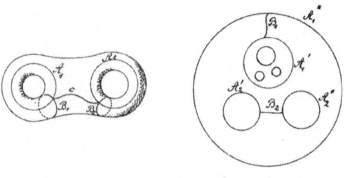

nicht zerstückenden Rückkehrschnittes A_1, ebenso den Rändern A_2', A_2'' die beiden Ufer einer andern den ersten nicht treffenden Rückkehrschnitter A_2. Wir vervollständigen dieses Schnittsystem auf der Fläche noch durch die zugehörigen Schnitte B_1 und B_2 sowie durch das Verbindungsstück c.

Wir sehen, daß ein Weg A_1 oder A_2 auf der Riemann'schen Fläche in der y-Ebene sich als ein geschlossener Weg darstellt, da ja die beiden Ufer des Schnittes B_1 bezw. B_2, welche durch den Weg verbunden werden, auch in der y-Ebene zusammenliegen. Ein Weg B_1 oder B_2 dagegen verbindet nicht zusammenliegende Ränder der y-Bereiche

Durchläuft man B_1 oder B_2 mehrmals, so setzt sich der entsprechende Weg in der y-Ebene weiter in die Nachbarbereiche fort, indem er, ohne einen seiner früheren Punkte nochmals zu überstreichen, immer mehr einem bestimmten Grenzpunkte des Polygonnetzes zustrebt. Die funktionentheoretische Folge dieser Tatsachen ist diese:

Unsere y-Funktion leistet als uniformisierende Variable Folgendes: Jede auf der Riemann'schen Fläche unverzweigte Funktion, welche bei Durchlaufung der beiden Curven A_1 und A_2 ihren ursprünglichen Wert wieder annimmt, ist in unserem y eindeutig.

Z. B. alle algebraischen Funktionen der Fläche $p = 2$:
$$x, \; s = \sqrt{(x-a)(x-b)(x-c)(x-d)(x-e)(x-f)}, \; \mathrm{Rat}(x, s)$$
lassen sich eindeutig durch die eine Variable y ausdrücken, genau wie bei $p=1$ durch das überall endliche Integral u.

Aber nicht genug damit:

Auch ein Abel'sches Integral des Gebildes $p = 2$, welches so normiert ist, dass es bei der Durchlaufung der Wege A_1 und A_2 verschwindende Perioden liefert, und welches überdies keine logarithmischen ∞-Punkte, sondern nur algebraische Pole besitzt, ist in der Variablen η geschrieben eine eindeutige Funktion.

η ist also für eine große Funktionenclasse auf dem zugehörigen algebraischen Gebilde $p=2$ uniformisierende Variable.

Da erhebt sich nun die Frage, ob man eine solche uniformisierende Variable η von dem geschilderten Verhalten zu jedem beliebigen vorgegebenen algebraischen Gebilde $p=2$ finden kann. Wir kommen damit zu dem „Fundamentaltheorem", welches ich für den hier vorliegenden Fall zuerst in Math. Ann. 19. 1882 ausgesprochen habe. Wir denken uns auf der Riemann'schen Fläche vom Geschlechte p p einander nicht kreuzende Rückkehrschnitte $A_1, A_2 \ldots A_p$ gezogen, welche die Fläche nicht zerfällen. Es fragt sich dann, ob es zu einer so zerschnittenen Fläche immer eine η-Function gibt, welche von ihr eine Abbildung der in vorhergehenden beschriebenen Art liefert. Das Fundamentaltheorem behauptet nun:

Auf jeder gegebenen Riemann'schen Fläche

vom Geschlechte p, auf der wir beliebige p einander nicht kreuzende und die Fläche nicht zerstückende Rückkehrschnitte angenommen haben, gibt es eine und nur eine η-Function, welche gerade eine solche Abbildung liefert, wie wir sie haben wollen.

Auf den Beweis können wir an dieser Stelle noch nicht eingehen; nur durch Constantenabzählung wollen wir wenigstens das Erfülltsein einer notwendigen Bedingung nachweisen.

Wir zählen nämlich einerseits die Mannigfaltigkeit aller in der angegebenen Weise zerschnittenen algebraischen Gebilde, andererseits die Mannigfaltigkeit der wesentlich unterschiedenen η-Bereiche der gewollten Art ab.

Wir wissen, dass es ∞^{3p-3} algebraische Gebilde vom Geschlechte p gibt. Diese Mannigfaltigkeit wird dadurch nicht erhöht, dass wir hier solche algebraische Gebilde als verschieden anzusehen haben, welche in verschiedener Weise zerschnitten sind. Denn die Anzahl der verschiedenen Zerschneidungen ist zwar eine unendliche, aber doch nur

— 464. —

eine discrete.
(Es ist dies, daß ein algebraisches Gebilde vom Geschlechte p $3p-3$ Moduln hat, nicht etwa damit zu confundieren, daß eine unverzweigte Differentialgleichung auf gegebenem algebraischen Gebilde auch gerade $3p-3$ Parameter besitzt. Diese Übereinstimmung ist zwar merkwürdig, doch zufällig, d.h. man kennt noch keinen inneren Grund für dieselbe).

Unser η-Bereich ist durch Angabe der p erzeugenden Substitutionen vollständig characterisirt; das gibt $3p$ Constanten. Hiervon gehen aber noch 3 Constanten derwegen ab, weil wir die ganze Figur noch einer beliebigen linearen Transformation unterwerfen können, ohne daß sie aufhört, demselben algebraischen Gebilde zu entsprechen.
Also stimmt die Constantenzahl der η-Funktion mit der Modulzahl der Riemann'schen Fläche genau überein, sodaß hierin kein Wiederspruch gegen das Fundamentaltheorem liegt. —
Lassen Sie mich in meiner Aufzählung

— 465. —

von Beispielen eindeutiger automorpher Functionen weitergehen.

In seinen ersten Mitteilungen im Jahre 1882 hat <u>Poincaré</u> besonders den <u>Fall</u> behandelt, <u>wo ein Grenzkreis existiert</u>, wie im Falle der Dreiecksfunctionen mit den Winkeln $\frac{\pi}{l}, \frac{\pi}{m}, \frac{\pi}{n}$, wo $\frac{1}{l} + \frac{1}{m} + \frac{1}{n} < 1$.

Denken wir z. B. an den Fall der Modulfunctionen, wo ein Dreieck mit den Winkeln 0,0,0 vorliegt, dessen Seiten alle auf dem Grenzkreise senkrecht stehen, und dessen Ecken auf dem Grenzkreise selbst liegen:

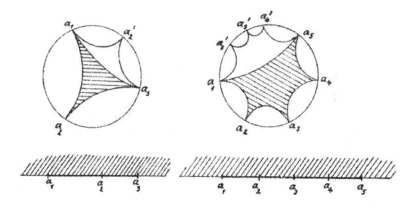

Statt der Dreiecke können wir uns ein Polygon von einer größeren Eckenzahl, z. B. 5, construieren, deren Ecken sämtlich auf ein und demselben Kreise liegen, den Winkel b haben, und deren Seiten auf dem Kreise orthogonal stehen. Spiegeln wir dieses Polygon dann an einer seiner Seiten, so liegt das neue Polygon ganz außerhalb der ersten, ferner ganz im Innern des festen Kreises, mit Ausnahme der Ecken, welche auf dem festen Kreise liegen. Dasselbe gilt, wenn wir das erhaltene Doppelpolygon weiter spiegeln. Wir bekommen also eine schlichte Überdeckung des Innern des festen Kreises mit Polygonen, und es ist der feste Kreis der Grenzkreis dieser Polygonüberdeckung.

Ganz ebenso ist es, wenn die Ecken der Polygons von 0 verschiedene Winkel $\frac{\pi}{b}, \frac{\pi}{b'}, \frac{\pi}{b''}$ u. s. w. haben und also auch nicht auf dem festen Kreise liegen, wenn nur die Seiten des Polygons in ihrer Verlängerung auf dem festen Kreise orthogonal stehen: Also:

Wenn wir von einem einfach zusammenhängenden, einfach berandeten, überall schlichten Polygon ausgehen, deren Kreisbogenseiten gegen einen festen Kreis normal stehen, und deren sämtliche Winkel ganzzahlige Teile von

π sind, dann gibt die Reproduktion dieser Polygone nach dem Gesetz der Symmetrie nur zu einer einfachen Überdeckung der Kreisinnern Anlaß, und wenn wir jetzt das Polygon auf eine Halbebene x' abbilden, so ist x' (zusammen mit allen Funktionen von x', welche höchstens bei $a_1, a_2, \ldots a_n$ verzweigt sind) in der y-Ebene eindeutig. (Bei der Angabe über die verzweigten Funktionen sind die Winkel der Kurve halber = 0 angenommen worden.)

[Do. d. 31. Juli 1894.] Diese Funktionen mit Grenzkreis, welche durch Abbildung einer geeigneten Kreisbogenpolygone auf eine Halbebene entstehen, sind nun von Poincaré in demselben Sinne verallgemeinert worden wie die Riemann — Schottky'schen Figuren mit nur Grenzpunkten, von denen wir vorher sprachen. Nämlich auch hier stellt sich Poincaré unmittelbar den Vollbereich durch direkte Definition her, so daß die Beschränkung auf solche Bereiche, die durch eine Symmetrielinie in zwei symmetrische Hälften zerfallen, jetzt wegfällt. Da kann man dann auch Bereiche von beliebigen p herstellen.

— 488. —

Poincaré's ursprüngliche Leistung im Jahre 1882 bestand darin, dass er die Figuren, welche für den symmetrischen Fall $x=0$ erkannt waren, für den unsymmetrischen Fall $p=0$ und überhaupt für beliebiges p verallgemeinerte, dass er also für diese Fälle Bereiche construirte, welche gleichfalls bei analytischer Fortsetzung einen ausgezeichneten Kreis zum Grenzkreis haben.

Es sei — um mit dem Falle $p=0$ zu beginnen — in der Ebene x eine Reihe beliebig gelegener Puncte $a_1, a_2, \ldots a_n$ (in Fig. u. 5) gegeben

Man verbinde dieselben durch ein von a_1 über $a_2, a_3, \ldots$ bis a_n rückenden Einschnittsystem. Eine Function y nun, deren Verzweigungspunkte bei $a_1, a_2, \ldots a_n$ liegen, wird die zerschnittene x-Ebene auf einen von $2(n-1)$ einander paarweise linear zugeordneten Kreisbogen begrenzten Fundamentalbereich abbilden. Und zwar werden die Winkel dieser Fun-

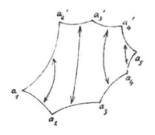

damentalbereichs in folgender Weise mit den Exponentendifferenzen $\lambda_1, \lambda_2, \ldots \lambda_n$ bei $a_1, a_2, \ldots a_n$ zusammenhängen:

Der Winkel des Bereichs bei a_1 wird $= \lambda_1 \cdot 2\pi$, der bei $a_n = \lambda_n \cdot 2\pi$ sein, dagegen wird der Winkel bei a_2 erst mit dem Winkel bei a_2' zusammen den Betrag $\lambda_2 \cdot 2\pi$ geben und entsprechend bei $a_3, \ldots a_{n-1}$.

Nun sei umgekehrt ein Fundamentalbereich η in der Weise gegeben, daß seine Begrenzung von $2(n-1)$ Kreisbogen gebildet ist, welche sämtlich zu einem bestimmten festen Kreise ortho-

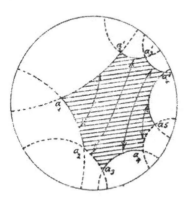

gonal stehen, welche ferner einander in der durch die Pfeile der Figur gegebenen Aufeinanderfolge durch solche lineare Substitutionen zugeordnet sind, welche den festen Orthogonalkreis wie den in sich selbst über-

führen, und daß die Winkel bei a_1 und a_n, sowie

— 470. —

die Summen der Winkel bei a_2 und a_2', bei a_3 und a_3' u. s. w. ganzzahlige Teile von 2π, etwa $\frac{2\pi}{l_1}$, $\frac{2\pi}{l_2}$, $\frac{2\pi}{l_3}$ u. s. w. sind.

Vermöge des Riemann'schen Existenzsatzes stellt ein solcher Bereich in der Tat die Abbildung einer geeignet eingeschnittenen x-Ebene dar.

Und nun kommt es darauf an, sich zu überzeugen, daß bei der analytischen Fortsetzung $x(y)$ eine eindeutige Funktion bleibt, d. h. daß die Bereiche, welche sich jetzt vermöge der erzeugenden Substitutionen nebeneinanderlegen, nie mit einander collidieren. Am leichtesten wohl sieht man dies ein, wenn man die Figur der y-Ebene zunächst auf der y-Kugel deutet und von da aus durch Projektion von dem Mittelpunkt der Kugel aus etwa auf die Ebene der Hauptkreise überträgt.

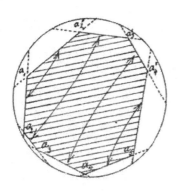

Man kann sich der Bequemlichkeit halber den Hauptkreis als Aequator der Kugel vorstellen. Jeder der Begrenzungskreise schneidet nun (auf der Kugel betrachtet) den Aequatorkreis orthogonal, seine Ebene steht also auf der Aequatorebene senkrecht und ist somit der Axe der Kugel parallel.

Der Kern hat also ein Centrum, nämlich im Unendlichen, und die Projection von hieraus ergiebt die gewünschte Figur. In derselben stellen sich die Seiten der Polygons geradlinig dar. Führt man eine hyperbolische Maßbestimmung mit dem Hauptkreis als unendlich-fernem Gebilde ein, so haben die Winkel der geradlinigen Polygons in dieser Maßbestimmung gemessen genau dieselbe Größe wie vorher die Winkel der Kreisbogenpolygons in gewöhnlicher Weise gemessen, und die linearen Substitutionen, durch welche die Kanten einander zugeordnet sind, sind "Bewegungen" im Sinne der Maßbestimmung. Und nun zeigt sich, und dies bemerkt zu haben, ist die eigentliche Leistung von Poincaré (obgleich er ja die Sache ganz anders ausdrückt.):

<u>Jedes geradlinige Polygon der hyperbolischen Ebene, bei welchem die Kanten paarweise durch nichteuklidische Drehungen zur Deckung gebracht werden können, und welche</u>

derartige Winkel besitzt, dass die zusammengehörigen Winkel eine Summe liefern, die ein ganzzahliger Teil von 2π ist, ergiebt, durch die zugehörigen Bewegungen reproduciert, eine einfache Überdeckung des Innern des Fundamentalkegelschnitts, für welche der Kegelschnitt selbst eine Grenzcurve bildet. — Man sieht: Diese Formulirung des Satzes reicht über das unmittelbare Bedürfnis hinaus, indem man es ja im Augenblick nur mit einer ganz bestimmten Zusammenordnung der Kanten zu tun hat, während in dem ausgesprochenen Satze die Zusammengehörigkeit der Kanten in der Tat beliebig gedacht ist, was zu andern Schnittsystemen und zu höherem p der algebraischen Gebilde hinführt.

Es fragt sich nun, nachdem wir sehen, dass die Function y eines Bereiches von der geschilderten Beschaffenheit für x — und für alle nur in $a_1, a_2, \ldots a_n$ in bestimmter Weise verzweigten Functionen von x uniformisirende Variable ist, ob es nicht auch hier ein Fundamentaltheorem betr. die Existenz einer solchen y giebt.

In der Tat hat dies Poincaré nachgewiesen, d. h. er hat gezeigt, dass eine irgendwie gegebe-

ne x-Ebene mit n Verzweigungspunkten
$a_1, a_2, \ldots a_n$, welche eine ganz beliebige Lage,
aber vorgeschriebene Exponentendifferenzen
haben, welche reciproke Werte ganzer Zahlen
sind, immer und nur auf eine einzige Weise
auf einen derartigen Bereich conform abgebildet werden kann, wie er beschrieben
worden ist.

Wir wollen diese Behauptung an dieser
Stelle auch nur wieder durch Abzählung der
Constanten bestätigen.

Dabei müssen wir reelle Constanten zählen
und also eine willkürliche complexe Constante mit 2 Einheiten in Rechnung stellen.

In der x-Ebene sind als Constanten die
$n-3$ unabhängigen Doppelverhältnisse
der n Verzweigungspunkte anzusehen, was,
da jedes dieser Doppelverhältnisse beliebig
complex sein kann, $2n-6$ reelle Parameter gibt.

Zweitens sehen wir, wie viele unabhängige Constanten unser y-Bereich enthält:
Wenn der Grenzkreis irgendwie, etwa als
der Einheitskreis, festgelegt ist, so kann
man zunächst die n Punkte $a_1, a_2 \ldots a_n$

jeden willkürlich wählen, was $2n$ reelle Parameter gibt. Durch die Bedingung, orthogonal zum Hauptkreis zu sein, sind dann die Kreisbogen $a_1 a_2, a_2 a_3, \ldots a_{n-1} a_n$ eindeutig bestimmt. Ferner ist durch λ_0 die Richtung des von a_n ausgehenden Bogens $a_n a'_{n-1}$ sowie durch die nichteuklidische Länge von $a_{n-1} a_n$ auch diejenige von $a'_n a'_{n-1}$ gegeben, d. h. der Punkt a'_{n-1} ist bereits festgelegt. Durch λ_{n-1} und den Winkel bei a_{n-1} ist ferner der Winkel des Bereichs bei a'_{n-1}, durch die Länge von $a_{n-2} a_{n-1}$ die von $a'_{n-1} a'_{n-2}$ gegeben, folglich auch die Lage des Punktes a'_{n-2}.

So sind schließlich auch alle weiteren Punkte festgelegt.

Aber es kommt noch die **Bedingung** hinzu, daß das Polygon sich schließt, daß also der in der eben geschilderten Weise schließlich zu construierende Punkt a'_1 mit a_1 zusammenfällt — was zwei reelle Bedingungen gibt — und daß der Winkel in a_1 gerade die vorgegebene Größe $\lambda_1 \cdot 2\pi$ hat — noch 1 weitere Bedingung.

So vermindert sich die Zahl der reellen Constanten in unserer Figur auf $2n-3$

Davon sind aber noch 3 Constanten unwesentlich, da ja noch ∞^3 lineare Transformationen vorgenommen werden können, welche den Hauptkreis in sich selbst überführen und also die inneren Maaßverhältnisse der Figur ungeändert lassen.

Also bekommen wir $2n-6$ wesentliche Constanten unserer y-Bereiche, genau so viele, wie sie das algebraische Gebilde besitzt.

Wie wird nun y von dem x abhängen?
Ein y, welches nur bei $a_1, a_2, \ldots a_n$ mit den Exponentendifferenzen $\lambda_1, \lambda_2 \ldots \lambda_n$ verzweigt ist, genügt jedenfalls einer Differentialgleichung

$$[y]_x = \frac{1}{(x-a_1)(x-a_2)\ldots(x-a_n)}\left\{ \frac{1-\lambda_0^2}{(x-a_1)^2}(a_1-a_2)(a_1-a_3)\ldots(a_1-a_n) \right.$$
$$\left. +\ldots+A x^{n-4}+B x^{n-5}+\ldots \right\}$$

mit $n-3$ accessorischen Parametern $A, B \ldots$

Sicher ist y als Function von x durch eine Differentialgleichung 3. Ordnung der hier angeschriebenen Form gegeben, in welcher die accessorischen Parameter $A, B, \ldots$ uns noch unbekannt sind.

Und das Fundamentaltheorem sagt:
Man kann die accessorischen Parameter

auf eine und nur auf eine Weise so festlegen, daß die Abbildung, welche das y von der zerschnittenen x-Ebene entwirft, die geforderten Eigentümlichkeiten hat. Genau so hatte sich die Sache oben, bei dem ersten der von uns aufgeführten Fundamentaltheoreme, gestellt. Wir werden sagen, – und das paßt zugleich auf unsere ferneren Entwickelungen –:

Indem wir die accessorischen Parameter der Differentialgleichung den Fundamentaltheoremen zufolge gerade auf eine Weise so festlegen können, daß ein y-Bereich von den gewünschten geometrischen Eigenschaften besteht, so ordnen sich die Fundamentaltheoreme in den allgemeinen Gedankengang dieser Vorlesung ein, welcher ja überhaupt darauf ausging, die Parameter der Differentialgleichung durch Eigentümlichkeiten der conformen Abbildung festzulegen.

[Do. d. 2. Aug. 1894.]

Heute wollen wir nun die entsprechenden Fundamentalbereiche für beliebiges Geschlecht p construiren.

Wir betrachten eine y-Funktion auf einer Riemann'schen Fläche von höherem Geschlechte

p. Dieselbe sei relativ zur Fläche etwa an n bestimmten Punkten verzweigt, und zwar, damit überhaupt von eindeutiger Umkehrbarkeit der y die Rede sein kann, mit Exponentendifferenzen, welche die reciproken Werte ganzer Zahlen sind. Nimmt man die letzteren unendlich groß, so haben wir einfache logarithmische Verzweigungen.

Der Einfachheit halber aber wollen wir heute von der Existenz solcher Verzweigungspunkte absehen; wir setzen also $n = 0$ und beschäftigen uns nur mit solchen y-Funktionen, welche auf der Riemann'schen Fläche unverzweigt oder genauer gesagt: nirgends singulär sind. Wir wissen, daß es ∞^{3p-3} solcher Funktionen gibt. Wir fragen nun, ob es unter diesen ∞^{3p-3} unverzweigten y-Funktionen vielleicht eine solche gibt, welche eindeutig umkehrbar gilt, und deren Fundamentalbereich bei der unbegrenzten analytischen Fortsetzung einen Grenzkreis besitzt. Ich habe hierauf in Ann. 20 geantwortet:

<u>Die nähere Untersuchung zeigt, daß hier in der Tat wieder ein Fundamentaltheorem existiert, daß unter den ∞^{3p-3} nirgends sin-</u>

gulären η-Funktionen, die auf einer beliebig gegebenen Riemann'schen Fläche existieren, immer gerade eine und nur eine ist, die in der Weise eindeutig umkehrbar ist, dass der Bereich der η-Ebene analytisch reproducirt auf einen bestimmten Grenzkreis zustrebt.
Hierbei sowie bei den folgenden Erläuterungen ist stets $p \geq 2$ zu nehmen. Für $p = 1$ sieht die Sache etwas anders aus, und vollends für $p = 0$ hören die nirgends singulären η-Funktionen überhaupt auf zu existieren.
Wir wollen uns zunächst davon Rechenschaft geben, wie der Fundamentalbereich einer nirgends singulären η-Funktion im Allgemeinen aussehen muss, und beginnen zu dem Zwecke damit, auf der Riemann'schen Fläche selbst eine gewisse Art der Zerschneidung zu verabreden. Denn von der Zerschneidungsweise der Riemann'schen Fläche wird es abhängen, in welcher Weise die Ränder des Bildes in der η-Ebene aufeinander folgen, und in welcher Weise sie einander zugeordnet sind.
Wir haben bereits kurz nach Pfingsten in dieser Vorlesung der kanonischen Zerschneidung einer Riemann'schen Fläche gedacht.

— 479. —

Um diese kanonische Zerschneidung auszufüh„
ren, construieren wir
erst p einander
nicht schneidende
und die Fläche nicht
zerstückende Rück„
kehrschnitte $A_1, A_2,$
…. A_p, z.B. die 3
Meridiancurven
auf dem dreifachen

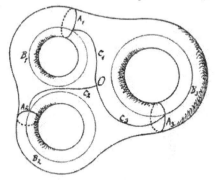

Ring nebenstehender Figur. Dann verbinde man
die beiden Ufer einer jeden dieser Schnitte A_r
durch einen die Fläche nicht zerstückenden Quer„
schnitt B_r, welcher keinen der andern Schnitte
außer A_r überschreitet. Man kommt so zu p
weiteren Curven $B_1, B_2 … B_p$, in unserer
Figur den drei Breitencurven. Endlich ziehe
man von einem beliebig gewählten Punkte O
der Riemann'schen Fläche p Schnitte $c_1, c_2 … c_p$
nach den Punkten, wo sich die Schnitte A_r mit
den zugehörigen B_r kreuzen.

Dies ist die von Riemann eingeführte kano„
nische Zerschneidung, durch welche die Flä„
che in ein einfach berandetes, einfach zusam„
menhängendes Flächenstück verwandelt wird.

– 480. –

Dieser Schnittsystem läßt sich noch so vereinfachen, daß man die Stücke c_r vollständig einspart, worauf alle die Schnitte A_r, B_r sich im Punkte O schneiden.

Man mag sich etwa in O eine Person denken, welche die elastisch über die Fläche gespannten Fäden A_r, B_r vermittelst der in ihren Kreuzungspunkten befestigten Fäden c_r an sich heranzieht, bis sie alle die Fäden A_r, B_r selbst in der Hand vereinigt.

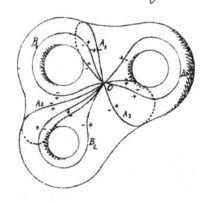

Wenn man nun am Rande des so entstandenen einfach zusammenhängenden Flächenstücks entlang geht, die Fläche zur Rechten, so läuft man, wenn man die beiden Ufer einer jeden der Schnitte in passender Weise als positives und negatives Ufer bezeichnet, der Reihe nach an folgenden Stücken entlang:

$A_1^-, B_1^-, A_1^+, B_1^+, A_2^-, B_2^-, A_2^+, B_2^+, \ldots A_p^-, B_p^-, A_p^+, B_p^+.$

Wir haben also $4p$ Randstücke, von denen

— 481. —

immer je zwei als verschiedene Ufer desselben Schnittes zusammenliegen.

Bei der Abbildung in der η-Ebene werden wir also ebenfalls einen von $4p$ Randcurven begrenzten Bereich erhalten; aber diejenigen Ränder, die auf der Riemann'schen Fläche genau aneinander paßten, liegen jetzt auseinander, nur noch durch lineare Substitutionen verbunden, wie es die Pfeile in der Figur angeben.

Wir bekommen in der η-Ebene einen Bereich, der von $4p$ Kanten begrenzt ist, welche zu je 4 kreuzweise zusammengehören. Die Winkel, unter denen unsere $4p$ Kanten zusammenstoßen, bilden zusammengenommen die Umgebung der nichtsingulären

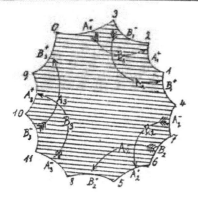

Punktes U ab und liefern daher eine Summe $= 2\pi$.

Die lineare Substitution, welche z. B. die Kante A_1^- in die Kante A_1^+ überführt, erhält man offenbar, wenn man die algebraischen Variablen der Function y auf der Riemann'schen Fläche vom negativen Ufer der Schnittes A_1 ohne Überschneidung einer anderen Schnittes nach dem positiven Ufer laufen läßt, d. h. etwa längs des Schnittes B_1. Wir wollen nun diesen Weg auf der Riemann'schen Fläche sowohl wie die Substitution, welche y dabei erleidet, mit dem griechischen Buchstaben B_1 bezeichnen.

Ich verstehe also unter B_1 denjenigen Weg auf der Riemann'schen Fläche, der längs B_1 von A_1^- nach A_1^+ führt, oder auch die lineare Substitution, die y längs dieser Wege erleidet; ebenso unter A_1 diejenige Durchlaufung der Wege A_1, welche von dem negativen Ufer des B_1 zum positiven Ufer von B_1 hinführt, oder auch diejenige lineare Substitution, welche y bei Durchlaufung dieser Wege erfährt.

Wenn wir nun die Substitution B_1 anwenden, so geht der Endpunkt 0 des Bereichs in den Eckpunkt 1 über.

1 geht durch A_1^{-1} in 2, dieser durch B_1^{-1} in 3 und 3 durch A_1^{+1} in 4 über. Also:

Durch die Substitution $B_1^{+1} A_1^{-1} B_1^{-1} A_1^{+1}$ geht aus dem Punkt 0 der Figur der Punkt 4 hervor.

Fährt man in derselben Weise fort, so geht 4 in $5, 6, \ldots$ u. s. w. über, bis endlich der Punkt 12 mit O zusammenfällt, was nur dadurch geschehen kann, daß die entsprechende Substitution die Identität ist, da ja O kein singulärer Punkt ist, also nicht Fixpunkt irgend einer wirklichen Substitution sein kann. Wir finden so die Relation:
$$B_1^{+1} A_1^{-1} B_1^{-1} A_1^{+1} B_2^{+1} A_2^{-1} B_2^{-1} A_2^{+1} \ldots B_p^{+1} A_p^{-1} B_p^{-1} A_p^{+1} = 1.$$
Also:

Aus unserer conformen Abbildung lesen wir insbesondere ab, was wir früher (vor Pfingsten) durch Umgänge auf der Riemann'schen Fläche selbst bewiesen hatten, daß eine gewisse Aufeinanderfolge unserer Substitutionen die Identität liefert.

All' diese Angaben gelten für jede beliebige unserer ∞^{3p-3} unverzweigter η-Funktionen; denn daß wir unseren Fundamentalbereich auf S. 481 so gezeichnet haben, daß er die Ebene nur schlicht überdeckt, war nur der Bequemlichkeit halber geschehen, und von der Existenz eines Grenzkreises ist gar nicht die Rede gewesen. Nun aber werden wir eine η-Funktion durch Forderung ganz bestimmter

Eigenschaften der conformen Abbildungen
wählen: Das besondere y hat die Eigenschaft, dass er_
stens sein Bereich durchaus schlicht ausgebreitet ist,
und dass zweitens vor allen Dingen die zugehöri_
gen Substitutionen A, B einen gewissen Kreis
festlassen.

Was wird aus unserem y-Bereich im Falle
$p=1$, den wir bisher ausgeschlossen haben? Da
werden wir es nur mit 4 Kanten zu tun haben,
also mit einem Viereck, dessen Kanten kreuz_
weise verbunden sind. Das aus einem solchen
Viereck entspringende Bereichnetz besitzt im
allgemeinen zwei Grenzpunkte, zwischen de_
nen herum er die Ebene auch mehrfach über_
decken kann. Nur in einem Falle gibt es bloss
einen Grenzpunkt — und dann natürlich
immer schlichte Überdeckung der Ebene —,
den wir gern ins Unendliche legen werden:
es ist der Fall, dass der y-Bereich ein gewöhn_
liches Periodenparallelo_
gramm ist. Dieser beson_
dere Fall entspricht ganz
genau unserem Grenz_
kreisfall bei höheren Geschlecht.

Man kann unsere Figur für $p > 1$ gerade_

— 485. —

zu als Verallgemeinerung der für $p=1$ bekannten Periodenparallelogramms ansehen, nur daß statt des Grenzpunktes, der im Falle $p=1$ vorliegt, ein Grenzkreis gesetzt wird, und daß also die Zusammengehörigkeit der Kanten nicht durch euklidische Bewegungen, sondern durch nichteuklidische Bewegungen vermittelt wird.

Dieser Unterschied ist geometrisch darin begründet, daß in der euklidischen Geometrie nur bei einem Vierecke die Winkelsumme $=2\pi$ sein kann, daß wir also, wenn wir ein Polygon von $4p > 4$ Seiten construieren wollen, uns durchaus der nichteuklidischen Geometrie bedienen müssen, wo die Vorderung erfüllbar ist.

Wir nannten bereits das Fundamentaltheorem, daß es unter den ∞^{3p-3} unverzweigten y-Funktionen irgend einer vorgegebenen Riemann'schen Fläche immer eine und nur eine gibt, die den gestellten Bedingungen genügt.

Wir bestätigen das hier nur durch Constantenzählung.

An unserem y-Bereich sind das Wesentliche nur die $2p$ Substitutionen A_p, B_p, von denen aber nur $2p-1$ unabhängig sind,

da die $2p$-te schon vermöge der Fundamentalrelation aus den übrigen folgt. Jede enthält, da
sie den festen Kreis in sich selbst überführen
soll, nur 3 reelle Parameter, was im Ganzen
$6p-3$ reelle Constanten in der Gruppe gibt.
Nun sind hiervon aber noch 3 reelle Constanten als unwesentlich abzuziehen, da man
die Figur noch, ohne die inneren Maßver-
hältnisse derselben zu ändern, jeder der
∞^3 linearen Transformationen unterwerfen
kann, durch welche der feste Kreis in sich
selbst übergeht. Wir haben also tatsächlich
$6p-6$ wesentliche reelle Constanten in der
Gruppe, in vollem Einklang damit, daß
die Riemann'sche Fläche $3p-3$ complexe
Moduln enthält.

<u>Die Figur der η-Ebene hängt von ebenso-
viel wesentlichen reellen Constanten ab als
die allgemeine Riemann'sche Fläche vom
Geschlechte p.</u>

Wir wollen nun schließlich noch sehen,
was wir mit der Aufstellung unserer jetzigen η-Function gewonnen haben, wie
weit die uniformisierende Kraft derselben reicht? Wir sehen:

Alle geschlossenen Wege der Riemann'schen Fläche, die sich nicht von selbst auf Punkte zusammenziehen lassen, verwandeln sich in der η - Ebene in offene Wege.

Die Folge davon ist die:

Alle Funktionen der Riemann'schen Fläche, welche auf der Fläche unverzweigt sind, aber dadurch vieldeutig sein können, daß sie bei Periodenumläufen sich nicht reproduzieren, alle diese Funktionen werden in unserem η eindeutig.

Beispiele für solche vieldeutigen Funktionen, die in η eindeutig werden, sind die algebraischen Funktionen, dann alle Abel'schen Integrale, welche keine logarithmischen Unstetigkeitspunkte haben, ferner alle die ∞^{3n-3} auf der Fläche unverzweigten η - Funktionen u. s. w. Das ist noch um vieler günstiger als bei der am Montage betrachteten Funktion.

[Fr. d. 3. Aug. 1894.] Mit diesen Beispielen mag es genug sein; wir haben mit denselben die verschiedenen Typen eindeutiger automorpher Funktionen, die es gibt, allerdings in keinerlei Hinsicht erschöpft.

Dagegen wollen wir noch auf den Zusammenhang der automorphen Funktionen mit den übrigen Gegenständen unserer Vorlesung hinweisen. Eine Seite dieses Zusammenhangs, nämlich die Festlegung der willkürlichen Parameter in der Differentialgleichung durch transcendente Bedingungen, haben wir schon betont. Dafür haben wir die Bedeutung der eindeutig umkehrbaren η-Funktionen für die Theorie der allgemeinen η-Funktionen gestern nur erst gestreift.

Es sei H irgend eine allgemeine η-Funktion auf der Riemann'schen Fläche. Verzweigt oder sonst singulär sei dieselbe auf der Fläche nur in den Punkten $a, b, c, \ldots$, wobei ausdrücklich auch irreguläres Verhalten in diesen Punkten zugelassen sein soll und die Exponentendifferenzen keinen Bedingungen unterworfen werden.

Außerdem kann dieser H auf der Riemann'schen Fläche auch noch beliebige Nebenpunkte haben.

<u>Ich behaupte dann, daß man immer eine bestimmte zweite η-Funktion so einführen kann, daß in diesen η nicht nur die</u>

algebraischen Funktionen der Fläche, sondern auch die Funktion H eindeutig ist.

Dies Theorem haben wir für $p=0$ bereits in der vorletzten Vorlesung ausgesprochen, für $p>0$ gestern, doch nur für den Fall, daß keine Verzweigungspunkte $a, b, c, \ldots$ existieren. Man kann nun leicht beides combinieren (Poincaré 1882 in den Comptes Rendus)

Wir denken uns auf der Riemann'schen Fläche zuerst wie neulich ein kanonisches Querschnittsystem construiert. Dann ziehen wir noch von dem Punkte O aus nach den n singulären Punkten $a, b, c, \ldots$ n Einschnitte etwa alle in dem Winkelraum zwischen B_k^+ und A_1^- verlaufend.

Man hat nun unsere Funktion y so zu wählen, daß sie auf der Fläche in den Punkten $a, b, c, \ldots$ je die Exponentendifferenz 0 besitzt, und daß der zugehörige y-Bereich die Ebene schlicht überdeckt, und bei der Reproduction einen Grenzkreis aufweist. Der y-Bereich wird dann den in umstehender Figur angedeuteten Charakter haben, d. h. er werden zwischen die Ufer B_k^+ und A_1^- der Figur auf S. 481 noch n Kantenpaare

– 490. –

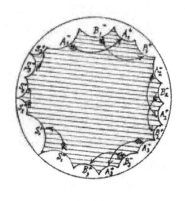

sich einschieben, welche den Ufern den Einschnitte entsprechen, und zwar von den dieselben zu je zweien parabolische Zipfel mit Winkeln Obilden, welche sich bis an den Grenzkreis selbst heranziehen.

Dieselben Überlegungen nun, welche uns am Ende der vorigen Semesters den Satz ergaben, daß jede Dreiecksfunktion $\eta(\lambda, \mu, \nu, x)$ durch die Modulfunktion $\eta(0, 0, 0, x)$ eindeutig ausdrückbar ist, geben uns jetzt den Satz:

Jede nur in $a, b, c, \ldots$ verzweigte η-Funktion der Fläche zusammen mit der sie tragenden Riemann'schen Fläche kann durch das genannte Hülfs-η eindeutig dargestellt werden.

Wir kommen also dazu, die uniforme Darstellung für die Lösungen der linearen Differentialgleichungen als ein allgemein erreichbares Ziel ins Auge zu fassen, sodaß also unsere Theorie der automorphen Funktionen für die Theorie der linearen Differentialgleidungen eine ganz neue Perspective eröffnet, welche die Aufgabe der nächsten Zukunft sein muss.

Um so lieber möchte ich Ihnen heute vorführen, wie weit eigentlich die Theorie der automorphen Funktionen entwickelt ist, bevor, dass war in der letzten Zeit, in den letzten 2-3 Jahren in dieser Richtung geschehen ist. Wir teilen diesen Bericht in eine Reihe von Punkten.

1.) Aufstellung aller brauchbaren Bereiche, welche eindeutige Umkehr ermöglichen. Die, ser Punkt kann als erledigt angesehen werden.

2.) Auffassung des Bereichs als Riemann'sche Fläche.

Fasst man den Bereich als geschlossene Mannigfaltigkeit auf, so lassen sich auf ihnen alle die für gewöhnliche Riemann'sche Flächen geltenden Existenzsätze in gleicher Weise, wie auf diesen, durch das Schwarz–Neumann'sche Grenzverfahren beweisen (cfr. u. A. Ritter, Math. Ann. 41.5.2).

Auf einer Riemann'schen Fläche existieren nach diesen Existenzsätzen algebraische Funktionen, Abel'sche Integrale, ferner existieren η-Funktionen u.s.w. Auf dem automor-

phen Fundamentalbereich werden das Functionen, die sich bei den zugehörigen linearen Substitutionen invariant verhalten — d. h. automorphe Funktionen —, oder welche sich nur
um additive Constanten ändern, oder endlich solche, welche bei den linearen Substitutionen der fundamentalen y selbst lineare
Substitutionen — aber andere — erleiden.
Diese letzteren wollen wir als „homomorphe
Funktionen" bezeichnen.

Jedenfalls, wenn der Bereich als Riemann'-
sche Fläche gilt, steht die Existenz zugehöriger
automorpher und homomorpher Funktionen fest.

Wenn der Bereich speciell ein solcher ist, wie
wir ihn zu Ende der gestrigen oder zu Beginn
der heutigen Stunde in's Auge gefaßt haben,
dann sind alle diese Funktionen in der Variablen y eindeutig. —

3.) All dies ist mehr eine geometrische Formulierung der Probleme und der Möglichkeit ihrer
Lösung. Es wird sich nun aber auch wesentlich
um die analytische Durchführung derselben
handeln, und zwar sind es wesentlich zwei
Probleme:

a. Aufstellung der Gruppe $y' = \dfrac{\alpha_i \, y + \beta_i}{\gamma_i \, y + \delta_i}$.

Wir wünschen, nachdem der Fundamentalbereich geometrisch characterisiert und gezeichnet ist, die zugehörige Substitutionsgruppe wirklich numerisch aufzustellen.

b. **Formelmäßige Darstellung der zugehörigen automorphen und homomorphen Funktionen.**

Was ist in diesen beiden Richtungen bisher geleistet?

4.) ad a). Wenn wir einen Fundamentalbereich geometrisch gegeben haben, dann ist es keine Schwierigkeit, diejenigen Substitutionen S_1, S_2, S_3 u. s. w. wirklich numerisch hinzuschreiben, durch welche die Kanten zusammengeordnet sind.

Die Gruppe können wir dann immer erzeugen, indem wir die Substitutionen, welche die Kanten des Bereichs paarweise zusammenordnen, in beliebiger Wiederholung beliebig combinieren.

Diese Erzeugung der Gruppe genügt uns aber nicht; wir möchten ein äußeres Kennzeichen aller Substitutionen haben, die der

Gruppe angehören, um diese Substitutionen auch
analytisch arithmetisch in ihrer Gesamtheit übersehen zu können.

So ist es z. B. bei den elliptischen Modulfunctionen geleistet, wo die Substitutionen der
Gruppe dadurch gekennzeichnet sind, daß
$\alpha_i, \beta_i, \gamma_i, \delta_i$ ganze Zahlen sind, die der
Relation $\alpha_i \delta_i - \beta_i \gamma_i = 1$ genügen.

Bei allgemeineren Gruppen hat man das
Entsprechende nur erst in einzelnen Fällen
erreicht, nicht einmal bei allen Dreiecks-
gruppen. Mit diesem Problem hat sich in
der letzten Zeit besonders Fricke beschäftigt und dasselbe in einer Reihe einzelner Fälle durch Heranziehung schwieriger
zahlentheoretischer Entwicklungen gelöst.
Man vergl. in dieser Hinsicht seine Arbeiten
in Math. Ann. 42. 1892., "Zur gruppentheoretischen Grundlegung der automorphen
Functionen" und die neuerdings in den
Gött. Nachr. erschienene Note: "Idealtheo-
rie und Substitutionsgruppe".

5.) alt 6.) Für die explicite Darstellung der
automorphen und homomorphen Functionen hat man bis jetzt nur die Poincaré-

schen Reihenentwicklungen (C. R. 1882).

Der Grundgedanke derselben, wenn auch bei Poincaré nicht in dieser Form ausgesprochen, ist der, daß man homogene Variablen einführt, y in $y_1 : y_2$ spaltet, welche sich binär und unimodular substituieren:

$$y_1^{(i)} = \alpha_i y_1 + \beta_i y_2 \qquad y_2^{(i)} = \gamma_i y_1 + \delta_i y_2,$$

und daß man nun zuerst automorphe Formen von y_1, y_2 bildet, nicht Funktionen, welch' letztere erst als Quotienten zweier Formen herauskommen. Zu solchen automorphen Formen gelangt Poincaré, indem er gewisse in Bezug auf alle Substitutionen der Gruppe symmetrische Summen, eine Art von Partialbruchreihen bildet, von der Form:

$$\sum_i \text{Rat}\left(\frac{\alpha_i y + \beta_i}{\gamma_i y + \delta_i}\right) \cdot \frac{1}{(\gamma_i y_1 + \delta_i y_2)^n}.$$

Für hinreichend große Zahlenwerte n convergiert eine solche Summe absolut, d. h. unabhängig von der Reihenfolge der Glieder. Wenn man dann y_1, y_2 einer Substitution der Gruppe unterwirft, so ändern die Glieder der Summe nur ihre Reihenfolge, die Summe selbst bleibt also ungeändert, d. h. sie ist eine automorphe Form von y_1, y_2.

Analog gebildet, sind die homomorphen Reihen, worauf ich aber hier nicht eingehen kann. Poincaré ist es in der Tat gelungen, automorphe Formen, d. h. homogene Funktionen von y_1, y_2, die sich bei den Substitutionen der unimodularen Gruppe nicht ändern, aufzustellen, und zwar in der Gestalt von Partialbruchreihen. Die automorphen Funktionen müssen hieraus durch Quotientenbildung abgeleitet werden. Analoges gilt für die homomorphen Funktionen.

6.) **Kritik der Poincaré'schen Reihen.**
So schön auch die Poincaré'schen Reihen sind, so unmittelbar sie insbesondere die Funktionaleigenschaft der dargestellten Funktionen hervortreten lassen, so sind sie doch noch nicht eigentlich das, was man sucht, nämlich Formeln, mit denen man rechnen kann.
Die Poincaré'schen Reihen entsprechen dem, was in der Theorie der elliptischen Funktionen die Eisenstein'schen Reihen sind, die auch den Vorzug haben, den automorphen Charakter der in Betracht kommenden Formen ohne weiteres hervortreten zu lassen.

Aber diese Eisenstein'schen Reihen sind doch
für die wirkliche Rechnung äußerst unbequem,
ja ganz unbrauchbar. Statt ihrer benutzt man
in der Theorie der elliptischen Funktionen für
Rechnungszwecke andere Reihen, nämlich die
ϑ-Reihen, welche der mannigfachsten Um-
formungen fähig, alle Eigenschaften der elliptischen Funktionen als Identitäten abzuleiten
gestatten.

Während wir nun für die automorphen
Funktionen die Verallgemeinerung der Eisenstein'schen Reihen beträchtlich besitzen, existiert
etwas den ϑ-Reihen Entsprechendes noch nicht.
Die Poincaré'schen Reihen sind wie die Eisenstein'schen Reihen für die practische Rechnung
unbrauchbar, es fehlt das Analogon der elliptischen ϑ-Reihen, auf die er eigentlich
ankommt.

Infälligerweise bezeichnet Poincaré gerade
seine eignen Reihen leider als ϑ-Reihen,
was wieder Anlass zu Missverständnissen
geben kann.

7.) Ich möchte endlich geradezu an einem
Beispiel aufführen, was meiner Ansicht nach
das Ziel der Theorie der automorphen Func-

tionen rein müßte.

Sehr viele Beispiele der Mechanik — wie die Pendelbewegung, die Drehung eines festen Körpers um seinen Schwerpunkt oder die Drehung eines Kreisels auf einer feststehenden Spitze — führen auf elliptische Funktionen. Jacobi und seine Schüler haben nun explicite Formeln gegeben, um die Lage des Körpers und die Zeit durch elliptische ϑ-Funktionen einer Hülfsvariablen auszudrücken.

Diese Formeln sind gewissermaßen ideal, denn man kann mit Hülfe derselben auf Grund bloßer mechanischer Rechnung tabellarisch die Änderung der Lage der Körper mit der Änderung der Zeit darstellen.

Andere Probleme der Mechanik führen dagegen auf hyperelliptische Integrale, z. B. die Bewegung eines Kreisels, deren Spitze auf einer horizontalen Ebene gleitet. Da wäre nun eine unserer eindeutig umkehrbaren η-Funktionen die naturgemäße uniformisirende Hülfsvariable.

Hier muß es mit Hülfe der zu einem Gebilde $p=2$ gehörigen automorphen Funktionen möglich sein, ebenfalls die Lage

— 499 —

des Körpers und die Zeit durch eindeutige Funktionen einer Hülfsvariablen η auszudrücken, und so lange das noch nicht gemacht und in alle Lehrbücher aufgenommen und allgemein bekannt ist, ich meine nicht nur für das Kreiselproblem, sondern für alle anderen analogen Probleme der Mechanik auch, so lange hat die Theorie der automorphen Funktionen noch nicht ihr wirkliches Ziel erreicht.

Mo. d. 6. Aug. 1894. Wir wollen heute und morgen zum Schluss noch ganz kurz über den

Beweis des Fundamentaltheorems

berichten, d. h. über den Beweis des Satzes, dass es zu jeder beliebig vorgegebenen Riemann'schen Fläche mit gegebenen Verzweigungspunkten auf ihr eine und nur eine η-Funktion von den vorhin bezeichneten Eigenschaften gibt, z. B. dass es zu jeder Riemann'schen Fläche ein und nur ein unverzweigter eindeutig umkehrbares η mit Grenzkreis gibt.

Eine allgemeine Beweismethode für diese Theoreme ist die von mir und Poincaré gleichzeitig gefundene Continuitätsmethode, welche ich zuerst in Math. Ann. 21 skizzirte, und welche dann Poincaré in Acta math. IV näher ausgeführt hat.

Außer dieser Continuitätsmethode, welche allgemein anwendbar ist, existieren für den Fall einer Grenzkreises noch zwei ganz andersgeartete Methoden, auf die ich später eingehe.

Heute will ich Ihnen den Grundgedanken der Continuitätsbeweises vor Augen führen. Dann genügt es, wenn ich ein Ihnen bereits anderer Seite her vollständig bekanntes Beispiel nach der Continuitätsmethode behandle. Es fallen bei dem Beispiel nur gewisse den allgemeinen Fall betreffende Schwierigkeiten fort, wegen der Sie Math. Ann. 40 vergleichen mögen.

Denken Sie Sich eine zweiblättrige Riemann'sche Fläche mit 4 Verzweigungspunkten, und denken Sie Sich dieselbe

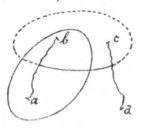 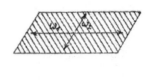

— 501. —

durch zwei Rückkehrschnitte in kanonischer
Weise zerschnitten. Es wird nun behauptet,
daß man die so zerschnittene Fläche auf eine
und im wesentlichen nur auf eine Weise auf
einen parallelogrammatischen Fundamen‚
talbereich conform abbilden kann, d. h.
daß die beiden Perioden ω_1, ω_2, welche das
Parallelogramm charakterisieren, bis auf ei‚
ne willkürliche beiden gemeinsame multi‚
plicative Constante wohlbestimmt sind.
Denn offenbar kommt es nur auf die Ge‚
stalt des Parallelogramms, nicht auf sei‚
ne Größe und Lage in der η-Ebene an.
   Wir können also den Fundamentalbereich,
wenn wir von allem Unwesentlichen absehen,
einfach durch das Periodenverhältnis
$\omega = \frac{\omega_2}{\omega_1}$ charakterisieren.
   Bei der Riemann'schen Fläche anderer‚
seits kommt es nur auf das Doppelver‚
hältnis der 4 Verzweigungspunkte und auf
die Anordnung — nicht auf die Gestalt —
der 2 Rückkehrschnitte an. Aber dieselben
4 Verzweigungspunkte geben ja 6 verschie‚
dene Doppelverhältnisse, je nach der Reihen‚
folge, in der man sie berücksichtigt; da

aber diese Reihenfolge für die Fläche gleichgültig ist, so werden wir zur Charakterisierung der Riemann'schen Fläche nicht das Doppelverhältnis selbst, sondern eine symmetrische Funktion der 6 Doppelverhältnisse zu benutzen haben, nämlich die rationale absolute Invariante J. Durch Angabe der Größe J ist die Lage der 4 Verzweigungspunkte, also die Riemann'sche Fläche über der x-Ebene bis auf eine beliebige lineare Transformation von x vollständig bestimmt.

Wir behaupten also, daß eine Riemann'sche Fläche mit irgend einer bestimmten Invariante J und mit bestimmter kanonischer Zerschneidung sich auf ein Periodenparallelogramm mit einem einzigen wohl bestimmten Werte ω abbildet, <u>daß zu jedem Werte J in Verbindung mit irgend einer kanonischen Zerschneidung ein und nur ein Wert von ω gehört.</u>

Daß dieser Satz richtig ist, wissen wir aus der Theorie der elliptischen Funktionen. Jetzt aber wollen wir uns auf den Standpunkt stellen, auf dem wir in der Theorie der automorphen Funktionen tatsächlich stehen, daß wir nämlich keine Formeln zum Beweise des Satzes zur Verfügung haben und zu sehen müssen, wie wir anderweitig die Existenz einer und nur einer Parallelogramms mögen beweisen können.

Wir vergleichen zu dem Zwecke die beiden Mannigfaltigkeiten, die eine die aller möglichen wesentlich verschiedenen Riemann'schen Flächen und die andere die aller möglichen wesentlich verschiedenen Parallelogrammbereiche.

Alle wesentlich identischen Parallelogramme sind, wie wir sagten, durch einen bestimmten Wert von ω charakterisiert. Wir können uns also die Mannigfaltigkeit aller Fundamentalbereiche geradezu durch die Mannigfaltigkeit aller Werte ω veranschaulichen, die wir geometrisch in einer ω-Ebene mit deuten.

Es zeigt sich aber, dass diese Mannigfaltigkeit eine Grenze hat. Wir pflegen das Periodenparallelogramm ω_1, ω_2 so zu zeichnen, dass die Richtung ω_2 links von der Richtung ω_1 liegt, dass also $\omega = \frac{\omega_2}{\omega_1}$ einen positiven imaginären Bestandteil hat. Von dieser Verfügung aus gibt es keinen andern stetigen Übergang zu der andern denkbaren Verfügung, ω_2 rechts von ω_1 anzunehmen, als indem man ω einmal reell werden läßt, ω_1 und ω_2 also in derselben Richtung annimmt. Da artet aber das Parallelogramm so aus, daß es entweder functionentheoretisch unbrauchbar wird oder doch wenigstens kein Gebilde vom Geschlechte 1 mehr repräsentiert. Die reellen Werte von ω sind also eine natürliche Grenze für unsere Mannigfaltigkeit. Also:

Die Mannigfaltigkeit aller Parallelogramme wird uns durch die Punkte der positiven Halbebene ω dargestellt.

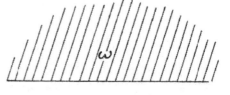

Diese Mannigfaltigkeit wollen wir M_6 nennen.

Versuchen wir nun, auch die andere Mannigfaltigkeit, der zerschnittenen Riemann'schen Flächen uns unter einem geometrischen Bilde vorzustellen.

Die Riemann'sche Fläche, ohne Rücksicht auf die Zerschneidungsart, wird uns einfach durch den Wert der absoluten Invariante

$\mathcal{I}$ repräsentiert. $\mathcal{I}$ kann alle möglichen Werte annehmen, jedesmal bekommt man eine Riemann'sche Fläche; nur für $\mathcal{I} = \infty$ bekommt man eine ausartende Fläche von niedrigerem Geschlecht, indem zwei Verzweigungspunkte zusammenrücken.

Wir werden uns also alle möglichen Riemann'schen Flächen als Mannigfaltigkeit durch die Punkte einer ganzen Ebene vorstellen, in der nur der Punkt ∞ als Grenze der Mannigfaltigkeit gilt.

Nun aber ist für unsere jetzige Betrachtung nicht die Riemann'sche Fläche schlechtweg maßgebend, sondern wir haben zwei Riemann'sche Flächen mit denselben Verzweigungspunkten doch noch als verschieden anzusehen, wenn sie in verschiedener Weise zerschnitten sind. Da auf derselben Riemann'schen Fläche immer noch unendlich viele wesentlich verschiedene kanonische Zerschneidungen möglich sind, so haben wir uns die $\mathcal{I}$-Ebene unendlich oft überdeckt zu denken, um ein Bild der Mannigfaltigkeit aller verschiedenen zerschnittenen Riemann'schen Flächen zu erhalten.

Wir fragen nun, ob und wie diese unendlich
vielen Blätter über der z-Ebene mit einander
zusammenhängen: Kann man etwa ein kanoni‑
sches Schnittsystem stetig in ein anderes überführen,
indem man die 4 Verzweigungspunkte der zweiblättri‑
gen Fläche irgendwie um einander herumlau‑
fen läst, zu ihren alten Stellungen zurück oder
so, dass sie ihre Plätze nur vertauscht haben?
D. h. kann man durch stetige Abänderung, durch
Umläufe des z um gewisse singuläre Punkte aus
einem der Blätter über der z-Ebene in ein ande‑
res gelangen? Oder kurz gesagt:
Wie verhalten sich die verschiedenen Zerschnei‑
dungen der zweiblättrigen Riemann'schen Fläche
gegenüber Monodromie der Verzweigungspunkte?

Man findet in der Theorie der elliptischen Funk‑
tionen, dass die unendlich vielen Blätter, welche
wir den verschiedenen Zerschneidungen der Rie‑
mann'schen Fläche entsprechend über der z-
Ebene construirt haben, alle zusammenhängen,
nämlich durch Verzweigungspunkte, welche
bei $z = 0, 1, \infty$ liegen.

Die so entstehende über der z-Ebene ausge‑
breitete und durchaus zusammenhängende
Fläche mit ihren unendlich vielen Blättern

stellt durch ihre Punkte die Mannigfaltigkeit M vor, welche wir in Betracht zu ziehen haben, die "Mannigfaltigkeit der kanonisch zerschnittenen zweiblättrigen Riemann'schen Flächen mit 4 Verzweigungspunkten."

Zu beweisen ist nun, daß jedem Punkte von M ein und nur ein Punkt von M' entspricht.

Die Beweisgründe unseres Continuitätsbeweises sind nun folgende:

1. Jedem Punkte von M' entspricht ein und nur ein Punkt von M.

Denn es folgt dies einfach aus den Riemann'schen Existenztheoremen, bezogen auf das als Riemann'sche Fläche gedachte Fundamentalparallelogramm.

2. Wir nehmen an, — was allerdings eines strengen Beweises bedarf — daß bei stetiger Änderung des Punktes M' auch der Punkt M sich stetig fortbewegt, das heißt, daß einer stetigen Änderung des Parallelogramms in seiner Gestalt eine stetige Änderung der Riemann'schen Fläche entspricht. Man vergleiche hierzu eine eben nun in den math. Annalen zum Abdruck gelangende Arbeit von Ritter.

3. Das „Lemma von der Eindeutigkeit": Nämlich wir sagen: Wenn überhaupt einem Punkt von $\mathcal{H}$ ein Punkt in $\mathcal{H}'$ entspricht, dann entspricht ihm gewiß auch nur ein einziger Punkt.

Dieses Lemma, welches wir jetzt beweisen wollen, ist der Kern der ganzen Continuitätsbeweise.

Gesetzt, es entsprächen ein und derselben in derselben Weise zerschnittenen Riemann'schen Fläche zwei verschiedene Periodenparallelogramme mit verschiedenen Werthen von $\omega = \frac{\omega_2}{\omega_1}$. Dann sind die beiden Parallelogramme auf die R. Fl., also auch aufeinander conform ein – eindeutig bezogen, und zwar so, daß entsprechenden

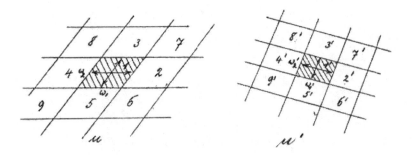

Randpunkten der einen Parallelogramms entsprechende Randpunkte im andern Parallelogramm correspondieren.

Wenn aber die Ausgangsparallelogramme 1 und 1' auf einander in dieser Weise conform bezogen sind, ist nach dem Prinzip der analytischen Fortsetzung auch jedes weitere Parallelogramm der ganzen Netzes auf das entsprechende Parallelogramm der andern Netzes in genau derselben Weise bezogen. Daraus folgt aber, daß die ganze Ebene u auf die Ebene u' ein-eindeutig conform bezogen ist bis in beliebige Nähe der beiderseitigen unendlich fernen Punkte, für die man unmittelbar nichts aussagen kann, weil man sie bei beliebig wiederholter analytischer Fortsetzung der Parallelogramme nie erreicht.

Wenn aber zwei Ebenen u und u' durchaus ein-eindeutig conform auf einander bezogen sind mit Ausnahme beliebig vieler discreter Punkte, für deren Umgebung man nichts aussagen kann — hier die beiderseitigen Punkte ∞ —, so zeigt man in der Funktionentheorie, daß ein solches u' notwendig eine lineare Funktion von u ist, also in unserem Falle, wo die Unendlichkeitspunkte zusammengeordnet sind, eine ganze lineare Funktion von u: $u' = cu + c'$.

— 510. —

Dann sind aber die beiden Parallelogramme tatsächlich von einander nicht wesentlich verschieden, indem man das eine durch Verschiebung, Drehung und Vergrößerung aus dem andern erhält, entgegen unserer ersten Annahme.

Um nun zum Continuitätsbeweis selbst zu kommen, denken wir uns irgend einen Punkt P' in M' markiert. Demselben entspricht nach 1) ein und nur ein Punkt P in M.

Grenzen wir nun um den Punkt in M' ein denselben allseitig umgebendes kleines Gebiet S' ab, so wird demselben nach 2) auch in M ein den betreffenden Punkt allseitig umgebendes kleines Gebiet S entsprechen. Denn würde das Gebiet S den Punkt P in M nicht allseitig umgeben, so wäre dies ohne Unterbrechung der Stetigkeit nur so möglich, daß der Bereich S entweder längs einer durch P oder in der Nähe von P verlaufenden Linie sich umklappt
— war dem Eindeutigkeitslemma wi‐

dersprüht — oder so, daß einer Schar von einander und den Punkt P umschließenden in S' gezogenen Curven in S eine Schar von Cur-

— 511 —

…entsprächen, die alle durch P gingen.

Dann würde aber der eine Punkt P einer ganzen Curve in S' entsprechen, was ebenfalls dem Eindeutigkeitslemma widerspricht.

Denken wir uns nun, daß das Gebiet S' in $\mathfrak{W}'$ sich allseitig stetig ausdehnt, bis es schließlich die ganze w-Halbebene ausfüllt.

Es ist nun zu suchen, in welcher Weise sich dabei der Bereich S auf der ∞-blättrigen Riemann'schen Fläche über der z-Ebene erweitert, ob er schließlich jeden beliebigen Punkt derselben, so weit er auch vom Ausgangspunkt P und vom Ausgangsblatt entfernt liegt, überstreichen muß, oder ob es Punkte — außer dem Grenzpunkt ∞ bez. den in den verschiedenen Blättern gelegenen Grenzpunkten ∞ — gibt, welche nie erreicht werden.

Daß ein Punkt nicht erreicht würde, könnte, da ein Umklappen des Bereiches S oder ein Stehenbleiben desselben nach den Überlegungen der vorigen Seite unmöglich ist, nur so eintreten, daß die Grenze des Bereiches S, bevor sie den Punkt erreicht, dadurch

aufgehalten wird, dass sie sich einer den Punkt
ausschliessenden Curve asymptotisch nähert.
Eine solche Grenzcurve in T müsste aber
notwendig der Grenze der w-Halbebene entsprechen, nicht inneren Punkten, da sie ja
sonst bei der Ausdehnung des Bereichs wirklich einmal erreicht würde.

Nun zeigt aber Poincaré – worauf wir
hier nicht näher eingehen können – dass
den Punkten der reellen w-Axe oder allgemeiner der Grenze der Mannigfaltigkeit M'
in der Mannigfaltigkeit M nur Elemente
von einer um 2 niedrigeren Dimension,
d. h. hier isolierte Punkte entsprechen können, nämlich die Punkte ∞ der Blätter über
der T-Ebene.

Insbesondere Poincaré hat dieses Verhalten der Grenzen der beiden Mannigfaltigkeiten genauer untersucht und darauf hingewiesen, dass auch diese einander beträchtlich
correspondieren.

Punkte können nun aber das Wachsen
des Bereichs T bis zu einem beliebigen
Punkte hin nicht aufhalten.

Da hiernach bei stetiger Ausdehnung

des Bereichs t' über die ganze w-Halbebene der Bereich t' jeden auf endlichem Wege erreichbaren Punkt der ∞ blättrigen Riemann'schen Fläche über der $\mathfrak{z}$-Ebene ein und nur einmal überstreicht, so entspricht nicht nur jedem Elemente von M' ein Element von M, sondern auch umgekehrt jedem Elemente von M ein und nur ein Element von M'.

Das ist aber nichts Anderes als unser Fundamentaltheorem.

Genau so, wie hier bei unserm speciellen Beispiel der elliptischen Funktionen ist der Continuitätsbeweis in allen den andern allgemeinern Fällen zu führen. Allerdings stellen sich dabei in Betreff der Grenzfälle noch weitere Schwierigkeiten ein, worauf wir hier nicht eingehen können. Überhaupt ist es notwendig, daß der Continuitätsbeweis in seiner Allgemeinheit noch einmal sorgfältig durchgearbeitet wird, da auch die Untersuchungen von Poincaré in Acta math. 4, obwohl sehr viel eingehender als die meinen, doch jedenfalls noch nicht genügend alle denkbaren Ausnahmefälle erschöpfen.

i. d. 7. Aug. 1894.] <u>Der gestrige Continuitäts-</u>

weis, der auf alle automorphen Fundamentaltheoreme anwendbar ist, beruht auf Varia-
tion der Moduln, d. h. der Constanten der algebraischen Gebilder einerseits, der Fundamentalbereiche andererseits. Darin beruht seine
Schwierigkeit, aber auch sein Vorzug; denn er
führt uns direct in das noch gänzlich unbekannte Gebiet der automorphen Modulfunctionen hinein, welche sich zur gewöhnlichen
Theorie der automorphen Functionen ebenso
verhalten wie die elliptischen Modulfunctionen zur gewöhnlichen Theorie der elliptischen
Functionen.

Aber für den speciellen Fall des Fundamentaltheorems, dass wir ein eindeutig
umkehrbares η mit Grenzkreis verlangen,
existieren noch zwei ganz andere Beweis-
methoden, welche beide von einer festen
Riemann'schen Fläche ausgehen und das
zugehörige η auf ihr durch Approxima-
tion construieren.

Beide Methoden gehen in ihrem Grundgedanken auf Schwarz zurück und sind dann
von den französischen Geometern ausgeführt
worden. Der Einfachheit halber denke ich mir

— 515. —

das y auf der Riemann'schen Fläche unverzweigt; es bedingt das, daß wir $p \geq 2$ nehmen.

A.) Die erste Methode will ich bezeichnen als die <u>Methode des Linienelementes</u>.

Es sei eine Riemann'sche Fläche $p \geq 2$ mehrblättrig über der $x + iy$-Ebene gegeben. Denken wir nun dieselbe auf einen y-Bereich mit Grenzkreis abgebildet, so wie es das Fundamentaltheorem postuliert. Den y-Bereich wollen wir uns in der früher beschriebenen Weise geradlinig gezeichnet denken, mit einer auf den Grenzkreis gegründeten nichteuklidischen Maßbestimmung. Irgend einem Linienelement $ds = \sqrt{dx^2 + dy^2}$ der Riemann'schen Fläche wird dann in dem y-Bereich ein nichteuklidisches Längenelement $d\sigma$ entsprechen, und zwar wird sich das, da die Abbildung conform ist,

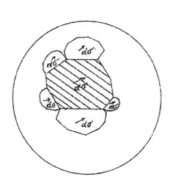

in der Gestalt darstellen: $d\sigma^2 = \varepsilon \cdot (dx^2 + dy^2)$, wobei $\mathfrak{E}$ eine Funktion von x und y ist, die noch näher zu charakterisieren ist.

Machen wir auf der R. Fl. einen geschlossenen Umlauf, so kommen wir in der y-Ebene von einer Stelle des Ausgangsbereiches zu der genau entsprechenden Stelle eines Nachbarbereichs. Da nun der Nachbarbereich im nicht-euklidischen Sinne dem Ausgangsbereich Punkt für Punkt congruent ist, so nimmt d$\mathfrak{E}$ wieder denselben Wert an, und es ergiebt sich also für $\mathfrak{E}$ der Satz:

<u>Die Funktion $\mathfrak{E}$ ist eine auf der gegebenen Riemann'schen Fläche eindeutige Funktion von x und y, welche in den Verzweigungspunkten der R. Fl. und in den unendlich-fernen Punkten derselben ein (hier nicht näher anzugebendes) charakteristisches Verhalten zeigt.</u>

Alles kommt nun darauf an, diese eindeutige Funktion $\mathfrak{E}(x,y)$ auf unserer R. Fl. zu bestimmen, denn es ist klar, wenn wir $\mathfrak{E}$ haben, daß dann die ganze Abbildung der Riemann'schen Fläche auf die y-Ebene bestimmt ist.

Wir müssen uns hierzu auf die allgemeine Theo-

rie der Differentialform
$$\mathcal{E}\,dx^2 + 2\mathcal{F}\,dx\,dy + \mathcal{G}\,dy^2,$$
beziehen, welche ja in der Gauss'schen Flächentheorie in bekannter Weise entwickelt ist.

Diese Differentialform besitzt gegenüber beliebigen Substitutionen $x = \varphi(x', y'), y = \psi(x', y')$ eine Invariante, das Gauss'sche Krümmungsmass. Der allgemeine Ausdruck derselben durch $\mathcal{E}, \mathcal{F}, \mathcal{G}$ ist sehr complicirt. In unserm Falle aber, wo $\mathcal{F}=0$, $\mathcal{E}=\mathcal{G}$ ist, vereinfacht er sich folgendermassen:

$$-K = \frac{\left(\frac{d\mathcal{G}}{dx}\right)^2 + \left(\frac{d\mathcal{G}}{dy}\right)^2}{2\mathcal{G}^3} - \frac{\frac{d^2\mathcal{G}}{dx^2} + \frac{d^2\mathcal{G}}{dy^2}}{2\mathcal{G}^2},$$

und noch einfacher wird er, wenn wir
$$\mathcal{G} = e^u$$
setzen, wodurch
$$-K = -\frac{\frac{d^2u}{dx^2} + \frac{d^2u}{dy^2}}{2e^u}$$
wird.

Indem wir nun wissen, dass unser nichteuklidisches Bogenelement constantes negatives Krümmungsmass besitzen muss, verwandelt sich unsere zuletzt hingeschriebene Gleichung in eine partielle Differentialgleichung:
$$\frac{d^2u}{dx^2} + \frac{d^2u}{dy^2} = 2Ke^u, \quad e^u = \mathcal{G},$$

der die Funktion u bezw. $\mathcal{E}$ genügen muss.

Sobald es uns gelingt, für diese partielle Differentialgleichung eine Lösung $u(x,y)$ zu finden, welche auf unserer ganzen Riemann'schen Fläche eindeutig ist und in den Windungspunkten und den ∞-Stellen der R.Fl. das richtige Verhalten zeigt, (welches wir hier nicht näher spezifizieren), dann schreiben wir:

$$d\sigma^2 = \mathcal{E}(dx^2 + dy^2)$$

und haben damit ein nichteuklidisches Bogenelement und durch Vermittelung desselben die richtige Abbildung auf die y-Ebene.

Die Frage ist also: Habe ich eine Methode, um die Differentialgleichung

$$\Delta u = 2K \cdot e^u$$

auf einer geschlossenen Riemann'schen Fläche durch eine eindeutige Funktion mit charakteristischen Unstetigkeitsstellen zu integrieren?

Es kommen hier die Theorien von Picard in Betracht, welcher die gewöhnlichen Entwicklungen über die Integration von $\Delta u = 0$ unter vorgegebenen Unstetigkeits- und sonstigen Bedingungen auf allgemeinere partielle Differentialgleichungen mit Erfolg übertragen hat.

Speciell die hier vorliegende Aufgabe hat Picard in Liouv. sér. 4 t. 9. 1893 zu Ende geführt vermittelst der bekannten Methode der successiven Approximationen.

Picard hat gezeigt, daß auf gegebener geschlossener Riemann'scher Fläche in der Tat immer eine und nur eine einzige Funktion u resp. ℧ gefunden werden kann, welche der partiellen Differentialgleichung genügt, welche durch au eindeutig ist, und welche die charakteristischen Unstetigkeitsstellen aufweist, von denen wir wiederholt sprachen.

Indem wir mit Hülfe dieser Funktion ℧ das $d\sigma^2 = \mathfrak{E}(dx^2 + dy^2)$ berechnen, haben wir das nichteuklidische Bogenelement, unserer η-Ebene gewonnen und damit die völlig bestimmte Existenz der η, d. h. unser Fundamentaltheorem für den Grenzkreisfall bewiesen.

B.) Für den Grenzkreisfall liegt, wie schon oben bemerkt, außer der Continuitätsmethode, noch ein zweiter ebenfalls von Schwarz herrührender Beweisansatz vor; derselbe ist von Poincaré in sehr allgemeiner Form durchgeführt; ich will die Methode die

__Methode der unendlichfach überdeckten Riemann'schen Fläche benannt.__

Denken wir uns wieder die durch das Fundamentaltheorem als möglich behauptete conforme Abbildung auf einen η-Bereich mit Grenzkreis wirklich ausgeführt. Die zerschnittene Riemann'sche Fläche entspricht dabei gerade einem Fundamentalbereich. Sie entspricht aber auch jedem der andern durch die Substitutionen der Gruppe aus dem Ausgangsbereich entstehenden, in ihrer Gesamtheit das Innere der Grenzkreises vollständig überdeckenden Bereiche. Umgekehrt ist η auf der Riemann'schen Fläche zwar unverzweigt, aber unendlich vieldeutig; wir haben uns, um η auf der Riemann'schen Fläche zu deuten, dieselbe unendlich oft überdeckt zu denken, indem wir uns etwa die ringförmige Gestalt der Fläche mit unendlich vielen Ringschalen überdeckt denken, von denen jede mit einer andern längs einer der $2p$ kanonischen Rückkehrschnitte zusammenhängt. Verzweigungspunkte treten dabei nicht auf.

Die unendlich vielen äquivalenten nebeneinanderliegenden Bereiche der η-Ebene lie-

fern rückwärts auf die Riemann'sche Fläche
abgebildet eine unendlichfache Überdeckung
der letzteren.

Das Ende der Sache ist, dass die von dem Grenzkreis umschlossene Kreisfläche der y-Ebene auf
die unendlichfach überdeckte Riemann'sche
Fläche conform abgebildet ist, so zwar, dass
jedem Fundamentalbereich der y-Ebene eine
einzelne Überdeckung der R. Fl. correspondiert.

Es macht keine Schwierigkeit, sich vorzustellen, dass die R. Fl. in der erforderlichen
Weise mit unendlich vielen Blättern überdeckt wird, die ein zusammenhängendes
Ganze bilden.

Alles kommt nun darauf an zu zeigen,
dass man diese neue Fläche, welche sich unendlich oft über die gegebene Fläche hinzieht,
auf eine schlichte Kreisfläche abbilden kann.

In der Tat: Nehmen wir die Möglichkeit
dieser Abbildung einmal als bewiesen an,
dann behaupte ich, dass wir mit dieser
Abbildung gerade unsere y-Function
construirt haben. Nämlich:

Unsere unendlichblättrige Fläche ist eine
reguläre Fläche mit unendlich vielen ein-

deutigen Transformationen in sich, wobei der Fundamentalbereich die einzelne Überdeckung unserer ursprünglichen Riemann'schen Fläche ist.

Denn jedes Blatt ist ja mit jedem andern vollständig congruent und hängt mit allen benachbarten Blättern in derselben Weise zusammen wie irgend ein anderes Blatt mit den ihm benachbarten Blättern.

Ich kann daher jedes Blatt auf jedes andere Blatt conform abbilden, indem ich einfach die über einander liegenden Punkte der beiden Blätter einander zuweise; von da aus ergiebt sich durch analytische Fortsetzung jedes Mal eine eindeutige Transformation der unendlich blättrigen Fläche in sich selbst.

Diese Eigenschaft muß sich auf die Kreisfläche der η-Ebene übertragen, auf welche wir unsere ∞-blättrige Fläche abgebildet haben. Auch sie muß durch unendlich viele eindeutige Transformationen in sich übergehen, bei welchen die verschiedenen Bereiche, die den verschiedenen Blättern unserer R. Fl. entsprechen, sich gerade permutieren.

Nun geht eine Kreisfläche durch keine andere

— 523. —

eindeutigen Transformationen in sich über
als durch lineare Transformationen. Die unendlich vielen nebeneinanderliegenden Teile,
der, welche die verschiedenen Blätter unseres un-
endlich-blättrigen R. Fl. in der η-Ebene finden,
gehen also alle durch lineare Transformationen
auseinander hervor, wir haben folglich in der
Tat die richtige η-Figur.

Alles hängt, wie man sieht, an dem Beweise,
daß man die ∞-blättrige R. Fl. auf das Innere
einer schlichten Kreisfläche conform abbilden
kann.

Diesen Beweis hat nun wirklich Poincaré
geliefert in Bull. de la Société Mathematique
de France XI. 1884, und zwar in einer sehr
allgemeinen, über das hier vorliegende Bedürfnis hinausgehenden Form, die ich hier leider
nicht eingehender besprechen kann.

Damit haben wir einen zweiten einwandlosen
Beweis für das Fundamentaltheorem im Grenzkreisfall, abgesehen noch von der Continuitätsmethode, welche auch für die andern
Fälle anwendbar ist.

Hiermit schließe ich die heutige Stunde und
damit die gegenwärtige Vorlesung überhaupt.

Sie sehen, daß gerade am Schluß sich noch die interessantesten neuen Gesichtspunkte uns darbieten, die wir leider in der kurzen Zeit auf keine Weise weiter verfolgen konnten. Wir können sagen, daß wir nur erst im Anfang eines neuen Gebietes stehen, für dessen genauere Erforschung die Überlegungen der letzten beiden Semester erst Vorbereitungen sind.